清华

开发者书库·Python

Python
数据分析实战
从Excel轻松入门Pandas

曾贤志◎编著

清华大学出版社

北京

内 容 简 介

本书从零开始系统讲解使用 Pandas 导入 Excel 数据,然后使用 Pandas 技术对数据进行整理和分析,最后导出为不同形式的 Excel 文件,完整实现数据的导入、处理和输出流程。

全书共 10 章。第 1 章为 Pandas 数据处理环境的搭建;第 2 章为使用 Pandas 对 Excel 数据读取与保存;第 3 章介绍与 Pandas 底层数据相关的 NumPy 库;第 4 章讲解 Pandas 中 DataFrame 表格的增、删、改、查等常用操作;第 5 章介绍对 Series 与 DataFrame 两种数据的运算、分支、遍历等处理;第 6 章介绍字符串的各种清洗技术;第 7 章介绍时间戳与时间差数据的处理;第 8 章介绍 Pandas 中分层索引及与索引相关的操作;第 9 章介绍对数据的分组处理及做数据透视表处理;第 10 章介绍表格的数据结构转换,以及多表读取与保存。书中包含相应示例,不仅可以帮助读者学会理论知识,还可以灵活应用。

本书可作为 Excel 爱好者和数据分析初学者的入门参考书,也可作为想提高数据分析效率、拓展数据分析手段相关人员的参考书。

图书在版编目(CIP)数据

Python 数据分析实战:从 Excel 轻松入门 Pandas/曾贤志编著.—北京:清华大学出版社,2022.4(2023.9重印)
(清华开发者书库·Python)

ISBN 978-7-302-60281-1

Ⅰ. ①P… Ⅱ. ①曾… Ⅲ. ①软件工具-程序设计 Ⅳ. ①TP311.561

中国版本图书馆 CIP 数据核字(2022)第 038381 号

责任编辑:赵佳霓
封面设计:刘 键
责任校对:徐俊伟
责任印制:丛怀宇

出版发行:清华大学出版社
　　　　　网　　址:http://www.tup.com.cn,http://www.wqbook.com
　　　　　地　　址:北京清华大学学研大厦 A 座　　　　邮　　编:100084
　　　　　社 总 机:010-83470000　　　　　　　　　　邮　　购:010-62786544
　　　　　投稿与读者服务:010-62776969,c-service@tup.tsinghua.edu.cn
　　　　　质量反馈:010-62772015,zhiliang@tup.tsinghua.edu.cn
　　　　　课件下载:http://www.tup.com.cn,010-83470236
印 装 者:天津鑫丰华印务有限公司
经　　销:全国新华书店
开　　本:185mm×260mm　　印　张:20.5　　　　　字　　数:512 千字
版　　次:2022 年 5 月第 1 版　　　　　　　　　　印　　次:2023 年 9 月第 2 次印刷
印　　数:2001~2500
定　　价:79.00 元

产品编号:093020-01

前　言
PREFACE

Excel 是一款非常流行的电子表格软件。它是一种很好的数据存储方式,同时也是一款强大的数据清洗、分析工具。任何事物有强就有弱。Excel 本身已经内置了很多实用的功能,为什么还要选择 Pandas 工具来处理 Excel 数据呢?

首先,在 Excel 进行数据清洗时,如果工作重复度比较高,反复使用手动操作效率太低,不具有自动化功能。当然,也可以用 Excel 内置的 VBA 编程进行二次开发,解决自动化问题,但 Pandas 更胜一筹,其代码简洁,灵活性强,运算速度更快。

其次,Pandas 是跨平台的,在不同的操作系统上均可以使用。即使没有安装电子表格软件,也可以使用。不但如此,Pandas 还支持 TXT、CSV、HTML 和数据库等更多格式的数据获取方式。

那么,什么是 Pandas? Pandas 是 Python 中的一个数据分析包,是基于 NumPy 的(提供高性能的矩阵运算,这就标志着它的运算速度快)。并且 Pandas 提供了超强的数据清洗功能,可以用于数据挖掘和数据分析,可以说 Pandas 就是为数据分析而生的。

本书从学习 Excel 数据清洗的视角来学习 Pandas,更易上手。很多时候,Pandas 中编写的数据处理代码像 Excel 中的工作表函数公式一样,一条代码就能完成任务,优雅又简洁。

本书主要内容

第 1 章介绍 Anaconda 集成环境的安装,Jupyter Notebook 的使用,以及 Python 语言的基础语法应用。

第 2 章介绍 Pandas 对 Excel/CSV 文件的读取与保存设置,并介绍 Pandas 的 DataFrame 和 Series 两大核心数据结构。

第 3 章介绍 NumPy 数组的创建与转换,并介绍 NumPy 数组的类型、缺失值、重复值等预处理,以及 Series 和 DataFrame 两种数据结构的各种创建方法。

第 4 章介绍对 DataFrame 表格属性的获取与修改,表格的各种切片选择方法,以及对表格增、删、改、查的设置。

第 5 章介绍 DataFrame、Series 和单值 3 种不同结构数据之间的运算方法,并介绍 Pandas 中常用的分支判断函数,以及 Pandas 中常用的循环遍历函数和常用的统计函数。

第 6 章讲解正则表达式的使用方法,Pandas 中拆分、提取、查找、替换、去重、排序、合并等常用字符串处理函数。

第 7 章介绍时间戳、时间差数据处理的相关函数。

第 8 章介绍 Pandas 中分层索引的设置、创建,分层索引的切片选择方法,以及分层索引的重命名、重置、排序、删除等操作。

第 9 章讲解 Pandas 中的分组处理技术，以及 Pandas 中的数据透视表技术。

第 10 章介绍 DataFrame 表格的纵向和横向拼接技术，如何批量读取 Excel 工作表数据为 DataFrame 表格，以及批量保存 DataFrame 表格数据到多工作表、多工作簿。

阅读建议

本书是一本基础入门加实战的图书，既有基础知识，又有丰富示例，包括详细的操作步骤，实操性强。本书对 Pandas 的基本概念讲解很详细，从第 4 章开始，在每章的最后一节配有对整章知识应用的示例，并提供完整代码，运行代码就可以立即看到效果。这样会给读者信心，在轻松掌握基础知识的同时快速进入实战阶段。

建议读者对 Excel 有一定的操作基础，这样更方便对照学习。如果读者有一定的 Python 基础则更好，没有 Python 基础也不用担心，第 1 章讲解关于 Python 的基础知识，在 Pandas 中应用 Python 的技术点也不多，例如在 Pandas 中基本不会使用 Python 循环语句。因而不用担心 Python 基础不好而学不会 Pandas。

本书源代码

扫描下方二维码，可获取本书示例的源代码：

致谢

成书不易，在写作本书的过程中，笔者得到了很多人的支持与帮助。首先，感谢我的父母、岳父母及妻子，感谢你们一如既往对我工作的支持，成为我坚实的后盾；然后还要感谢女儿雨柔、儿子果儿。你们是我坚持写作的动力，一位普普通通的父亲想给你们树立一个榜样。无论何时都不能忘记学习，哪怕每天只能进步一点点。只有知识才是我们一生中最重要的财富。希望你们在自己的人生道路上，能保持一颗不抛弃、不放弃的心。

由于时间仓促，书中难免存在不妥之处，请读者见谅，并提宝贵意见。

曾贤志

2022 年 1 月

目　录
CONTENTS

第1章

Pandas 数据处理环境搭建

如果数据要在 Excel 中处理,则首先要安装 Excel 软件。同样,如果数据要在 Pandas 中处理,则需要安装 Pandas 库。本章主要介绍如何搭建进行数据处理的环境,同时讲解关于 Python 的相关基础知识。

1.1 Pandas 环境配置

Pandas 是 Python 中的库,也就是说要先有 Python,才能安装 Pandas。Pandas 的使用还依赖了一些其他库,例如 NumPy、xlrd、Openpyxl 等,并且在用 Python 编程时,还需要一个好用的代码编辑器。如果要手动配置,对于一个新手来讲,真的是灾难。

本书使用 Anaconda,它是一个开源的 Python 发行版本,其中包含了 conda、Python 等 180 多个科学包及其依赖项。只要安装上 Anaconda,上面的所有问题都可解决。

1.1.1 安装 Python 发行版本 Anaconda

Anaconda 是包管理器和环境管理器,附带 conda、Python、Jupyter Notebook 和 180 多个科学包及其依赖项。本书要讲解的 Pandas、NumPy 等包就包含在其中。安装好 Anaconda 后,就可以开始处理数据了。

读者可以通过在网络上搜索关键字 Anaconda,找到 Anaconda 的官方网站,进行下载。在下载 Anaconda 时,要根据自己计算机的实际情况选择相应的版本,如图 1-1 所示。

图 1-1 不同操作系统对应的 Anaconda 版本

1.1.2 程序编写工具 Jupyter Notebook

Jupyter Notebook 是基于网页、用于交互计算的应用程序。其可被应用于全过程计算:

开发、文档编写、运行代码和展示结果，也可以将数据分析的代码、图像和文档全部组合到一个 Web 文档中。

在安装好 Anaconda 后，先单击 Home 按钮，再单击 Jupyter Notebook 中的 Launch 按钮来启动 Jupyter，如图 1-2 所示。

图 1-2　在 Anaconda 中启动 Jupyter

如图 1-3 所示，以网页形式打开 Jupyter Notebook 应用程序。可以在网页中编写代码和运行代码，并且代码的运行结果也会显示在代码块下侧。

图 1-3　Jupyter Notebook 网页形式的界面

注意：Jupyter Notebook 应用程序默认的起始位置是在当前用户文件夹下，也就是操作系统桌面下的用户文件夹。本书的示例文件可以复制到当前用户名文件夹下。

如图 1-4 所示，单击网页中的 New 下拉列表框，再单击 Python 3，新建一个 Python 文

件。也可以选择新建其他类型的文件,例如选择 Text File 新建的是 txt 格式的文件,选择
Folder 则是新建文件夹。

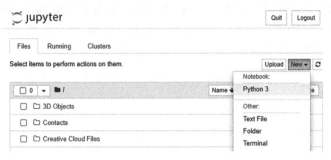

图 1-4　在 Jupyter 中新建文件

单击 Python 3 后,就新建了一个 Jupyter 文件,并且会自动新建一个网页窗口。如
图 1-5 所示,在代码框中输入 print('Hello,Pandas!'),然后单击"运行"按钮,或者按快捷键
Ctrl＋Enter,运行结果就会显示在代码框下侧。

图 1-5　在 Jupyter 中运行 Python 代码

如果需要将新建的 Jupyter 文件重命名,可按照如图 1-6 所示的操作方法完成。更多关
于 Jupyter 的使用方法,读者可到官网查询。

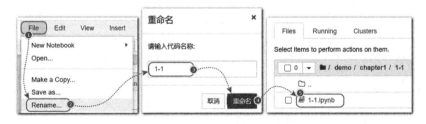

图 1-6　Jupyter 文件的重命名

1.2　Python 基础操作

Python 的应用范围广泛,可以应用于云计算、Web 开发、人工智能、系统运维、数据分
析等领域。本书所讲的 Pandas 就属于数据分析范畴内的应用。在学习 Pandas 之前,必须
有一定的 Python 基础,就像在 Excel 中要用 VBA 处理数据,就需要有一定的 VBA 编程基
础,因此,本节将讲解 Python 的相关知识,为后续学习 Pandas 打下基础。

1.2.1 变量

在 Python 中,万物皆对象。数字、字符串、列表、函数和类等都是对象。如果在内存中创建了对象,则为了方便使用这些对象,会给对象取个名称,这个名称就是变量,引用变量就是在引用相应的对象,示例代码如下:

```
#chapter1\1-2\1-2-1.ipynb
a = 100            #数字
b = "Pandas"       #字符串
c = [1,2,3]        #列表
```

分别将对象 100(数字)、"Pandas"(字符串)和[1,2,3](列表)赋值给变量 a、b 和 c。它们分别代表了等号后的对象,对象是可以变化的。

在定义 Python 中的变量名时,要遵循以下规则。

(1) 变量名必须以字母或下画线开始,名字中间只能由字母、数字和下画线组成。

(2) 变量名的长度不能超过 255 个字符。

(3) 变量名在有效范围内必须具有唯一性。

(4) 变量名不能与 Python 中的保留字(关键字)相冲突。

(5) 变量名是区分大小写的。

1.2.2 注释

注释表示对代码进行说明,并不运行。使阅读者能轻松读懂代码,有利于后期代码的维护。在 Python 中,单行代码注释以 # 开头。多行代码注释则是将注释文字置于一对'''中或者"""中,示例代码如下:

```
#chapter1\1-2\1-2-2.ipynb
#我是单行注释
a = 100 #我也是单行注释
'''
我是 3 个单引号方式的注释.
我在多行注释第 2 行,
我在多行注释第 3 行,
我在多行注释第 4 行
'''

"""
我是 3 个双引号方式的注释.
我在多行注释第 2 行,
我在多行注释第 3 行,
我在多行注释第 4 行
"""
```

1.2.3 代码缩进

代码的行首部分有空白,即缩进,目的是识别代码,有的编程语言使用花括号来表示,而

Python 使用的是空格。Python 中通常用 4 个空格表示 1 次缩进。在 Jupyter 中按 Tab 键可完成代码的缩进设置。按 Tab 键表示增加缩进,按快捷键 Shift＋Tab 表示减少缩进。

参照下面的代码,代码 print(i) 前面有 4 个空格,表示是 for 循环体中的语句。如果运行代码,会循环执行 print(i) 3 次。如果前面没有 4 个空格,则不会循环执行 print(i),示例代码如下:

```
#chapter1\1-2\1-2-3.ipynb
for i in [100,200,300]:              #循环列表中的元素
    print(i)                         #打印循环出来的元素
```

运行结果如下:

```
100
200
300
```

1.2.4　数据结构

Python 中常用的数据结构有 6 种:数字、字符串、列表、元组、集合和字典。其中使用频率较高的是数字、字符串、列表和字典。

1. 数字

数字(number)有 4 种类型,分别为 int(整数)、float(小数)、complex(复数)和 bool(布尔值)。其中 bool 只有 True 和 False 两种值,True 和 False 本质是数字 1 和 0,可以使用type()函数查询类型,示例代码如下:

```
#chapter1\1-2\1-2-4.ipynb
print(type(100))                     #int(整数)
print(type(3.14))                    #float(小数)
print(type(9j))                      #complex(复数)
print(type(True))                    #bool(布尔值)
print(type(False))                   #bool(布尔值)
```

运行结果如下:

```
<class 'int'>
<class 'float'>
<class 'complex'>
<class 'bool'>
<class 'bool'>
```

2. 字符串

字符串(string)的组成内容可以是数字、字母、汉字和符号等任何可以在计算机上表示出来的一串字符。字符串放置在一对单引号(')或双引号(")中,示例代码如下:

```
#chapter1\1-2\1-2-5.ipynb
name='姓名:zengxianzhi'             #单引号中的字符串
```

```
age = "年龄:36 岁"                      #双引号中的字符串
print(name,age)                        #打印变量中的字符串
```

运行结果如下：

```
姓名: zengxianzhi 年龄: 36 岁
```

注意：在表示字符串时，最好统一使用一种字符串表示方式，本书均采用单引号的方式来引用字符串。如果字符串中有特殊字符，但希望具有普通意义，而不具有特殊意义，就需要在字符串左侧加 r。例如'\n'将被视为换行符，而 r'\n'将被视为\后跟的字符 n。

要获取字符串中的某部分字符串，可以通过切片方式来截取。在对字符串切片时默认的起始位置为 0。下面罗列了几种基本的切片方式，用户可以根据这些切片原则衍生出更多的切片方法，示例代码如下：

```
#chapter1\1-2\1-2-6.ipynb
txt = 'Pandas 超好的数据分析工具'
print(txt[0])                          #第 1 个字符
print(txt[-1])                         #最后 1 个字符
print(txt[6:8])                        #指定开头到指定结尾的字符
print(txt[:6])                         #从开头到指定结尾的字符
print(txt[9:])                         #从指定开头到结尾的字符
print(txt[:])                          #所有的字符
```

运行结果如下：

```
P
具
超好
Pandas
数据分析工具
Pandas 超好的数据分析工具
```

3. 列表

列表(list)可有序地存储一组数据元素。数据元素置于一对中括号之间，元素之间用英文半角逗号分隔，如[1,2,3]。列表中的元素可以是任何数据类型，并且可以对列表进行修改，下面讲解常用操作。

1) 列表的添加

使用 append()函数向列表末尾添加单个元素，也可以使用 extend()函数向列表末尾添加多个元素，示例代码如下：

```
#chapter1\1-2\1-2-7.ipynb
l1 = [98,78,100]                       #原始列表 l1
l1.append(1000)                        #使用 append()函数向列表末尾添加单个元素
print(l1)                              #打印添加单个元素后的列表

l2 = [55,66,77]                        #原始列表 l2
```

```
l2.extend([88,99])                    #使用 extend()函数向列表末尾添加多个元素
print(l2)                             #打印添加多个元素后的列表
```

运行结果如下：

```
[98, 78, 100, 1000]
[55, 66, 77, 88, 99]
```

2）列表的删除

使用 pop()函数删除列表中指定下标对应的元素，也可以使用 remove()函数删除列表中指定名称的元素，如果列表中有多个相同名称的元素，则只删除第 1 个，示例代码如下：

```
#chapter1\1-2\1-2-8.ipynb
l1 = [55,66,77]                       #原始列表 l1
l1.pop(1)                             #使用 pop()函数删除列表中指定下标的元素
print(l1)                             #打印删除指定下标元素后的列表

l2 = [98,78,100,98]                   #原始列表 l2
l2.remove(98)                         #使用 remove()函数删除列表中指定名称的元素
print(l2)                             #打印删除指定名称元素后的列表
```

运行结果如下：

```
[55, 77]
[78, 100, 98]
```

3）列表的切片

列表的切片与字符串的切片方式一样，通过指定列表的下标完成切片操作，下面罗列了常见的列表切片方式，示例代码如下：

```
#chapter1\1-2\1-2-9.ipynb
l = [96,85,98,100,99]
print(l[0])                           #列表中的第 1 个元素
print(l[-1])                          #列表中的最后 1 个元素
print(l[1:3])                         #指定开头到指定结尾的元素
print(l[:3])                          #从开头到指定结尾的元素
print(l[2:])                          #从指定开头到结尾的元素
print(l[:])                           #所有元素
```

运行结果如下：

```
96
99
[85, 98]
[96, 85, 98]
[98, 100, 99]
[96, 85, 98, 100, 99]
```

注意：如果列表切片的结果只有1个元素，则显示为标量值；如果切片的结果有多个元素，则显示为列表。

4）列表的修改

要修改列表中的元素，必须先用切片的方法获取要修改的元素，然后将修改的数据赋值给切片结果。可以修改单个元素，也可以修改连续的多个元素，示例代码如下：

```
#chapter1\1-2\1-2-10.ipynb
l1 = [96,85,98,100,99]              #原始列表l1
l1[2] = 1000                        #修改列表中的单个元素
print(l1)                           #打印修改单个元素的列表

l2 = [96,85,98,100,99]              #原始列表l2
l2[1:3] = [8,9]                     #修改列表中连续的多个元素
print(l2)                           #打印修改多个元素的列表
```

运行结果如下：

```
[96, 85, 1000, 100, 99]
[96, 8, 9, 100, 99]
```

注意：如果切片结果是标量值，则提供修改的数据就是标量值；如果切片结果是列表，则提供修改的数据就是列表。

4. 元组

元组(tuple)可有序地存储一组数据元素。数据元素置于一对圆括号之间，元素之间用英文半角逗号分隔，如(1,2,3)。元组中的元素可以是任何数据类型。不能对元组中的元素做修改，只能做切片设置，下面列出了元组常见的切片方法，示例代码如下：

```
#chapter1\1-2\1-2-11.ipynb
l = (96,85,98,100,99)
print(l[0])                         #元组中的第1个元素
print(l[-1])                        #元组中的最后1个元素
print(l[1:3])                       #指定开头到指定结尾的元素
print(l[:3])                        #从开头到指定结尾的元素
print(l[2:])                        #从指定开头到结尾的元素
print(l[:])                         #所有元素
```

运行结果如下：

```
96
99
[85, 98]
[96, 85, 98]
[98, 100, 99]
[96, 85, 98, 100, 99]
```

注意：如果元组中只有1个元素，则需要在这个元素的后面加上逗号。例如数字100，

正确的表示方法为(100,),表示为(100)是错误的。

5. 集合

集合(set)是由唯一元素组成的无序集。数据元素置于一对花括号之间,元素之间用英文半角逗号分隔,如{1,2,3}。集合里的每个元素必须保持唯一性,如果集合中的元素有重复,则在输出时会自动去做重复处理,示例代码如下:

```
# chapter1\1 - 2\1 - 2 - 12.ipynb
s1 = {'苹果', '橙子', '石榴', '梨子'}          # 构造无重复值的集合 s1
print(s1)                                  # 打印集合 s1

s2 = {'苹果', '橙子', '石榴', '梨子', '梨子', '橙子'}   # 构造有重复值的集合 s2
print(s2)                                  # 打印集合 s2
```

运行结果如下:

```
{'梨子', '苹果', '石榴', '橙子'}
{'梨子', '苹果', '石榴', '橙子'}
```

注意:集合是无序集的,即集合中元素的位置无法固定,所以不能像列表、元组一样做切片。

6. 字典

字典(dict)是最重要的数据类型之一。每个元素由键值对组成,键与值之间用半角冒号分隔,键在字典中必须保持唯一性,值可以有重复。元素置于花括号中,元素之间用逗号分隔,如{'梨子':99, '苹果':95, '橙子':91}。

获取键对应的值,示例代码如下:

```
# chapter1\1 - 2\1 - 2 - 13.ipynb
d = {'梨子':99, '苹果':95, '橙子':91}
d['苹果']                    # 获取键对应的值
```

运行结果如下:

```
95
```

修改键对应的值,示例代码如下:

```
# chapter1\1 - 2\1 - 2 - 14.ipynb
d = {'梨子':99, '苹果':95, '橙子':91}
d['苹果'] = 75               # 修改键对应的值
d
```

运行结果如下:

```
{'梨子': 99, '苹果': 75, '橙子': 91}
```

要获取字典的键和值的相关信息,有以下 3 种常用操作。

(1) 获取字典中所有的键用 keys()方法。

(2) 获取字典中所有键对应的值用 values()方法。

(3) 获取字典中所有的键值对用 items()方法。

示例代码如下:

```
#chapter1\1-2\1-2-15.ipynb
d = {'梨子':99, '苹果':95, '橙子':91}
print(d.keys())                          #获取字典中所有的键
print(d.values())                        #获取字典中所有键对应的值
print(d.items())                         #获取字典中所有的键值对
```

运行结果如下:

```
dict_keys(['梨子', '苹果', '橙子'])
dict_values([99, 95, 91])
dict_items([('梨子', 99), ('苹果', 95), ('橙子', 91)])
```

1.2.5　控制语句

一般来讲,程序中的代码运行顺序都是自上而下的,但代码在运行的过程中可能需要反复执行一段代码,或者跳过一段代码。本节将讲解如何控制代码的运行顺序。

1. 顺序语句

Python 语句像其他编程语言一样,代码运行的顺序都是自上而下的,以下面示例代码为例:

```
#chapter1\1-2\1-2-16.ipynb
a = 100
b = 200
c = a + b
c
```

运行结果如下:

```
300
```

解读一下上面代码的运行过程。

(1) 先将数字 100 赋值给变量 a。

(2) 再将数字 200 赋值给变量 b。

(3) 再将 a 和 b 相加的结果赋值给变量 c。

(4) 最后输出变量 c 的结果。

注意:按顺序执行代码时,并不是绝对地自上而下运行每句代码,中途可能会做循环处理、条件分支处理等操作。

2．循环语句

1) for 循环语句

for 循环语句可以用来遍历任何可迭代序列,如字符串、列表和字典等,在循环序列中的每个项目时,可以对项目执行处理操作。

例如将'Pandas'这个字符串中的每个字符循环打印在屏幕上,示例代码如下:

```
#chapter1\1-2\1-2-17.ipynb
for i in 'Pandas':
    print(i)                    #循环打印字符串中的每个字符
```

运行结果如下:

```
P
a
n
d
a
s
```

再例如将列表['pandas','Python','Excel']中的每个元素循环打印在屏幕上,示例代码如下:

```
#chapter1\1-2\1-2-18.ipynb
for i in ['pandas','Python','Excel']:
    print(i)                    #循环打印列表中的每个元素
```

运行结果如下:

```
pandas
Python
Excel
```

再例如将字典{'pandas':100,'Python':99,'Excel':88}中的每个键循环打印在屏幕上,示例代码如下:

```
#chapter1\1-2\1-2-19.ipynb
for key in {'pandas':100,'Python':99,'Excel':88}:
    print(key)                  #循环打印字典中的每个键
```

运行结果如下:

```
pandas
Python
Excel
```

如果希望将字典{'pandas':100,'Python':99,'Excel':88}中的每个键及对应的值循环

打印在屏幕上,则可以使用字典的 items()方法,示例代码如下:

```
#chapter1\1-2\1-2-20.ipynb
for key,value in {'pandas':100,'Python':99,'Excel':88}.items():
    print(key,'=>',value)                 #循环打印字典中的键和值
```

运行结果如下:

```
pandas => 100
Python => 99
Excel => 88
```

2) while 循环语句

while 循环语句用来循环执行指定的代码块,当条件成立时一直循环,直到条件不成立时终止循环,示例代码如下:

```
#chapter1\1-2\1-2-21.ipynb
n=0                           #初始化变量 n
while n<5:                     #当 n 小于 5 时,执行循环
    n+=1                       #对变量累加 1
    print(n)                   #打印变量 n
```

运行结果如下:

```
1
2
3
4
5
```

解读一下上面代码的运行过程。

第 1 行,首先对变量 n 做初始化赋值;第 2 行,在 while 关键字后面写入循环的条件;第 3 和 4 行是 while 循环体中要循环的代码块,当变量 n 累加到不再小于 5 时,终止执行这两行代码,也就是终止 while 循环语句。

3. 分支语句

编写分支语句首先要给定一个表达式,如果表达式返回值为布尔值 True,则表示条件成立;如果表达式返回布尔值 False,则表示条件不成立,可以根据返回的不同布尔值做不同的代码处理。

1) 单条件判断

if 单条件分支语句判断指定的表达式是否成立。如果成立,则执行 if 下面的代码块,示例代码如下:

```
#chapter1\1-2\1-2-22.ipynb
n=98
if n>90:                       #如果变量 n 大于 90
    print('YES')               #则打印'YES'
```

运行结果如下：

```
YES
```

条件判断成立需要处理,但如果条件不成立也需要处理呢? 则可以将 if 与 else 配合,示例代码如下：

```
#chapter1\1-2\1-2-23.ipynb
n = 89
if n > 90:                              #判断变量 n 是否大于 90
    print('YES')                        #条件成立返回 YES
else:
    print('NO')                         #条件不成立返回 NO
```

运行结果如下：

```
NO
```

2) 多条件判断

如果有多个条件判断,则可以将 if 与 elif 配合,例如要求 n>90 返回'优',n>80 返回'良',n>60 返回'中',否则返回'差',示例代码如下：

```
#chapter1\1-2\1-2-24.ipynb
n = 76
if n > 90:                              #如果 n 大于 90
    print('优')                         #则返回优
elif n > 80:                            #如果 n 大于 80
    print('良')                         #则返回良
elif n > 60:                            #如果 n 大于 60
    print('中')                         #则返回中
else:                                   #否则
    print('差')                         #返回差
```

运行结果如下：

```
中
```

上面代码做了 3 个条件判断,每个判断都有对应的返回值,直到 3 个条件都不成立时,执行 else 下的返回值。

3) if 三目运算

if 三目运算是写在一行的,如果条件判断比较简单,则可以使用此种代码编写方式,示例代码如下：

```
#chapter1\1-2\1-2-25.ipynb
n = 50
'YES' if n > 90 else 'NO'              #如果 n 大于 90,则返回 YES,否则返回 NO
```

运行结果如下：

```
NO
```

1.2.6　函数

函数是组织好的、可重复使用的代码，能提高应用的模块性和代码的重复利用率。Python 提供了许多内置函数，当然用户也可以自己定义函数。

1. 内置函数

内置函数无须用户定义，直接调用即可，例如前面经常使用到的 print()函数，可以用此函数在屏幕上打印输出数据。

2. 自定义函数

除了使用 Python 内置函数，用户也可以自己定义函数。自定义函数语法如下：

```
def 函数名称(参数)：
    语句块
```

创建自定义函数的规则如下：

（1）以 def 关键词开头，后接函数名称和圆括号()，再接冒号。

（2）传入的参数必须放在圆括号中，圆括号之间用于定义参数。

（3）函数代码块内容以冒号起始，并且缩进。

（4）return 后接函数的最终返回值。

例如定义 fun()函数，其中 x 和 y 是 fun()函数的两个参数，此函数将 x 和 y 参数接收的值相加，然后赋值给变量 z，最后将变量 z 的值作为此函数的返回值，示例代码如下：

```
#chapter1\1-2\1-2-26.ipynb
def fun(x,y)：                      #x,y 是 fun()函数的两个参数
    z = x + y                       #将 x,y 获取的值相加，再赋值给变量 z
    return z                        #z 变量的值就是 fun()函数的返回值
fun(100,99)                         #测试 fun()函数，返回值为 199
```

运行结果如下：

```
199
```

3. 匿名函数

匿名函数是一种特殊的自定义函数，特殊在定义的函数没有名称。一般在自定义功能比较简易的函数时，可以定义成匿名函数。Python 中使用 lambda 来创建匿名函数。语法结构如下：

```
lambda [arg1 [,arg2,.....argn]]:expression
```

下面定义一个匿名函数,示例代码如下:

```
#chapter1\1-2\1-2-27.ipynb
(lambda x,y:x+y)(100,99)
```

运行结果如下:

```
199
```

讲解一下此匿名函数的定义和使用方法,lambda 后设置了 x 和 y 两个参数,冒号后是函数的返回值表达式,此匿名函数的处理方式为将参数 x 和 y 接收的值相加。此时 lambda x,y:x+y 就是一个完整的匿名函数。在函数后传入 100 和 99,函数中的 x 和 y 参数接收到值后,再将两个值相加,最后返回值为 199。

也可以将定义好的匿名函数赋值给变量,变量就相当于是函数名,这样看起来与普通函数的用法相同,示例代码如下:

```
#chapter1\1-2\1-2-28.ipynb
fun = lambda x,y:x+y                    #将函数赋值给变量 fun
fun(100,99)
```

运行结果如下:

```
199
```

4．函数的参数调用

函数的调用很简单,这里主要讲解函数的参数调用方式,函数的参数调用通常分为按位置给参数赋值和通过指定参数名称给参数赋值。

按位置给参数赋值是对照函数的参数位置一一赋值,但如果遇到函数的参数比较多,并且只需使用到其中一部分参数时,如果按照参数位置赋值,函数就显得比较臃肿、不简洁,则可以通过指定参数名称来给这些参数赋值,这就是 Python 的关键字参数赋值。这种参数赋值方式有两大优点:第一,不再需要考虑参数的顺序,函数的使用将更加容易;第二,可以只对那些希望赋值的参数赋值。

下面罗列出了常见的参数赋值方式,示例代码如下:

```
#chapter1\1-2\1-2-29.ipynb
def fun(x,y=1,z=0):                     #自定义函数
    return x+y+z
print(fun(100))                         #按位置传入必选参数数据
print(fun(100,200,300))                 #按位置传入所有参数数据
print(fun(10,z=20))                     #按位置传入必选参数数据,按关键字传入参数数据
print(fun(y=10,z=20,x=30))              #按关键字传入参数数据
```

运行结果如下：

```
101
600
31
60
```

注意：函数的参数分为必选参数和可选参数，例如自定义函数 fun(x, y=1, z=0)，x 就是必选参数，表示必须填写；而 y 和 z 是可选参数，表示可以填写，也可以不填写（因为可选参数有默认值）。

第 2 章　Pandas 中数据的存取

在安装 Anaconda 时，已经安装了本书要使用的 Pandas、NumPy、xlrd 和 Openpyxl 等库，所以无须再安装。本章将讲解如何使用 Pandas 库对 Excel 文件做读取、保存等设置，并且介绍读取 Excel 数据后形成的 DataFrame 表格。

2.1　读取 Excel 文件数据

要使用 Pandas 库对 Excel 文件进行操作，首先要导入 Pandas 库。为了方便编写代码，一般将 Pandas 命名为 pd，然后使用 pd.read_excel() 函数读取 Excel 文件 2-1-1.xlsx，并赋值给 df 变量，最后输出 df。示例代码如下：

```
# chapter2\2 - 1\2 - 1 - 1.ipynb
import pandas as pd                          # 导入 Pandas 库，并命名为 pd
df = pd.read_excel('2 - 1 - 1.xlsx','成绩表')    # 读取 Excel 中的成绩表数据
df                                           # 输出结果
```

被读取的 Excel 文件如图 2-1 所示，运行结果如图 2-2 所示。

图 2-1　被读取的 Excel 文件　　　　　图 2-2　读取 Excel 文件后的运行结果

pd.read_excel() 函数如果没有指定要读取的工作表，则默认读取 Excel 文件第 1 个工作表。pd.read_excel() 函数的第 2 参数指定要读取的工作表，可以使用索引序号和名称两种方式读取工作表数据，以读取 2-1-2.xlsx 文件为例，演示一下用不同方式读取工作表数据，示例代码如下：

```
# chapter2\2 - 1\2 - 1 - 2.ipynb
import pandas as pd                          # 导入 Pandas 库，并命名为 pd
df1 = pd.read_excel('2 - 1 - 2.xlsx',0)      # 以索引序号方式读取工作表
```

```
df2 = pd.read_excel('2-1-2.xlsx','成绩表')        # 以名称方式读取工作表
df3 = pd.read_excel('2-1-2.xlsx',1)              # 以索引序号方式读取工作表
df4 = pd.read_excel('2-1-2.xlsx','业绩表')        # 以名称方式读取工作表
```

在上面的代码中,df1 和 df2 读取到的是同一个工作表,df3 和 df4 读取到的也是同一个工作表。

注意:使用索引序号的方式读取工作表数据,默认索引序号是从 0 开始的,也就是说当读取第 1 个工作表时,pd.read_excel()函数的第 2 参数不是 1,而应该是 0。

2.2 读取 CSV 文件数据

CSV 格式也是常见的数据存储方式,易于读写。Pandas 也支持 CSV 文件的读取,并且读取速度相比 Excel 更快。读取 CSV 文件使用 pd.read_csv()函数,示例代码如下:

```
# chapter2\2-2\2-2-1.ipynb
import pandas as pd                # 导入 Pandas 库,并命名为 pd
df = pd.read_csv('2-2-1.csv')      # 读取 CSV 文件
df                                 # 输出结果
```

被读取的 CSV 文件数据如图 2-3 所示,运行结果如图 2-4 所示。

文件(F) 编辑(E) 格式(O) 查看(V) 帮助(H)
姓名,1月,2月,3月
黄一二,250000,275000,266000
陈实,268000,268000,101000
唐杰,171000,151000,290000
曾贤志,219000,235000,290000

	姓名	1月	2月	3月
0	黄一二	250000	275000	266000
1	陈实	268000	268000	101000
2	唐杰	171000	151000	290000
3	曾贤志	219000	235000	290000

图 2-3　被读取的 CSV 文件数据　　　图 2-4　读取 CSV 文件后的运行结果

由于读取 CSV 文件的速度非常快,如果读取的 Excel 文件数据比较大,则可以将 Excel 文件转换为 CSV 文件。

2.3 保存为 Excel 文件格式

在 Pandas 中处理好数据之后,如果需要保存为 Excel 文件,则可以使用 df.to_excel()函数。例如将 CSV 文件保存为 Excel 文件,示例代码如下:

```
# chapter2\2-3\2-3-1.ipynb
import pandas as pd                        # 导入 Pandas 库,并命名为 pd
df = pd.read_csv('2-3-1.csv')              # 读取 CSV 文件
df.to_excel('2-3-1.xlsx','业绩表')          # 保存为 xlsx 格式的 Excel 文件
```

被读取的 CSV 文件如图 2-5 所示,保存后的 Excel 文件如图 2-6 所示。

图 2-6 所示的业绩表数据,被加粗处理的部分是行标题和列标题,如果不需要行标题,

则可以将代码修改为 df. to_excel('2-3-1. xlsx','业绩表',index＝False),将 index 参数设置为 False。

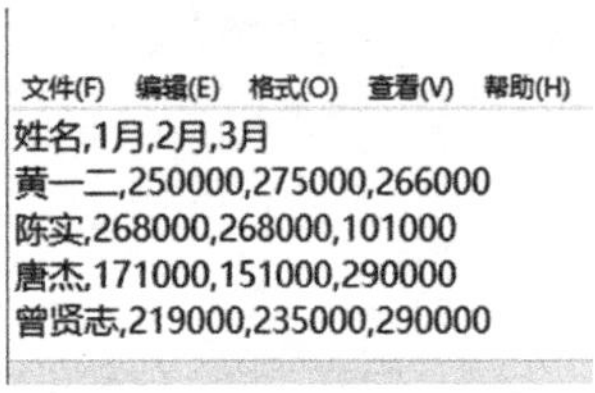

图 2-5 被读取的 CSV 文件

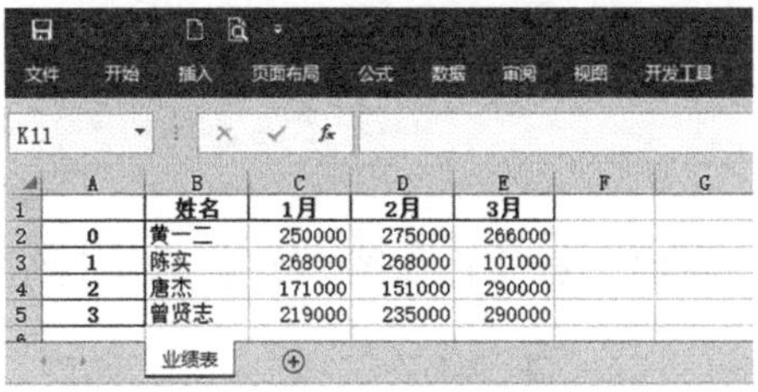

图 2-6 保存后的 Excel 文件

2.4 保存为 CSV 文件格式

我们知道 Pandas 读取 CSV 文件比读取 Excel 文件的速度快。现在就演示一下读取 Excel 文件后,再保存为 CSV 文件的操作,保存为 CSV 文件使用 df. to_csv()函数,示例代码如下:

```
# chapter2\2 - 4\2 - 4 - 1.ipynb
import pandas as pd                              # 导入 Pandas 库,并命名为 pd
df = pd. read_excel('2 - 4 - 1.xlsx','业绩表')      # 读取 Excel 中的业绩表数据
df.to_csv('2 - 4.csv',index = False)             # 保存为 CSV 文件
```

被读取的 Excel 文件如图 2-7 所示,运行结果如图 2-8 所示。

图 2-7 被读取的 Excel 文件

图 2-8 保存后的 CSV 文件

在保存为 CSV 文件时,df. to_csv()函数的 index 参数一般设置为 False,表示不需要将表的行标题写入 CSV 文件,与 df. to_excel()函数的 index 参数设置相同。

2.5 Pandas 中表格的结构

2.1～2.4 节中,在读取 Excel 文件或 CSV 文件后,总会赋值给 df 变量,df 就是 DataFrame 的意思,DataFrame 以表格形式存储数据,此种表格也是我们操作的主要对象,所以本节将详细剖析这种表格结构。

2.5.1 DataFrame 数据结构

在讲解 DataFrame 表格的数据结构之前,先读取 Excel 中的分数表数据为 DataFrame

表格,示例代码如下：

```
#chapter2\2-5\2-5-1.ipynb
import pandas as pd                          #导入 Pandas 库,并命名为 pd
df = pd.read_excel('2-5-1.xlsx','分数表')    #读取 Excel 中的分数表数据
df                                           #输出 DataFrame 表格
```

被读取的 Excel 文件如图 2-9 所示,运行结果如图 2-10 所示。

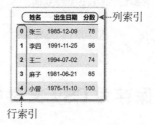

图 2-9　被读取的 Excel 文件　　　　图 2-10　读取后的 DataFrame 表格

　　图 2-10 所示的表格就是 DataFrame 数据,也可以翻译为数据帧,但为了更容易理解,通常称为 DataFrame 表格,表明是 DataFrame 类型的表格,也可以简称为 df 表。因为它确实是一张表格,像 Excel 工作表一样,有行标题和列标题,不过在 DataFrame 表格结构中,我们更习惯称为行索引和列索引,如图 2-9 和图 2-10 所示。

　　DataFrame 表格的行索引和列索引可以自定义,而 Excel 工作表的行标题和列标题是固定的,所以 DataFrame 表格的行索引和列索引更灵活、更强大。在后续章节中将陆续讲解 DataFrame 表格的行索引和列索引应用。

　　DataFrame 表格由行索引、列索引及数据区域三大部分组成,下面介绍如何获取 DateFrame 表格的这 3 部分信息,示例代码如下：

```
#chapter2\2-5\2-5-2.ipynb
import pandas as pd                          #导入 Pandas 库,并命名为 pd
df = pd.read_excel('2-5-2.xlsx','分数表')    #读取 Excel 中的分数表数据
print(df.index)                             #打印行索引
print(df.columns)                           #打印列索引
print(df.values)                            #打印 DataFrame 表格的数据区域
```

运行结果如下：

```
#打印出的行索引如下所示
RangeIndex(start = 0, stop = 5, step = 1)

#打印出的列索引如下所示
Index(['姓名', '出生日期', '分数'], dtype = 'object')

#打印出的 DataFrame 表格数据区域如下所示
[['张三' Timestamp('1985-12-09 00:00:00') 78]
['李四' Timestamp('1991-11-25 00:00:00') 96]
```

```
['王二'Timestamp('1994 – 07 – 02 00:00:00') 74]
['麻子'Timestamp('1981 – 06 – 21 00:00:00') 85]
['小曾'Timestamp('1976 – 11 – 10 00:00:00') 100]]
```

使用 DataFrame 的 index、columns 和 values 这 3 个属性分别返回行索引、列索引及表格的数据,而 df. values 返回的数据结构是数组,数组将在第 3 章中详细讲解。

2.5.2　Series 数据结构

在讲解 Series 数据结构之前,同样先读取 Excel 文件的数据,如图 2-11 所示,然后赋值给 df 变量,之后循环读取 df 表的列索引与列数据,获取列索引与列数据使用 df. items()函数,示例代码如下:

图 2-11　被读取的 Excel 文件

```
# chapter2\2 – 5\2 – 5 – 3. ipynb
import pandas as pd                              # 导入 Pandas 库,并命名为 pd
df = pd. read_excel('2 – 5 – 3. xlsx', '信息表')    # 读取 Excel 中的信息表数据
for t,s in df. items():                          # 循环读取 df 表的每列数据
    print(t)                                     # 返回列索引名称
    print(s)                                     # 返回列数据
    print(type(s))                               # 返回列数据的类型
    print('–––––––––––––– ')
```

运行结果如下:

```
姓名
0      张三
1      李四
2      王二
Name: 姓名, dtype: object
< class 'pandas. core. series. Series'>
––––––––––––––
入职日期
0      2020 – 11 – 05
1      2018 – 06 – 03
2      2019 – 10 – 19
Name: 入职日期, dtype: datetime64[ns]
< class 'pandas. core. series. Series'>
––––––––––––––
基础工资
0      12000
1      14000
2      13500
```

```
Name: 基础工资, dtype: int64
< class 'pandas.core.series.Series'>
---------------
```

图 2-11 所示的工作表有 3 列数据,所以上面循环体中循环了 3 次,下面以第 3 次循环输出的结果为例进行分析。

```
基础工资
0      12000
1      14000
2      13500
Name: 基础工资, dtype: int64
< class 'pandas.core.series.Series'>
---------------
```

'基础工资'是 print(t)打印出的列索引名称,'基础工资'之下是 print(s)打印出的列数据,这里的列数据是以 Series 结构存储的,并且显示它的 Name(Series 名称)和 dtype(类据类型)两种属性,还可以通过 print(type(s))打印变量 s 的类型,返回< class 'pandas.core.series.Series'>,进一步证明列数据就是 Series 结构,其实 Series 数据的本质是带标签的一维数组。

到此为止,可以做三点总结。

(1)从外部文件读取到 Pandas 中的数据是 DataFrame 表格。

(2)DataFrame 表格的数据可以由多个 Series 数据构成。

(3)Series 数据可以由数组、列表等可迭代对象构成。

(4)为方便表达,将 Pandas 简写为 pd,DataFrame 简写为 df,Series 简写为 s。

第 3 章

NumPy 数据处理基石

Excel 中的数组非常有用,不但能灵活地处理数据,更重要的是能提高程序的运算速度,我们也可以把 NumPy 理解为 Excel 中的数组。本章主要讲解 NumPy 数组的创建与转换、数组的预处理,以及数组维度的转换。最后讲解与数组有关的 Series 数据与 DataFrame 表格的创建。

3.1 NumPy 的定义

在第 2 章中获取 DataFrame 表格数据时,使用 values 属性返回数组类型的数据。DataFrame 表格可以由 Series 数据构成,Series 数据的本质是带标签的一维数组。这里说的数组是指 NumPy 库中的数组,因为 Python 本身并没有数组这种数据类型。

NumPy 是一个运行速度非常快的数学库。支持大量维度数组与矩阵运算,而 Pandas 是基于 NumPy 的一种数据分析工具,因此要学好 Pandas,就必须对 NumPy 有所了解。为了让 NumPy 表达起来更方便,将 NumPy 简写为 np。

3.2 NumPy 数组的创建与转换

本节讲解普通数组、序列数组、随机小数数组和随机整数数组的创建,以及如何将整个 DataFrame 表格数据转换为数组,将 DataFrame 表格每列数据转换为数组。

3.2.1 普通数组

创建普通数组可以使用 np.array() 函数,此函数的参数可以是任何序列类型的对象。例如将列表创建为普通数组的代码如下:

```
#chapter3\3-2\3-2-1.ipynb
import numpy as np                          #导入 NumPy 库,并命名为 np
arr = np.array(['张三','李四','王二'])       #创建普通数组,并赋值给 arr 变量
print(arr)                                   #打印 arr 数组
print(type(arr))                             #打印 arr 数据类型
```

运行结果如下：

```
['张三' '李四' '王二']
< class 'numpy.ndarray'>
```

print(arr)打印出的数组显示为['张三' '李四' '王二']，呈现方式与列表比较相似，列表的元素之间用逗号分隔，数组的元素之间用空格分隔。

print(type(arr))打印出的类型显示为< class 'numpy.ndarray'>，ndarray 表明是普通数组类型，ndarray 是具有相同类型和大小项目的（通常是固定大小的）多维容器。

既然普通数组是多维容器，接下来再创建一个多维数组，示例代码如下：

```
#chapter3\3-2\3-2-2.ipynb
import numpy as np                                      #导入 NumPy 库，并命名为 np
arr = np.array((['张三','李四','王二'],[66,88,99]))        #创建多维数组，并赋值给 arr 变量
print(arr)                                              #打印 arr 数组
print(type(arr))                                        #打印 arr 数据类型
```

运行结果如下：

```
[['张三' '李四' '王二']
 ['66' '88' '99']]
< class 'numpy.ndarray'>
```

以上代码创建的是二维数组，数组中的元素数据类型必须保持一致，在上面二维数组中，列表[66,88,99]中的元素是数字类型，但生成为数组后，数组中所有元素的数据类型转换为了字符串类型。

3.2.2　序列数组

创建一个指定数字范围内的等差序列数组，可以使用 np.arange()函数。它创建数组的方式非常灵活，参数可以是 1 个、2 个或者 3 个，示例代码如下：

```
#chapter3\3-2\3-2-3.ipynb
import numpy as np                          #导入 NumPy 库，并命名为 np
arr1 = np.arange(4)                         #np.arange()为 1 个参数
arr2 = np.arange(7,12)                      #np.arange()为 2 个参数
arr3 = np.arange(100,110,2)                 #np.arange()为 3 个参数
print(arr1)                                 #打印 arr1 数组
print(arr2)                                 #打印 arr2 数组
print(arr3)                                 #打印 arr3 数组
```

运行结果如下：

```
[0 1 2 3]
[ 7 8 9 10 11]
[100 102 104 106 108]
```

通过观察上面代码运行的结果,可以得出 np. arange()函数的 3 种情况。

(1) 1 个参数时,起始值默认为 0,参数值为终止值,步长值默认为 1。

(2) 2 个参数时,第 1 个参数为起始值,第 2 个参数为终止值,步长值默认为 1。

(3) 3 个参数时,第 1 个参数为起始值,第 2 个参数为终止值,第 3 个参数为步长值。

3.2.3 随机数组

在做数据测试时,经常需要生成一些随机数据。在 NumPy 中可使用 np. random. rand()函数生成随机小数。下面分别创建单个随机小数,一维、二维和三维随机小数数组,示例代码如下:

```
#chapter3\3 - 2\3 - 2 - 4. ipynb
import numpy as np                          #导入 NumPy 库,并命名为 np
rnd = np. random. rand()                    #创建单个随机小数
arr1 = np. random. rand(4)                  #创建一维随机小数数组
arr2 = np. random. rand(2,4)                #创建二维随机小数数组
arr3 = np. random. rand(2,4,3)              #创建三维随机小数数组
print(rnd)                                  #打印单个随机小数
print(arr1)                                 #打印 arr1 随机小数数组
print(arr2)                                 #打印 arr2 随机小数数组
print(arr3)                                 #打印 arr3 随机小数数组
```

运行结果如下:

```
#打印的 rnd 随机小数如下所示
0.8988843798934052

#打印的 arr1 随机小数数组如下所示
[0.6587055   0.96748318   0.13119374   0.49618439]

#打印的 arr2 随机小数数组如下所示
[[0.52212765   0.74314483   0.87741946   0.19396058]
 [0.59023371   0.07754737   0.5386383   0.91278296]]

#打印的 arr3 随机小数数组如下所示
[[[0.14415337   0.52691613   0.84457373]
  [0.35925086   0.66358187   0.60983805]
  [0.4784553   0.5777714   0.74465181]
  [0.20927365   0.43836476   0.90326771]]
 [[0.62324085   0.65458412   0.41754146]
  [0.20506602   0.75364   0.5395965]
  [0.34599508   0.22240642   0.99718073]
  [0.67285606   0.5008097   0.1211656 ]]]
```

上面的示例只演示到了三维随机小数数组,如果要创建更多维度,在 np. random. rand()函数的参数中添加即可。

创建随机整数数组可使用 np. random. randint()函数,使用函数的第 1 和 2 个参数分别指定随机整数的起始值和终止值,使用 size 参数指定随机整数的维度。下面分别创建单个

随机整数,一维、二维和三维随机整数数组,示例代码如下:

```
#chapter3\3-2\3-2-5.ipynb
import numpy as np                                    #导入 NumPy 库,并命名为 np
rndint = np.random.randint(10,99)                     #创建单个随机整数
arr1 = np.random.randint(10,99,size = (3))            #创建一维随机整数数组
arr2 = np.random.randint(10,99,size = (3,2))          #创建二维随机整数数组
arr3 = np.random.randint(10,99,size = (3,2,4))        #创建三维随机整数数组
print(rndint)                                         #打印单个随机整数
print(arr1)                                           #打印 arr1 随机整数数组
print(arr2)                                           #打印 arr2 随机整数数组
print(arr3)                                           #打印 arr3 随机整数数组
```

运行结果如下:

```
#打印的 rndint 随机整数如下所示
26

#打印的 arr1 随机整数数组如下所示
[52  48  80]

#打印的 arr2 随机整数数组如下所示
[[29  89]
 [76  98]
 [56  59]]

#打印的 arr3 随机整数数组如下所示
[[[56  71  97  13]
  [72  67  24  26]]
 [[88  86  88  98]
  [18  29  90  23]]
 [[55  62  85  18]
  [91  35  78  34]]]
```

3.2.4 转换数组

通过前文我们已了解了 NumPy 数组的结构及创建方式,但在实际工作中,不但需要创建数组,很多时候更需要将 DataFrame 表格和 Series 数据转换为数组。

1. DataFrame 表格转换为数组

首先读取 Excel 文件中的数据,如图 3-1 所示,将信息表数据读取给 df 变量,df 是 DataFrame 类型表格,再分别使用 np.array()函数、df.to_numpy()函数和 df.values 属性将 df 表转换为数组,示例代码如下:

姓名	入职日期	基础工资
张三	2020/11/5	12000
李四	2018/6/3	14000
王二	2019/10/19	13500

图 3-1 被读取的 Excel 文件

```
#chapter3\3-2\3-2-6.ipynb
import numpy as np,pandas as pd        #导入 NumPy 库和 Pandas 库,并分别命名为 np 和 pd
df = pd.read_excel('3-2-6.xlsx','信息表')  #读取 Excel 中的信息表数据
arr1 = np.array(df)                    #使用 np.array()函数转换为数组
arr2 = df.to_numpy()                   #使用 df.to_numpy()函数转换为数组
arr3 = df.values                       #使用 df.values 属性转换为数组
print(arr1)                            #打印 arr1 数组
```

运行结果如下:

```
[['张三' Timestamp('2020-11-05 00:00:00') 12000]
 ['李四' Timestamp('2018-06-03 00:00:00') 14000]
 ['王二' Timestamp('2019-10-19 00:00:00') 13500]]
```

在上面的代码中,变量 arr1、arr2 和 arr3 返回的数组结果均相同,所以只打印了 arr1
数组。

2. Series 数据转换为数组

Series 数据也可以转换为数组,同样用 np.array()函数、s.to_numpy()函数和 s.values
属性 3 种不同的方法将 Series 数据转换为数组,同样使用图 3-1 所示的 Excel 文件,读取并
赋值给 df 变量,然后循环读取 df 中的每列数据,使用不同的方法转换为数组,示例代码
如下:

```
#chapter3\3-2\3-2-7.ipynb
import numpy as np,pandas as pd        #导入 NumPy 库和 Pandas 库,并分别命名为 np 和 pd
df = pd.read_excel('3-2-7.xlsx','信息表')  #读取 Excel 中的信息表数据
for t,s in df.items():
    print(t)                           #打印 df 列索引名称
    arr1 = np.array(s)                 #使用 np.array()函数转换列数据为数组
    arr2 = s.to_numpy()                #使用 s.to_numpy()函数转换列数据为数组
    arr3 = s.values                    #使用 s.values 属性转换列数据为数组
    print(arr3)                        #打印 arr3 数组
    print('------------------ ')
```

运行结果如下:

```
姓名
['张三' '李四' '王二']
------------------
入职日期
['2020-11-05T00:00:00.000000000' '2018-06-03T00:00:00.000000000'
 '2019-10-19T00:00:00.000000000']
------------------
基础工资
[12000 14000 13500]
------------------
```

上面的代码是将 df 表中每列数据循环出来赋值给 s 变量,s 变量中存储的就是 Series

数据。再通过 3 种不同方法分别转换赋值给变量 arr1、arr2 和 arr3,它们存储的数据相同,并且均是一维数组。

3.3 NumPy 数组的预处理

在对数组做运算之前,可能会对数据做一些预处理。例如数据类型的转换,缺失值的处理,重复值的处理等。如果没做好这些预处理,后续数组的运算将无法进行下去。

3.3.1 类型转换

虽然要求 NumPy 数组的数据类型相同,但仍可能会遇到数据类型不一致的数组,或者用户需要将数组转换成指定的数据类型。数组的数据类型转换可以使用 astype()函数,示例代码如下:

```
#chapter3\3-3\3-3-1.ipynb
import numpy as np                          #导入 NumPy 库,并命名为 np
arr = np.array([100,'123',99])             #arr 数组
print(arr.astype('int'))                   #转换为整数类型
print(arr.astype('float'))                 #转换为小数类型
print(arr.astype('str'))                   #转换为字符串类型
```

运行结果如下:

```
[100  123  99]
[100.  123.  99.]
['100' '123' '99']
```

上面代码中只演示了'int'(整数)、'float'(小数)和'str'(字符串)3 种常见数据类型的转换,更详细的数据转换类型见表 3-1。

表 3-1 数据类型

类型名称	简写	注　　释
bool	?,b1	布尔型数据类型(True 或者 False)
int8	b,i1	字节(−128～127)
int16	h,i2	整数(−32768～32767)
int32	i,i4	整数(−2147483648～2147483647),可表示为 int
int64	q,i8	整数(−9223372036854775808～9223372036854775807)
uint8	B,u1	无符号整数(0～255)
uint16	H,u2	无符号整数(0～65535)
uint32	I,u4	无符号整数(0～4294967295)
uint64	Q,u8	无符号整数(0～18446744073709551615)
float16	f2,e	半精度浮点数,包括 1 个符号位,5 个指数位,10 个尾数位
float32	f,f4	单精度浮点数,包括 1 个符号位,8 个指数位,23 个尾数位
float64	d,f8	双精度浮点数,包括 1 个符号位,11 个指数位,52 个尾数位,可表示为 float

类型名称	简写	注　释
str	a, S	字符串,只能包含 ASCII 码字符,S 或 a 后带数字表示字符串长度,超出部分将被截断,例如 S20、a10
unicode	U	Unicode 字符串,U 后带数字表示字符串长度,超出部分将被截断,例如 U20
datetime64	M8	年('Y')、月('M')、周('W')、天('D')、小时('h')、分钟('m')、秒('s')、毫秒('ms')、微秒('μs')等
timedelta64		表示时间差,年('Y')、月('M')、周('W')、天('D')、小时('h')、分钟('m')、秒('s')、毫秒('ms')、微秒('μs')

在表 3-1 中的 datetime64(日期类型)的转换也比较常见,将文本型日期转换为标准日期没问题,但如果将数字转换为对应的日期,处理方式有些不同,示例代码如下:

```
#chapter3\3-3\3-3-2.ipynb
import numpy as np                    #导入 NumPy 库,并命名为 np
arr = np.array([0,12525,145])         #arr 数组
print(arr.astype('datetime64[D]'))    #转换为日期类型
```

运行结果如下:

```
['1970-01-01' '2004-04-17' '1970-05-26']
```

通过观察运行的结果,发现数字转换为日期时,日期的第 1 天是从 1970/1/1 开始的,而不同开发环境的起始日期可能不相同,好在 Pandas 提供了 pd.to_datetime()函数,可以让用户自定义起始日期,例如转换 arr=np.array([0,12525,145]),示例代码如下:

```
#chapter3\3-3\3-3-3.ipynb
import numpy as np,pandas as pd                    #导入 NumPy 库和 Pandas 库,并分别命名为 np 和 pd
arr = np.array([0,12525,145])                      #arr 数组
print(pd.to_datetime(arr,unit = 'D',origin = '1899-12-30'))    #转换为日期类型
```

运行结果如下:

```
DatetimeIndex(['1899-12-30', '1934-04-16', '1900-05-24'], dtype = 'datetime64[ns]',
freq = None)
```

上面代码的核心函数是 pd.to_datetime(),第 1 参数指定要转换 arr 数组,unit = 'D'表示把 arr 数组中的数字视为单位天,origin = '1899-12-30'用于设置起始日期。

下面测试一下将 Excel 文件中的数字转换成对应的日期,如图 3-2 和图 3-3 所示,示例代码如下:

```
#chapter3\3-3\3-3-4.ipynb
import numpy as np,pandas as pd                    #导入 NumPy 库和 Pandas 库,并分别命名为 np 和 pd
df = pd.read_excel('3-3-4.xlsx','出生日期表')        #读取 Excel 中的出生日期表数据
df['出生日期'] = pd.to_datetime(df['出生日期'],unit = 'D',origin = '1899-12-30')
                                                   #将出生日期列数字转换为日期
df                                                 #输出转换后的效果
```

运行结果如图 3-3 所示。

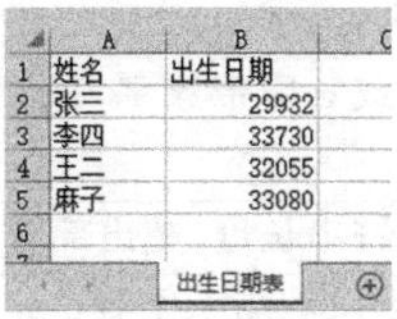

	A	B
1	姓名	出生日期
2	张三	29932
3	李四	33730
4	王二	32055
5	麻子	33080

图 3-2　出生日期转换前

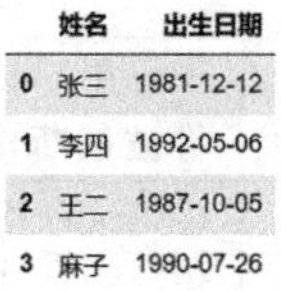

	姓名	出生日期
0	张三	1981-12-12
1	李四	1992-05-06
2	王二	1987-10-05
3	麻子	1990-07-26

图 3-3　出生日期转换后

注意：Pandas 和 NumPy 中的很多函数都有 dtype 参数，表明可以在参数中设置数据类型，关于更多的数据类型可以参考表 3-1。

3.3.2　缺失值处理

缺失值是指没有任何值的空元素，例如导入 Excel 文件后，如果某个单元格没有任何值，则会显示为 NaN 或者 NaT(缺失时间)。当然，在 NumPy 中也可以通过 np.nan 来生成缺失值。

要判断数组中是否有缺失值，可使用 np.isnan()函数，将返回由布尔值组成的数组。还可以给缺失值填充指定的值，例如将缺失值填充数字 100，示例代码如下：

```
#chapter3\3-3\3-3-5.ipynb
import numpy as np                              #导入 NumPy 库,并命名为 np
arr = np.array([2,3,np.nan,36,np.nan,99])       #arr 数组
print(arr)                                      #打印 arr 数组
print(np.isnan(arr))                            #打印 arr 数组的每个元素是否是缺失值
arr[np.isnan(arr)] = 100                        #将 arr 数组中的所有缺失值填充为 100
print(arr)                                      #再次打印 arr 数组
```

运行结果如下：

```
#arr 数组返回结果如下所示
[ 2. 3. nan 36. nan 99. ]

#判断 arr 数组是否是缺失值,返回结果如下所示
[False False True False True False]

#将 arr 数组缺失值填充为 100,返回结果如下所示
[ 2. 3. 100. 36. 100. 99. ]
```

3.3.3　重复值处理

在做数据预处理时，去重复处理是比较常见的处理方式。在 NumPy 中，可以使用 np.unique()函数，示例代码如下：

```
#chapter3\3-3\3-3-6.ipynb
import numpy as np                              #导入 NumPy 库,并命名为 np
arr = np.array([9,1,2,2,1,5,9])                 #arr 数组
print(np.unique(arr))                           #打印去重复之后的 arr 数组
```

运行结果如下：

```
[1 2 5 9]
```

如果对多维数组做去重复处理，最后返回的是具有唯一值的一维数组，示例代码如下：

```
#chapter3\3-3\3-3-7.ipynb
import numpy as np                          #导入 NumPy 库，并命名为 np
arr = np.array([[2,1,1],[2,5,1],[3,1,7]])   #arr 多维数组
print(np.unique(arr))                       #打印去重复之后的 arr 数组
```

运行结果如下：

```
[1 2 3 5 7]
```

3.4　NumPy 数组维度转换

在做数据处理时，数据的呈现方式可能并不是用户希望的，这就需要用户对数据进行转换，本节讲解不同维度数组的相互转换，以及不同维度数组的合并。学会这些操作，用户在转换数据结构时将更加得心应手。

3.4.1　数组维度转换

本节讲解一维数组与多维数组的相互转换，本质就是数据的重新组合。用户如果需要对一组数据拆解或者合并，维度转换是不错的选择。

1．一维数组转换为多维数组

数组的维度转换使用 reshape()函数，下面演示一下将一维数组转换为二维数组和三维数组，示例代码如下：

```
#chapter3\3-4\3-4-1.ipynb
import numpy as np              #导入 NumPy 库，并命名为 np
arr = np.arange(1,13)          #生成 1～16 连续值数组
print(arr.reshape(3,4))        #打印生成的二维数组
print(arr.reshape(3,2,2))      #打印生成的三维数组
```

运行结果如下：

```
#生成的二维数组结果如下
[[ 1  2  3  4]
 [ 5  6  7  8]
 [ 9 10 11 12]]

#生成的三维数组结果如下
[[[ 1  2]
```

```
  [ 3    4]]
 [[ 5    6]
  [ 7    8]]
 [[ 9   10]
  [11   12]]]
```

2. 多维数组转换为多维数组

使用 reshape() 函数也可以将多维数组转换为多维数组，例如可以将二维数组转换为另一种尺寸的二维数组，或者转换为其他多维数组，示例代码如下：

```
# chapter3\3 - 4\3 - 4 - 2.ipynb
import numpy as np                                    # 导入 NumPy 库,并命名为 np
arr = np.array([[1,2,3],[4,5,6],[7,8,9],[10,11,12]])  # arr 二维数组
print(arr.reshape(2,6))                               # 打印生成另一种二维数组
print(arr.reshape(2,2,3))                             # 打印生成的三维数组
```

运行结果如下：

```
# 生成的另一种二维数组结果如下
[[ 1   2   3   4   5   6]
 [ 7   8   9  10  11  12]]

# 生成的三维数组结果如下
[[[ 1   2   3]
  [ 4   5   6]]
 [[ 7   8   9]
  [10  11  12]]]
```

3. 多维数组转换为一维数组

将多维数组转换为一维数组，除了使用 reshape() 函数之外，也可以使用 flatten() 函数，并且这种转换方式更为直接，示例代码如下：

```
# chapter3\3 - 4\3 - 4 - 3.ipynb
import numpy as np                          # 导入 NumPy 库,并命名为 np
arr = np.array([[1,2,3],[4,5,6],[7,8,9]])   # arr 二维数组
print(arr.reshape(arr.size))                # 计算多维数组元素个数,转换为一维数组
print(arr.flatten())                        # 直接使用 NumPy 内置函数转换为一维数组
```

运行结果如下：

```
[1  2  3  4  5  6  7  8  9]
[1  2  3  4  5  6  7  8  9]
```

注意：数组之间的转换要遵循的原则是转换后的元素个数必须与转换前的元素个数相同，否则转换不成功。

3.4.2　数组合并

数组合并就是对两个及以上的数组做拼接,本节将讲解多个一维数组的合并,以及多个多维数组的合并。这些操作对数据的合并处理将非常有用。

1. 一维数组合并

如果要将多个一维数组合并成一个一维数组,首先要将多个一维数组组织在列表中,然后使用 np.concatenate()函数对列表中的一维数组合并,示例代码如下:

```
#chapter3\3-4\3-4-4.ipynb
import numpy as np                    #导入 NumPy 库,并命名为 np
arr1 = np.array([1,2,3])             #arr1 一维数组
arr2 = np.array([4,5,6])             #arr2 一维数组
lst = [arr1,arr2]                    #将 arr1 和 arr2 组合到列表中
arr3 = np.concatenate(lst)          #合并处理
print(arr3)                          #打印合并后的 arr3 数组
```

运行结果如下:

```
[1  2  3  4  5  6]
```

2. 多维数组合并

合并多个多维数组与合并多个一维数组方法基本相同,但由于多维数组合并需要用户确认是横向合并,还是纵向合并,所以要在 np.concatenate()函数中对 axis 参数指明合并方向,axis=1 表示横向合并,axis=0 表示纵向合并,示例代码如下:

```
#chapter3\3-4\3-4-5.ipynb
import numpy as np                          #导入 NumPy 库,并命名为 np
arr1 = np.array([[1,2,3],[4,5,6]])         #arr1 多维数组
arr2 = np.array([[7,8,9],[10,12,13]])      #arr2 多维数组
lst = [arr1,arr2]                          #将 arr1 和 arr2 组合到列表中
arr3 = np.concatenate(lst,axis = 1)        #横向合并
print(arr3)                                #打印横向合并后的 arr3 数组
arr4 = np.concatenate(lst,axis = 0)        #纵向合并
print(arr4)                                #打印纵向合并后的 arr4 数组
```

运行结果如下:

```
#横向合并多维数组返回结果如下所示
[[ 1  2  3  7  8  9]
 [ 4  5  6 10 12 13]]

#纵向合并多维数组返回结果如下所示
[[ 1  2  3]
 [ 4  5  6]
 [ 7  8  9]
 [10 12 13]]
```

3.5　Series 数据的创建

Series 可以视为 DataFrame 表格的列,之前的 Series 数据都是通过拆解 DataFrame 表格获取的,如果需要用户创建,则可以使用 pd.Series()函数,该函数的参数说明如下所示。

pd.Series(data＝None, index＝None, dtype＝None, name＝None, copy＝False)

data：提供创建 Series 的数据,可以是列表、数组和字典等可迭代对象。

index：提供 Series 的索引数据,允许有重复值,默认为 RangeIndex(0,1,2,…,n)。

dtype：设置 Series 数据的类型,如未指定则自动推断,关于数据类型可参考表 3-1。

name：设置 Series 数据的名称。

copy：是否复制输入数据。

接下来演示一下使用 pd.Series()函数在创建 Series 数据时的各种设置。

1. 创建 Series 数据

在创建 Series 数据时,可以使用列表、数组等可迭代对象作为 pd.Series()函数的 data 参数,以列表为例,示例代码如下:

```
# chapter3\3 - 5\3 - 5 - 1.ipynb
import pandas as pd                                      # 导入 Pandas 库,并命名为 pd
s = pd.Series(['张三','李四','王麻子'], name = '姓名')      # 用列表创建 Series,并设置名称
s                                                        # 返回 Series 数据
```

运行结果如下:

```
0 张三
1 李四
2 王麻子
Name:姓名, dtype: object
```

2. 用字典创建 Series 数据

如果使用字典作为 pd.Series()函数的 data 参数,则字典的键对应设置为 Series 数据的索引,示例代码如下:

```
# chapter3\3 - 5\3 - 5 - 2.ipynb
import pandas as pd                                      # 导入 Pandas 库,并命名为 pd
s = pd.Series({'A':'张三','B':'李四','C':'王麻子'})         # 用字典创建 Series
s                                                        # 返回 Series 数据
```

运行结果如下:

```
A 张三
B 李四
C 王麻子
dtype: object
```

3. 创建 Series 数据时设置索引

如果在创建 Series 数据时,需要设置对应的索引,则可以在 index 参数中设置,示例代码如下:

```
#chapter3\3-5\3-5-3.ipynb
import pandas as pd                                        #导入 Pandas 库,并命名为 pd
s = pd.Series(['张三','李四','王麻子'],index = ['A','B','C'])   #创建 Series 时设置索引
s                                                          #返回 Series 数据
```

运行结果如下:

```
A 张三
B 李四
C 王麻子
dtype: object
```

4. 创建 Series 数据时设置类型

如果在创建 Series 数据时,需要设置数据类型,则可以在 dtype 参数中设置,示例代码如下:

```
#chapter3\3-5\3-5-4.ipynb
import pandas as pd                    #导入 Pandas 库,并命名为 pd
s = pd.Series([2,3,5],dtype = 'float')  #创建字典时设置数据类型
s                                      #返回 Series 数据
```

运行结果如下:

```
0    2.0
1    3.0
2    5.0
dtype: float64
```

3.6 DataFrame 表格的创建

本应该在 2.5 节讲解 DataFrame 表格的创建,为什么要放在本章的最后一节学习呢?原因在于之前没有讲解 NumPy 数组,而用数组创建 DataFrame 表又是非常重要的方式,因此在讲解数组之后,再系统地讲解 DataFrame 表格的创建。

虽然我们对 DataFrame 表格结构已不陌生,因为在前面的章节中已学习过通过获取外部文件数据来生成 DataFrame 表格,但还没尝试通过创建的方式来生成 DataFrame 表格。在实际的数据处理环境中,可能会经常构造 DataFrame 表格,所以非常有必要学习 DataFrame 表格的创建,创建 DataFrame 表格使用 pd.DataFrame()函数,该函数的参数说明如下所示。

pd. DataFrame(data=None,index=None,columns=None,dtype=None,copy=False)

data：提供创建 DataFrame 表格的数据，可以为数组、列表和字典。

index：提供 DataFrame 表格的行索引数据，默认为 RangeIndex$(0,1,2,\cdots,n)$。

columns：提供 DataFrame 表格的列索引数据，默认为 RangeIndex$(0,1,2,\cdots,n)$。

dtype：数据类型，只允许设置单个数据类型，如果没有设置则自动推断。

copy：是否从输入复制数据。仅影响 DataFrame/二维数组输入。

3.6.1 使用 NumPy 数组创建 DataFrame 表格

将提供的数组放置在 pd.DataFrame() 函数的 data 参数中，并且在 columns 参数中指定表的列索引（列标题），示例代码如下：

```
# chapter3\3-6\3-6-1.ipynb
import numpy as np, pandas as pd          # 导入 NumPy 库和 Pandas 库,并分别命名为 np 和 pd
arr = np.array([
    ['张三','男',28],
    ['李四','女',25],
    ['王五','女',19]
])                                         # 二维数组
df = pd.DataFrame(
    data = arr,                            # 提供的二维数组
    columns = ['姓名','性别','年龄']        # 设置列索引
)
df                                         # 返回 DataFrame 表格
```

运行结果如图 3-4 所示。

	姓名	性别	年龄
0	张三	男	28
1	李四	女	25
2	王五	女	19

图 3-4 使用 NumPy 数组创建 DataFrame 表格

3.6.2 使用 Python 列表创建 DataFrame 表格

将提供的列表放置在 pd.DataFrame() 函数的 data 参数中，并且在 columns 参数中指定表的列索引（列标题），示例代码如下：

```
# chapter3\3-6\3-6-2.ipynb
import numpy as np, pandas as pd          # 导入 NumPy 库和 Pandas 库,并分别命名为 np 和 pd
lst = [
    ['张三','男',28],
    ['李四','女',25],
    ['王五','女',19]
]                                          # 嵌套的列表
df = pd.DataFrame(
    data = lst,                            # 提供的列表
    columns = ['姓名','性别','年龄']        # 设置列索引
)
df                                         # 返回 DataFrame 表格
```

运行结果如图 3-5 所示。

	姓名	性别	年龄
0	张三	男	28
1	李四	女	25
2	王五	女	19

图 3-5　使用 Python 列表创建 DataFrame 表格

3.6.3　使用 Python 字典创建 DataFrame 表格

Python 中的字典是由键值对组成的，也可以使用字典创建 DataFram 表格，并且创建方式更为多样化。用字典创建 DataFrame 表格的固定格式是：{列索引：列数据}，也就是说字典的键对应 DataFrame 表格的列索引，值对应列数据，列数据可以是列表、数组和 Series。由于字典的键是 DataFrame 表格的列索引，所以不需要在 columns 参数中指定列索引，不过可以设置 index 参数，这样 DataFrame 表格的行索引和列索引就都是自定义的了。

1. 字典值为列表

字典的值是列表，创建 DataFrame 表格时，示例代码如下：

```
#chapter3\3-6\3-6-3.ipynb
import numpy as np,pandas as pd         #导入 NumPy 库和 Pandas 库，并分别命名为 np 和 pd
dic = {
    '姓名':['张三','李四','王五'],
    '性别':['男','女','女'],
    '年龄':[28,25,19]
}                                       #值为列表的字典
df = pd.DataFrame(
    data = dic,                         #提供的字典
    index = ['NED001','NED002','NED003']  #设置行索引
)
df                                      #返回 DataFrame 表格
```

运行结果如图 3-6 所示。

	姓名	性别	年龄
NED001	张三	男	28
NED002	李四	女	25
NED003	王五	女	19

图 3-6　字典值为列表，创建 DataFrame 表格

2. 字典值为数组

字典的值是数组，创建 DataFrame 表格时，示例代码如下：

```
#chapter3\3-6\3-6-4.ipynb
import numpy as np                      #导入 NumPy 库，并命名为 np
import pandas as pd                     #导入 Pandas 库，并命名为 pd
dic = {
    '姓名':np.array(['张三','李四','王五']),
```

```
    '性别':np.array(['男','女','女']),
    '年龄':np.array([23,25,19])
}                                                    #值为数组的字典
df = pd.DataFrame(
    data = dic,                                      #提供的字典
    index = ['NED001','NED002','NED003']             #设置行索引
)
df                                                   #返回 DataFrame 表格
```

运行结果如图 3-7 所示。

	姓名	性别	年龄
NED001	张三	男	28
NED002	李四	女	25
NED003	王五	女	19

图 3-7　字典值为数组，创建 DataFrame 表格

3. 字典值为 Series

字典的值是 Series，因为 Series 数据只是加了索引的数组而已，所以 Series 的索引就是 DataFrame 表格的行索引。pd.DataFrame()函数的 index 和 columns 两个参数都不用设置，也能达到自定义行索引和列索引的效果，示例代码如下：

```
#chapter3\3-6\3-6-5.ipynb
import numpy as np                                   #导入 NumPy 库,并命名为 np
import pandas as pd                                  #导入 Pandas 库,并命名为 pd
dic = {
    '姓名':pd.Series(['张三','李四','王五'],['NED001','NED002','NED003']),
    '性别':pd.Series(['男','女','女'],['NED001','NED002','NED003']),
    '年龄':pd.Series([23,25,19],['NED001','NED002','NED003'])
}                                                    #值为 Series 数据的字典
df = pd.DataFrame(data = dic)                         #提供的字典
df                                                   #返回 DataFrame 表格
```

运行结果如图 3-8 所示。

	姓名	性别	年龄
NED001	张三	男	28
NED002	李四	女	25
NED003	王五	女	19

图 3-8　字典值为 Series，创建 DataFrame 表格

第 4 章

表格管理技术

在 Excel 中,需要学会表格的选择、行和列的增删、数据修改等基础操作,才能更好地控制表格。在 Pandas 中同样需要学习 DataFrame 表格的这些操作。本章主要讲解 DataFrame 表格的常用属性获取,通过切片方法进行表格的选择;行和列的增加及删除操作,以及表格数据的修改。

4.1 表格属性获取与修改

想要用好 DataFrame 表格,首先需要了解它的一些属性,例如表格的行列数、表格的行列索引、列的数据类型和表格的元素个数等。这些属性不但可以提取使用,有的属性还可以再次修改。

4.1.1 表格属性的获取

为了让读者对 DataFrame 表格相关属性获取有更直观的对比学习,首先将 Excel 文件导入 Pandas 中生成 DataFrame 表格,示例代码如下:

```
#chapter4\4-1\4-1-1.ipynb
import pandas as pd                          #导入 Pandas 库,并命名为 pd
df = pd.read_excel('4-1-1.xlsx','分数表')     #读取 Excel 中的分数表数据
df                                           #输出 df 表格数据
```

Excel 文件如图 4-1 所示,运行结果如图 4-2 所示。

	A	B	C	D
1	姓名	年龄	考试日期	分数
2	小明	25	2021/4/14	85.5
3	小张	36	2021/3/15	89
4	小王	47	2020/9/19	95
5	小李	21	2019/10/25	88.5
6	小四	29	2019/8/15	99
7	小曾	33	2021/2/14	100

分数表 ⊕

图 4-1 导入前的 Excel 文件

	姓名	年龄	考试日期	分数
0	小明	25	2021-04-14	85.5
1	小张	36	2021-03-15	89.0
2	小王	47	2020-09-19	95.0
3	小李	21	2019-10-25	88.5
4	小四	29	2019-08-15	99.0
5	小曾	33	2021-02-14	100.0

图 4-2 导入后生成的 DataFrame 表格

1. 表格行数、列数和元素个数获取

获取 DataFrame 表格的行数和列数使用 df.shape 属性,获取元素个数使用 df.size 属

性,示例代码如下:

```
#chapter4\4-1\4-1-2.ipynb
import pandas as pd                          #导入Pandas库,并命名为pd
df = pd.read_excel('4-1-2.xlsx','分数表')    #读取Excel中的分数表数据
print(df.shape)                              #打印df表的行数和列数
print(df.size)                               #打印df表的元素个数
```

运行结果如下:

```
(6, 4)
24
```

df.shape 属性获取 df 表的行数和列数是存储在元组中的,所以只获取行数可用 df.shape[0]表示,只获取列数用 df.shape[1]表示。

2. 表格行索引和列索引的获取

DataFrame 表格的行索引获取用 df.index 属性,列索引获取用 df.columns 属性,如果需要同时获取,则用 df.axes 属性,示例代码如下:

```
#chapter4\4-1\4-1-3.ipynb
import pandas as pd                          #导入Pandas库,并命名为pd
df = pd.read_excel('4-1-3.xlsx','分数表')    #读取Excel中的分数表数据
print(df.index)                              #打印df表的行索引
print(df.columns)                            #打印df表的列索引
print(df.axes)                               #打印df表的行索引和列索引
```

运行结果如下:

```
#返回行索引的结果如下所示
RangeIndex(start = 0, stop = 6, step = 1)

#返回列索引的结果如下所示
Index(['姓名', '年龄', '考试日期', '分数'], dtype = 'object')

#返回行索引和列索引结果如下所示
[RangeIndex(start = 0, stop = 6, step = 1), Index(['姓名', '年龄', '考试日期', '分数'], dtype =
'object')]
```

df.axes 属性获取 df 表的行索引和列索引是存储在列表中的,所以只获取行索引可用 df.axes[0]表示,只获取列索引可用 df.axes[1]表示。

3. 表格列数据类型的获取

DataFrame 表格的每列都具有一种数据类型,使用 df.dtypes 属性可以获取各列的数据类型,示例代码如下:

```
#chapter4\4-1\4-1-4.ipynb
import pandas as pd                          #导入Pandas库,并命名为pd
df = pd.read_excel('4-1-4.xlsx','分数表')    #读取Excel中的分数表数据
print(df.dtypes)                             #打印df表各列的数据类型
```

运行结果如下:

```
姓名          object
年龄          int64
考试日期        datetime64[ns]
分数          float64
dtype:        object
```

4. 表格数据的获取

1) 以数组方式获取表格数据

使用 DataFrame 表格的 df.values 属性可以以数组的方式获取数据,示例代码如下:

```
#chapter4\4-1\4-1-5.ipynb
import pandas as pd                           #导入 Pandas 库,并命名为 pd
df = pd.read_excel('4-1-5.xlsx','分数表')      #读取 Excel 中的分数表数据
print(df.values)                              #以数组方式打印表格数据
```

运行结果如下:

```
[['小明' 25 Timestamp('2021-04-14 00:00:00') 85.5]
 ['小张' 36 Timestamp('2021-03-15 00:00:00') 89.0]
 ['小王' 47 Timestamp('2020-09-19 00:00:00') 95.0]
 ['小李' 21 Timestamp('2019-10-25 00:00:00') 88.5]
 ['小四' 29 Timestamp('2019-08-15 00:00:00') 99.0]
 ['小曾' 33 Timestamp('2021-02-14 00:00:00') 100.0]]
```

2) 以生成器方式获取表格数据

DataFrame 表格数据可以按行或列获取,按行获取数据使用 df.iterrows()函数,按列获取数据使用 df.iteritems()函数,但这两个函数获取数据后会产生一个生成器,示例代码如下:

```
#chapter4\4-1\4-1-6.ipynb
import pandas as pd                           #导入 Pandas 库,并命名为 pd
df = pd.read_excel('4-1-6.xlsx','分数表')      #读取 Excel 中的分数表数据
print(df.iterrows())                          #打印 df 表的生成器(按行)
print(df.iteritems())                         #打印 df 表的生成器(按列)
```

运行结果如下:

```
< generator object DataFrame.iterrows at 0x000001FA009CD5F0 >
< generator object DataFrame.iteritems at 0x000001FA009CD5F0 >
```

返回的结果是生成器对象(generator object),生成器按需输出,也就是说在需要数据时才临时生成。就像工厂按订单生产产品,而不是先把所有原材料生产成产品,再按订单发货。如果 DataFrame 表格的数据特别大,直接以数组、列表等方式获取到内存中,则内存开销就比较大,我们知道内存空间是非常宝贵的。

3）循环输出表格数据

使用 df. iteritems()函数可按列获取数据,返回的是生成器对象,接下来用循环语句将获取的数据打印出来,示例代码如下:

```
# chapter4\4 - 1\4 - 1 - 7. ipynb
import pandas as pd                              # 导入 Pandas 库,并命名为 pd
df = pd. read_excel('4 - 1 - 7. xlsx','分数表')      # 读取 Excel 中的分数表数据
for t, s in df. iteritems():
    print(t)                                      # 获取 df 表列索引标签
    print(s)                                      # 获取 df 表列数据(Series 结构)
    print('----------- ')
```

运行结果如下:

```
姓名
0  小明
1  小张
2  小王
3  小李
4  小四
5  小曾
Name: 姓名, dtype: object
_____

年龄
0    25
1    36
2    47
3    21
4    29
5    33
Name: 年龄, dtype: int64

...
```

使用 df. iterrows()函数按行获取数据,返回的是生成器对象,接下来用循环语句将获取的数据打印出来,示例代码如下:

```
# chapter4\4 - 1\4 - 1 - 8. ipynb
import pandas as pd                              # 导入 Pandas 库,并命名为 pd
df = pd. read_excel('4 - 1 - 8. xlsx','分数表')      # 读取 Excel 中的分数表数据
for t, s in df. iterrows():
    print(t)                                      # 获取 df 表行索引标签
    print(s)                                      # 获取 df 表行数据(Series 结构)
    print('----------- ')
```

运行结果如下:

```
0
姓名        小明
年龄        25
```

```
考试日期               2021 - 04 - 14 00:00:00
分数                   85.5
Name: 0, dtype: object
-----------
1
姓名                   小张
年龄                   36
考试日期               2021 - 03 - 15 00:00:00
分数                   89
Name: 1, dtype: object
-----------
...
```

注意：除了通过循环方式获取 df.iteritems()和 df.iterrows()中的数据外,还可以用列表函数 list()将 df.iteritems()和 df.iterrows()中的数据转换为列表,如 list(df.iteritems())和 list(df.iterrows()),但如果数据太大不建议这么做。

4.1.2 表格属性修改

本节讲解 DataFrame 表格的行索引、列索引和数据类型这 3 种属性的修改,这些属性可以在创建 DataFrame 表格时修改,也可以对已经存在的 DataFrame 表格进行修改。

1. 创建表格时修改行索引和列索引

1) 新建表格时修改属性

在使用 pd.DataFrame()函数创建表格时,对 index 参数设置行索引,对 columns 参数设置列索引,对 dtype 参数设置数据类型,示例代码如下:

```
#chapter4\4 - 1\4 - 1 - 9.ipynb
import pandas as pd                              # 导入 Pandas 库,并命名为 pd
df = pd.DataFrame(
    data = [[1,2,3],[4,5,6]],                    # df 表数据
    index = ['a','b'],                           # 设置行索引
    columns = ['A','B','C'],                     # 设置列索引
    dtype = 'float'                              # 设置数据类型
)
df                                              # 输出 df 表数据
```

运行结果如图 4-3 所示。

```
   A    B    C
a  1.0  2.0  3.0
b  4.0  5.0  6.0
```

图 4-3 创建 DataFrame 表格(1)

pd.DataFrame()函数中的 dtype 参数只能对整个表格设置,如果需要对指定列设置类型,则 data 参数只能是数组,并且在生成数组时设置,示例代码如下:

```
# chapter4\4 - 1\4 - 1 - 10. ipynb
import numpy as np, pandas as pd                    # 导入 NumPy 库和 Pandas 库,分别命名为 np 和 pd
dt = np.dtype([('姓名','U9'),('分数','float')])       # 设置二维数组的数据类型
data = np.array([('张三',98),('李四',99),('王五',97)],dtype = dt)
                                                     # 将设置的数据类型作用到数组
df = pd.DataFrame(data)                              # 创建 DataFrame 表格
df                                                   # 输出 df 表数据
```

运行结果如图 4-4 所示。

	姓名	分数
0	张三	98.0
1	李四	99.0
2	王五	97.0

图 4-4　创建 DataFrame 表格(2)

2) 导入外部数据时修改属性

如图 4-5(a)所示为原表格,在业绩表的第 1 行设置了表头,这是不规则的。在使用 pd.read_excel()函数读取时,并不会自动将第 2 行设置为表格的列索引,示例代码如下:

```
# chapter4\4 - 1\4 - 1 - 11. ipynb
import pandas as pd                                 # 导入 Pandas 库,并命名为 pd
df = pd.read_excel('4 - 1 - 11.xlsx','业绩表')        # 读取 Excel 中的业绩表数据
df                                                   # 输出 df 表数据
```

运行结果如图 4-5(b)所示。

	2021年业绩表	Unnamed: 1	Unnamed: 2
0	姓名	部门	销售额
1	小明	销售1部	250000
2	小张	销售1部	360000
3	小曾	销售2部	280000
4	小李	销售3部	490000

(a)原表格　　　　　　(b) 读取为DataFrame表格

图 4-5　读取不规则工作表数据生成的表格

通过观察返回的 df 表发现,pd.read_excel()函数自动将工作表的第 1 行设置为表格的列索引,而行索引则默认为序列值。

如图 4-6(a)所示为原表格,如果希望将工作表中的第 2 行作为表格的列索引,则需要将 pd.read_excel()函数 header 参数设置为 1;如果要将第 1 列作为表格的行索引,则需要将 index_col 参数设置为 0;如果要将表格的部门列设置为字符串类型,销售额列设置为小数类型,则需要将 dtype 参数设置为{'姓名':'str','销售额':'float'}。示例代码如下:

```
#chapter4\4-1\4-1-12.ipynb
import pandas as pd                           #导入 Pandas 库,并命名为 pd
df = pd.read_excel(
    io = '4-1-12.xlsx',                       #要读取的 Excel 文件
    sheet_name = '业绩表',                     #要读取的工作表
    index_col = 0,                            #将第 0 列设置为行索引
    header = 1,                               #将第 1 行设置为列索引
    dtype = {'部门':'str','销售额':'float'}    #设置各列数据类型
)                                             #设置表格的相关属性
df                                            #输出 df 表数据
```

运行结果如图 4-6(b)所示。

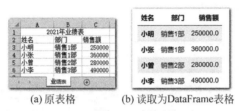

(a) 原表格　　　　(b) 读取为DataFrame表格

图 4-6　设置属性后生成的表格

2. 已经存在表格的修改

在 Pandas 中,除了可以在新建 DataFrame 表格时,或者导入数据生成 DataFrame 表格时对行索引和列索引、数据类型等这些属性进行修改,同样也可以在生成 DataFrame 表格后,再次修改这些属性。

1) 重新设置行索引和列索引

对 DataFrame 的行索引修改使用 df.index 属性,对列索引修改使用 df.columns 属性,示例代码如下:

```
#chapter4\4-1\4-1-13.ipynb
import pandas as pd                            #导入 Pandas 库,并命名为 pd
df = pd.read_excel('4-1-13.xlsx','成绩表')     #读取 Excel 中的成绩表数据
df.index = ['a','b','c','d']                   #修改 df 表的行索引
df.columns = ['名字','日期','分数 1','分数 2']   #修改 df 表的列索引
df                                             #输出 df 表数据
```

修改前后的对比如图 4-7 所示。

	姓名	通过日期	理论	实操
0	小明	2021-04-15	91	85.5
1	小张	2019-12-14	89	89.0
2	小王	2008-10-25	85	95.0
3	小李	2020-06-03	89	88.5

	名字	日期	分数1	分数2
a	小明	2021-04-15	91	85.5
b	小张	2019-12-14	89	89.0
c	小王	2008-10-25	85	95.0
d	小李	2020-06-03	89	88.5

(a) 修改前　　　　(b) 修改后

图 4-7　行索引和列索引修改前后对比

2）重新设置列数据类型

设置 DataFrame 表格的列数据类型使用 astype() 函数，在此函数的参数中写入要转换的数据类型，并且可以对单列或者多列设置数据类型，示例代码如下：

```
#chapter4\4-1\4-1-14.ipynb
import pandas as pd                                                  #导入 Pandas 库，并命名为 pd
df = pd.read_excel('4-1-14.xlsx','成绩表')                            #读取 Excel 中的成绩表数据
df['通过日期'] = df['通过日期'].astype('datetime64[Y]')              #修改单列数据类型
df[['理论','实操']] = df[['理论','实操']].astype('float')            #修改多列数据类型
df                                                                   #输出 df 表数据
```

修改前后的对比如图 4-8 所示。

(a) 修改前   (b) 修改后

图 4-8   列数据类型修改前后对比(1)

细心的读者可能会发现上面的设置方法只能对单列设置数据类型，即使可以选择多列，也只能设置为同一种数据类型。如果要对不同列设置不同数据类型，则可以在 astype() 函数的参数中用字典的方式，表示为{'列标题':'数据类型'}，示例代码如下：

```
#chapter4\4-1\4-1-15.ipynb
import pandas as pd                                    #导入 Pandas 库，并命名为 pd
df = pd.read_excel('4-1-15.xlsx','成绩表')             #读取 Excel 中的成绩表数据
df = df.astype({
    '实操':'int',
    '理论':'float',
    '通过日期':'datetime64[Y]'
})                                                     #不同列设置不同数据类型
df                                                     #输出 df 表数据
```

修改前后的对比如图 4-9 所示。

	姓名	通过日期	理论	实操
0	小明	2021-04-15	91	85.5
1	小张	2019-12-14	89	89.0
2	小王	2008-10-25	85	95.0
3	小李	2020-06-03	89	88.5

	姓名	通过日期	理论	实操
0	小明	2021-01-01	91.0	85
1	小张	2019-01-01	89.0	89
2	小王	2008-01-01	85.0	95
3	小李	2020-01-01	89.0	88

(a) 修改前   (b) 修改后

图 4-9   列数据类型修改前后对比(2)

4.2 表格的切片选择

Excel 中对表格区域的选择比较简单,直接在工作表中单击行号和列标,或者使用 Ctrl 和 Shift 功能键配合单击拖曳,就能快速选择单元格区域,当然也可以在 Excel 的名称框中输入要选择的单元格地址来完成单元格区域的选择。

DataFrame 表格的选择一般有行、列和区域这几种,可以通过切片、查找、筛选和循环等方式进行选择。本节主要讲解利用切片法和筛选法对 DataFrame 表格进行不同形式的选择,学好 DataFrame 表格的各种选择方法,是后续数据分析处理的重要基础,如果对 DataFrame 表格的选择都不熟练,数据分析就更无从谈起了。

4.2.1 切片法

切片法的基础结构为 df[…],在此基础结构上进行变化,可以选择出行、列和区域。切片法的优点在于简单、直接,缺点在于表现形式不够多样化。

1. 行选择

无论表格的行索引是否设置了标签,都可以按行索引序号选择行,示例代码如下:

```
#chapter4\4-2\4-2-1.ipynb
import pandas as pd                                    #导入 Pandas 库,并命名为 pd
df = pd.read_excel('4-2-1.xlsx','成绩表',index_col=0)    #读取 Excel 中的成绩表数据
df[1:3]                                                #用行索引序号选择行(序号的起始值默认为 0)
```

选择前后的对比如图 4-10 所示。

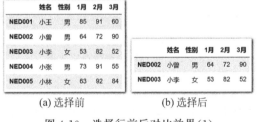

(a) 选择前 (b) 选择后

图 4-10 选择行前后对比效果(1)

除了使用行索引序号去选择行之外,也可以使用行索引的标签选择行,示例代码如下:

```
#chapter4\4-2\4-2-2.ipynb
import pandas as pd                                    #导入 Pandas 库,并命名为 pd
df = pd.read_excel('4-2-2.xlsx','成绩表',index_col=0)    #读取 Excel 中的成绩表数据
df['NED001':'NED003']                                  #使用行索引标签选择行
```

选择前后的对比如图 4-11 所示。

注意:在使用切片法选择行时,无论是选择单行还是多行,选择的结果均返回 DataFrame 类型的表格。

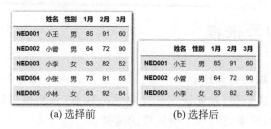

(a) 选择前　　　　　　　(b) 选择后

图 4-11　选择行前后对比效果(2)

2. 列选择

列选择分为单列和多列,单列表示方法是 df['列标签'],多列表示方法是 df[['列标签1',
'列标签2','列标签3'…]]。

1) 单列选择

单列选择不但可以表示成 df['列标签'],还可以表示成 df. 列标签,示例代码如下:

```
#chapter4\4-2\4-2-3.ipynb
import pandas as pd                                    #导入 Pandas 库,并命名为 pd
df = pd. read_excel('4-2-3.xlsx','成绩表',index_col = 0)  #读取 Excel 中的成绩表数据
df['姓名']                                              #用列索引标签选择列(方法 1)
df.姓名                                                 #用列索引标签选择列(方法 2)
```

选择前后的对比如图 4-12 所示。

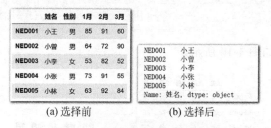

(a) 选择前　　　　　　　(b) 选择后

图 4-12　单列选择前后对比效果

2) 多列选择

多列选择是将列索引标签放置在列表、数组和 Series 等数据结构中,最为常见的是放置
在列表中,示例代码如下:

```
#chapter4\4-2\4-2-4.ipynb
import pandas as pd                                    #导入 Pandas 库,并命名为 pd
df = pd. read_excel('4-2-4.xlsx','成绩表',index_col = 0)  #读取 Excel 中的成绩表数据
df[['姓名','1 月']]                                      #用列索引标签组成的列表选择多列
```

选择前后的对比如图 4-13 所示。

在多列选择时,用户可以自定义标签的位置,如果用户希望对表格的列顺序做调整,则
这是一种不错的方法。

注意:如果选择的是单列,则返回的是 Series 类型的数据;如果选择的是多列 ,则返回

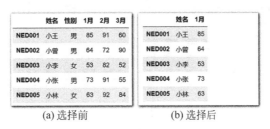

(a) 选择前   (b) 选择后

图 4-13 多列选择前后对比效果

的是 DataFrame 类型的表格。

3. 区域选择

区域选择就是多行多列的选择。也就是将行和列的选择交叉在一起,书写格式为 df[行索引][列索引],从而形成选择表格部分区域的效果。下面做一个区域选择的演示,示例代码如下:

```
#chapter4\4-2\4-2-5.ipynb
import pandas as pd                                          #导入 Pandas 库,并命名为 pd
df = pd.read_excel('4-2-5.xlsx','成绩表',index_col = 0)       #读取 Excel 中的成绩表数据
df[1:3][['姓名','性别']]                                      #区域选择(方法1)
df['NED002':'NED003'][['姓名','性别']]                        #区域选择(方法2)
```

选择前后的对比如图 4-14 所示。

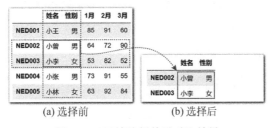

(a) 选择前   (b) 选择后

图 4-14 区域选择前后对比效果

4.2.2 筛选法

使用筛选法来选择表格数据是一种常用的手段。Excel 中的筛选功能十分强悍,Pandas 中的筛选功能并不逊色于 Excel,有些功能甚至更强大。本节使用的筛选法可以看作切片法的变异。筛选法只能选择行,不能选择列。

1. 行选择

用筛选法来选择行,它的选择原理一直困扰着新手用户,接下来循序渐进地推演一下整个选择过程。

首先直接用布尔值(True 和 False)来选择行,示例代码如下:

```
#chapter4\4-2\4-2-6.ipynb
import pandas as pd                          #导入 pandas 库,并命名为 pd
df = pd.read_excel('4-2-6.xlsx','成绩表')    #读取 Excel 中的成绩表数据
df[[True,False,False,True,True]]             #直接用逻辑值来选择行
```

选择前后的对比如图 4-15 所示。

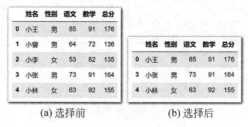

(a) 选择前   (b) 选择后

图 4-15   行选择前后对比效果

上面代码中最关键部分是 df[[True,False,False,True,True]]，在 df[] 中提供了一组布尔值，这组布尔值必须遵循以下两点要求。

（1）布尔值的元素个数必须与 df 表的行数相同，因为布尔值与 df 表的行是一一对应的，True 表示选择，False 表示不选择。

（2）布尔值必须存储在列表、数组和 Series 等数据结构中。

接下来以总分列为例做判断测试，判断总分列的数据是否大于或等于 150，示例代码如下：

```
#chapter4\4-2\4-2-7.ipynb
import pandas as pd                                     #导入 Pandas 库，并命名为 pd
df = pd.read_excel('4-2-7.xlsx','成绩表')               #读取 Excel 中的成绩表数据
df['总分']>=150                                          #判断总分是否大于或等于 150
```

判断前后的对比如图 4-16 所示。

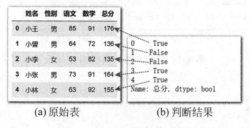

(a) 原始表   (b) 判断结果

图 4-16   返回布尔值对比

上面代码 df['总分']>=150 返回的结果是由布尔值组成的 Series 数据，将这个 Series 数据放置在 df[] 中，便得到最后的筛选结果，示例代码如下：

```
#chapter4\4-2\4-2-8.ipynb
import pandas as pd                                     #导入 Pandas 库，并命名为 pd
df = pd.read_excel('4-2-8.xlsx','成绩表')               #读取 Excel 中的成绩表数据
df[df['总分']>=150]                                      #将返回的一组布尔值置于 df[] 中
```

筛选行前后的对比如图 4-17 所示。

注意：在上面例子中，布尔值是通过比较运算产生的，但不能只局限于通过比较运算产生布尔值，实际上任何能产生布尔值的操作均可。

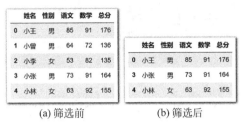

(a) 筛选前　　　　　　(b) 筛选后

图 4-17　筛选行前后对比效果

2. 列选择

Pandas 没有提供对一行的值进行判断,从而达到筛选列的方式来选择列。有读者认为可以将表格转置,然后用判断列的方式来筛选行,完成之后再转置回去,我们不妨来转置一下,示例代码如下:

```
#chapter4\4-2\4-2-9.ipynb
import pandas as pd                    #导入 Pandas 库,并命名为 pd
df = pd.read_excel('4-2-9.xlsx','成绩表')  #读取 Excel 中的成绩表数据
df.T                                   #转置 df 表
```

转置前后的对比如图 4-18 所示。

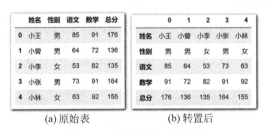

(a) 原始表　　　　　　(b) 转置后

图 4-18　转置前后对比效果

转置后列中的每个元素数据类型均不相同,没有任何可比性。这也是 Pandas 中没有列选择的原因。

3. 区域选择

使用筛选方式选择行之后,再与选择的列进行交叉,也可以实现区域的选择,示例代码如下:

```
#chapter4\4-2\4-2-10.ipynb
import pandas as pd                         #导入 pandas 库,并命名为 pd
df = pd.read_excel('4-2-10.xlsx','成绩表')    #读取 Excel 中的成绩表数据
df[df['总分']>=150][['姓名','总分']]           #区域选择
```

区域选择前后的对比如图 4-19 选择后所示。

注意:在 4.2.2 节中讲解的筛选法,是通过判断表格中的数据来选择行,实际上也可以通过 df.filter()筛选函数来选择行和列,此函数是通过判断行索引和列索引选择的。到现在为止,我们所学的知识还不足以全面讲解这个强大的函数,具体内容将会在 8.6.4 节详细讲解。

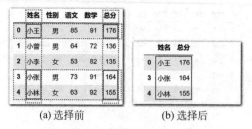

(a) 选择前   (b) 选择后

图 4-19   区域选择前后对比效果

4.2.3　loc 切片法

loc 切片法相当于是直接切片法 df[…]的升级版,功能比直接使用切片法更强大。表示方法为 df.loc[行切片,列切片]。在此基础结构上进行变化,可以实现行、列和区域 3 种选择方法。

1. 行选择

行的选择方式分为单行选择、连续多行选择和不连续多行选择 3 种选择方式。如图 4-20 所示,行选择的表示方式有两种,如果行索引为自然序号,则格式只能表示为 df.loc[行索引序号];如果行索引为标签,则格式只能表示为 df.loc['行索引标签']。这两种表示方式都会在下面的示例做演示。

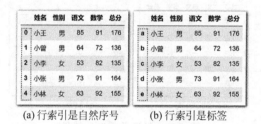

(a) 行索引是自然序号   (b) 行索引是标签

图 4-20   不同方式的行索引

1) 单行选择

如果 DataFrame 表格的行索引是自然序号,则表示方式为 df.loc[单个行索引序号];如果行索引是标签,则表示方式为 df.loc['单个行索引标签'],示例代码如下:

```
# chapter4\4-2\4-2-11.ipynb
import pandas as pd                                # 导入 Pandas 库,并命名为 pd
df = pd.read_excel('4-2-11.xlsx','成绩表')          # 读取 Excel 中的成绩表数据
df.loc[1]                                          # 用行索引序号选择单行
```

运行结果如图 4-21(a)所示。

```
# chapter4\4-2\4-2-12.ipynb
import pandas as pd                                # 导入 Pandas 库,并命名为 pd
df = pd.read_excel('4-2-12.xlsx','成绩表')          # 读取 Excel 中的成绩表数据
df.index = ['a','b','c','d','e']                   # 给行索引定义标签
df.loc['b']                                        # 用行索引标签选择单行
```

运行结果如图 4-21(b)所示。

(a) 结果1　　　　(b) 结果2

图 4-21　两种单行选择的结果

注意：使用 loc 切片法选择的单行，返回结果不是 DataFrame 表格，而是 Series 数据。

2）连续多行选择

如果 DataFrame 表格的行索引是自然序号，则表示方法为 df.loc[起始行索引序号：终止行索引序号]；如果行索引是标签，则表示方法为 df.loc[起始行索引标签：终止行索引标签]，示例代码如下：

```
#chapter4\4-2\4-2-13.ipynb
import pandas as pd                          #导入 Pandas 库,并命名为 pd
df = pd.read_excel('4-2-13.xlsx','成绩表')   #读取 Excel 中的成绩表数据
df.loc[1:3]                                  #用连续行索引序号选择多行
```

运行结果如图 4-22(a)所示。

```
#chapter4\4-2\4-2-14.ipynb
import pandas as pd                          #导入 Pandas 库,并命名为 pd
df = pd.read_excel('4-2-14.xlsx','成绩表')   #读取 Excel 中的成绩表数据
df.index = ['a','b','c','d','e']             #给行索引定义标签
df.loc['b':'d']                              #用连续行索引标签选择多行
```

运行结果如图 4-22(b)所示。

(a) 结果1　　　　(b) 结果2

图 4-22　两种连续多行选择的结果

3）不连续多行选择

将行索引对应的序号或者签标写入列表、数组和 Series 等数据结构中，序号或者签标可以不按顺序排列，示例代码如下：

```
#chapter4\4-2\4-2-15.ipynb
import pandas as pd                          #导入 Pandas 库,并命名为 pd
df = pd.read_excel('4-2-15.xlsx','成绩表')   #读取 Excel 中的成绩表数据
df.loc[[3,0,1]]                              #用不连续行索引序号选择多行
```

运行结果如图 4-23(a)所示。

```
#chapter4\4-2\4-2-16.ipynb
import pandas as pd                          #导入 Pandas 库,并命名为 pd
df = pd.read_excel('4-2-16.xlsx','成绩表')   #读取 Excel 中的成绩表数据
df.index = ['a','b','c','d','e']            #给行索引定义标签
df.loc[['d','a','b']]                        #用不连续行索引标签选择多行
```

运行结果如图 4-23(b)所示。

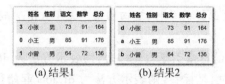

(a) 结果1   (b) 结果2

图 4-23　两种不连续多行选择的结果

不连续多行的选择,由于行索引对应的序号或者签标可以打乱顺序,所以做行的自定义排序,也不失为一种好的技巧。

2. 列选择

列的选择方式分为单列选择、连续多列选择和不连续多列选择 3 种,如图 4-24 所示,列选择的表示方式有两种:一种列索引为自然序号,格式只能表示为 df.loc[:,列索引序号];另一种列索引为标签,格式只能表示为 df.loc[:,'列索引标签']。这两种表示方式都会在下面的示例做演示。

实际上 loc 切片法的完整表达方式为 df.loc[行索引,列索引],其逗号(,)前面的冒号(:)表示选择所有行,所以不管是 df.loc[:,列索引序号],还是 df.loc[:,'列索引标签'],表示的意思都是选择指定列的所有行。

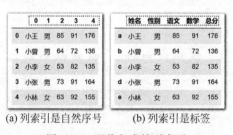

(a) 列索引是自然序号   (b) 列索引是标签

图 4-24　两种方式的列索引

1) 单列选择

如果 DataFrame 表格的列索引是自然序号,则表示方式为 df.loc[:,单个列索引序号];如果列索列是标签,则表示方式为 df.loc[:,'单个列索引标签'],示例代码如下:

```
#chapter4\4-2\4-2-17.ipynb
import pandas as pd                          #导入 Pandas 库,并命名为 pd
df = pd.read_excel('4-2-17.xlsx','成绩表')   #读取 Excel 中的成绩表数据
df.columns = [0,1,2,3,4]                    #将列索引设置为序号
df.loc[:,0]                                  #用列索引序号选择单列
```

运行结果如图 4-25(a)所示。

```
# chapter4\4-2\4-2-18.ipynb
import pandas as pd                    # 导入 Pandas 库,并命名为 pd
df = pd.read_excel('4-2-18.xlsx','成绩表')   # 读取 Excel 中的成绩表数据
df.loc[:,'姓名']                         # 用列索引标签选择单列
```

运行结果如图 4-25(b)所示。

(a) 结果1　　(b) 结果2

图 4-25　两种单列选择的对比结果

注意：使用 loc 切片法选择的单列,返回结果不是 DataFrame 表格,而是 Series 数据。

2）连续多列选择

如果 DataFrame 表格的列索引是自然序号,则表示方式为 df.loc[:,起始列索引序号:终止列索引序号]；如果列索引是标签,则表示方式为 df.loc[:,起始列索引标签:终止列索引标签],示例代码如下：

```
# chapter4\4-2\4-2-19.ipynb
import pandas as pd                    # 导入 Pandas 库,并命名为 pd
df = pd.read_excel('4-2-19.xlsx','成绩表')   # 读取 Excel 中的成绩表数据
df.columns = [0,1,2,3,4]              # 将列索引设置为序号
df.loc[:,2:4]                         # 用连续列索引序号选择多列
```

运行结果如图 4-26(a)所示。

```
# chapter4\4-2\4-2-20.ipynb
import pandas as pd                    # 导入 Pandas 库,并命名为 pd
df = pd.read_excel('4-2-20.xlsx','成绩表')   # 读取 Excel 中的成绩表数据
df.loc[:,'语文':'总分']                   # 用连续列索引标签选择多列
```

运行结果如图 4-26(b)所示。

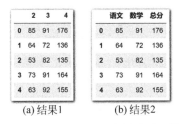

(a) 结果1　　(b) 结果2

图 4-26　两种连续多列选择的对比结果

3）不连续多列选择

将索引列对应的序号或者签标写入列表、数组和 Series 等数据结构中,序号或者签标可以不按顺序排列,示例代码如下：

```
#chapter4\4-2\4-2-21.ipynb
import pandas as pd                              #导入 Pandas 库,并命名为 pd
df = pd.read_excel('4-2-21.xlsx','成绩表')        #读取 Excel 中的成绩表数据
df.columns = [0,1,2,3,4]                         #将列索引设置为序号
df.loc[:,[0,4,2,3]]                              #用不连续列索引序号选择多列
```

运行结果如图 4-27(a)所示。

```
#chapter4\4-2\4-2-22.ipynb
import pandas as pd                              #导入 Pandas 库,并命名为 pd
df = pd.read_excel('4-2-22.xlsx','成绩表')        #读取 Excel 中的成绩表数据
df.loc[:,['姓名','总分','语文','数学']]            #用不连续列索引标签选择多列
```

运行结果如图 4-27(b)所示。

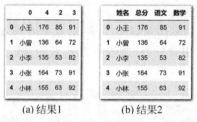

      (a)结果1   (b)结果2

图 4-27　两种不连续多列选择的对比结果

不连续多列的选择,由于索引列对应的序号或者签标可以打乱顺序,所以做列的自定义排序,也不失为一种好的技巧。

3. 区域选择

区域选择就是同时对行和列进行选择,它们交叉的区域就是最终要选择的区域。区域选择可以是任意行和列的组合形式。下面以图 4-28 所示的表格为例,罗列了常见的区域选择形式,示例代码如下:

	姓名	性别	语文	数学	总分
0	小王	男	85	91	176
1	小曾	男	64	72	136
2	小李	女	53	82	135
3	小张	男	73	91	164
4	小林	女	63	92	155

行索引为序号，列索引为标签

图 4-28　进行区域选择的 DataFrame 表格

```
#chapter4\4-2\4-2-23.ipynb
import pandas as pd                              #导入 Pandas 库,并命名为 pd
df = pd.read_excel('4-2-23.xlsx','成绩表')        #读取 Excel 中的成绩表数据
df.loc[1,'姓名']                                 #单行单列交叉选择
df.loc[[1,2,4],['姓名','总分']]                   #不连续多行多列交叉选择
df.loc[1:4,'姓名':'数学']                         #连续多行多列交叉选择
```

```
df.loc[:,'语文':]                          #选择语文列及之后的所有列
df.loc[df['总分']>=150,'姓名':'数学']       #用筛选方式选择行
```

4.2.4　iloc 切片法

iloc 切片法与 loc 切片法的用方法相似,但无论 DataFrame 表格的行列索引是自然序号还是标签,iloc 都只能用索引序号来做切片。同时也不能像 loc 一样对 DataFrame 表格的行执行筛选。

前面详细讲解了 DataFrame 表格的各种切片方式,接下来对比总结一下各种切片方式的表达方式,利于读者对照学习,见表 4-1 所示。

表 4-1　各种切片方式的表达方式

选择方式	直接切片法	筛选法	loc 切片法	iloc 切片法
行选择	df[行索引]	df[条件]	df.loc[行索引]	df.iloc[行索引]
列选择	df[列索引]		df.loc[:,列索引]	df.iloc[:,列索引]
区域选择	df[行索引][列索引]	df[条件][列索引]	df.loc[行索列,列索引]	df.iloc[行索列,列索引]

注意:可以将筛选法理解为直接切片法和 loc 切片法的补充。筛选法可以在它们的行索引中应用。

4.3　添加表格的行和列

在 Excel 添加行和列时,可以通过手工输入、复制粘贴、用函数引入或计算等方式完成,在 Pandas 中,要对 DataFrame 表格添加行和列,也可以手工输入,或者通过引入、计算等方式完成,不过现在需要重点关注的是数据格式,也就是添加行和列时的代码写法。

4.3.1　添加行

添加行分为添加单行和多行,添加单行时可以直接表示出添加的行索引,也可以使用 df.append()函数,该函数不但可以添加单行,还可以添加多行。

1. 添加单行

1) df.append()添加法

使用 df.append()函数添加行时,函数的第 1 参数数据结构要求是 Series 或 DataFrame,当参数是 Series 时,添加的是单行,示例代码如下:

```
#chapter4\4-3\4-3-1.ipynb
import pandas as pd                        #导入 Pandas 库,并命名为 pd
df = pd.read_excel('4-3-1.xlsx','成绩表1')   #读取 Excel 中的成绩表 1 数据
s = pd.Series(
    data = ['YB101','大维',88,99,110],       #行数据
    index = ['编号','姓名','语文','数学','英语'], #列索引
    name = 'New'                           #添加的行索引标签
)                                          #Series 数据
```

```
df = df.append(s,False)                              #向表格添加单行(Series 数据)
df                                                   #输出 df 表数据
```

添加单行前后效果对比如图 4-29 所示。

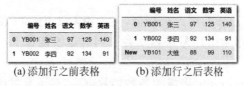

(a) 添加行之前表格　　　　(b) 添加行之后表格

图 4-29　添加单行前后效果对比(1)

在添加行时,设置了行数据 Series 的 name 属性,此属性的值可以作为添加行的行索引标签。如果希望按照自然序号设置行索引,则 Series 的 name 属性可以不设置,但 df.append()函数的第 2 参数就必须设置为 True,此参数是设置是否按自然序号添加行索引,默认值为 False。示例代码如下:

```
#chapter4\4-3\4-3-2.ipynb
import pandas as pd                                  #导入 Pandas 库,并命名为 pd
df = pd.read_excel('4-3-2.xlsx','成绩表 1')         #读取 Excel 中的成绩表 1 数据
s = pd.Series(
    data = ['YB101','大维',88,99,110],              #行数据
    index = ['编号','姓名','语文','数学','英语'],    #列索引
    name = 'New'                                     #添加的行索引标签
)                                                    #Series 数据
df = df.append(s,True)                               #向表格添加单行(Series 数据)
df                                                   #输出 df 表数据
```

添加单行前后效果对比如图 4-30 所示。

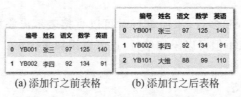

(a) 添加行之前表格　　　　(b) 添加行之后表格

图 4-30　添加单行前后效果对比(2)

2) 行数据直接添加法

除了使用 df.append()函数添加行之外,还可以直接表示出添加的行索引,添加行的数据结构可以是列表、元组、数组等,示例代码如下:

```
#chapter4\4-3\4-3-3.ipynb
import pandas as pd                                  #导入 Pandas 库,并命名为 pd
df = pd.read_excel('4-3-3.xlsx','成绩表 1')         #读取 Excel 中的成绩表 1 数据
df.loc['New'] = ['YB101','大维',88,99,110]          #向表格添加单行
df                                                   #输出 df 表数据
```

添加单行前后效果对比如图 4-31 所示。

(a) 添加行之前表格   (b) 添加行之后表格

图 4-31 添加单行前后效果对比(3)

同样,直接表示出添加的行时,行索引也可以是自然序号,示例代码如下:

```
#chapter4\4-3\4-3-4.ipynb
import pandas as pd                        # 导入 Pandas 库,并命名为 pd
df = pd.read_excel('4-3-4.xlsx','成绩表 1')  # 读取 Excel 中的成绩表 1 数据
df.loc[len(df)] = ['YB101','大维',88,99,110] # 向表格添加单行
df                                          # 输出 df 表数据
```

添加单行前后效果对比如图 4-32 所示。

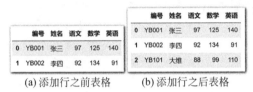

(a) 添加行之前表格   (b) 添加行之后表格

图 4-32 添加单行前后效果对比(4)

分析一下关键代码 df.loc[len(df)]=['YB101','大维',88,99,110],其中 len(df)表示获取 df 表的行数,结果为 df.loc[2],第 2 行在 df 表中并不存在,但将列表的赋值给该行时,就变成了添加行效果。

注意:在使用 df.append()添加法和行数据直接添加法时,如果表示的行索引已经存在,df.append()函数会继续添加新行,而行数据直接添加法则是替换已经存在的行。

2. 添加多行

在给 DataFrame 表格添加多行数据时,如果每行数据是 Series、列表、数组等结构,则除了可以使用循环方式来添加,也可以将多行生成一个 DataFrame 表格,然后使用 df.append()函数来添加,本质就是两个 DataFrame 表格的合并,示例代码如下:

```
#chapter4\4-3\4-3-5.ipynb
import pandas as pd                         # 导入 Pandas 库,并命名为 pd
df1 = pd.read_excel('4-3-5.xlsx','成绩表 1') # 读取 Excel 中的成绩表 1 数据
df2 = pd.read_excel('4-3-5.xlsx','成绩表 2') # 读取 Excel 中的成绩表 2 数据
df1 = df1.append(df2)                       # 向 df1 表添加多行数据(df2 表)
df1                                         # 输出 df1 表数据
```

添加多行前后效果对比如图 4-33 所示。

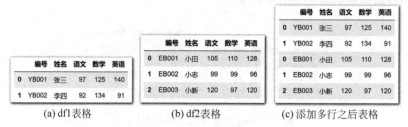

(a) df1表格　　　　　(b) df2表格　　　　　(c) 添加多行之后表格

图 4-33　添加多行前后效果对比

4.3.2　添加列

在指定 DataFrame 表格上添加列时,有直接添加列和 df.assign()函数两种方式,添加列的数据结构可以是列表、数组、Series 等可迭代对象。

直接添加列的方式,一般使用 df[列索引标签]或者 df.loc[:,列索引标签]两种方式,示例代码如下:

```
#chapter4\4-3\4-3-6.ipynb
import pandas as pd                          #导入 Pandas 库,并命名为 pd
df = pd.read_excel('4-3-6.xlsx','成绩表')     #读取 Excel 中的成绩表数据
df['英语'] = [88,99,100]                       #添加列(方法1)
df.loc[:,'政治'] = [120,110,100]              #添加列(方法2)
df                                           #输出 df 表数据
```

添加单列前后效果对比如图 4-34 所示。

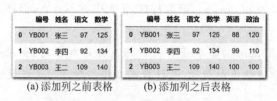

(a) 添加列之前表格　　　　(b) 添加列之后表格

图 4-34　添加单列前后效果对比(1)

还可以使用 df.assign()函数执行列的添加,一次可以添加多个单列,并且是在原始表上添加列,示例代码如下:

```
#chapter4\4-3\4-3-7.ipynb
import pandas as pd                          #导入 Pandas 库,并命名为 pd
df = pd.read_excel('4-3-7.xlsx','成绩表')     #读取 Excel 中的成绩表数据
col1 = [88,99,100]                           #英语列数据
col2 = [120,110,100]                         #政治列数据
df.assign(英语 = col1,政治 = col2)             #添加多列数据
```

添加单列前后效果对比如图 4-35 所示。

	编号	姓名	语文	数学
0	YB001	张三	97	125
1	YB002	李四	92	134
2	YB003	王二	109	140

(a) 添加列之前表格

	编号	姓名	语文	数学	英语	政治
0	YB001	张三	97	125	88	120
1	YB002	李四	92	134	99	110
2	YB003	王二	109	140	100	100

(b) 添加列之后表格

图 4-35　添加单列前后效果对比(2)

注意：无论是使用直接添加列的方式，还是使用 df.assign()函数添加列，如果新增列名与原来表格列名相同，则新增列数据会替换原来列的数据。

4.4　删除表格的行和列

在 Excel 中要删除表格的行和列，直接选择然后执行删除命令即可，如果用 VBA 代码删除则显得更麻烦一些。在 Pandas 中，使用 df.drop()函数来删除指定的行和列，以及使用 df.dropna()函数删除有缺失值的行和列。

4.4.1　删除行

df.drop()函数执行删除行，写法为 df.drop(序号或标签，axis=0，inplace=True)，由于 axis 的默认值是 0，所以在进行删除行操作时，可以不写此参数。inplace 参数表示就地删除，也就是在原表删除。该函数支持单行、多行删除。

1. 通过行索引序号删除行

如果 DataFrame 表格的行索引是自然序号，则直接在 df.drop()函数的第 1 参数指定行索引序号即可。

1) 删除指定的单行

直接在 df.drop()函数的第 1 参数指定行索引序号即可，示例代码如下：

```
#chapter4\4-4\4-4-1.ipynb
import pandas as pd                          #导入 Pandas 库，并命名为 pd
df = pd.read_excel('4-4-1.xlsx','成绩表1')    #读取 Excel 中的成绩表 1 数据
df.drop(2,inplace=True)                      #删除指定序号的单行
df                                           #输出 df 表数据
```

删除单行前后效果对比如图 4-36 所示。

	姓名	语文	数学	英语	政治	地理	历史
0	张三	97	125	123	61	75	70
1	李四	92	134	105	80	70	75
2	王二	109	140	124	70	60	58
3	麻子	87	141	98	55	63	64
4	小曾	110	99	127	69	59	53

(a) 删除行之前表格

	姓名	语文	数学	英语	政治	地理	历史
0	张三	97	125	123	61	75	70
1	李四	92	134	105	80	70	75
3	麻子	87	141	98	55	63	64
4	小曾	110	99	127	69	59	53

(b) 删除行之后表格

图 4-36　删除单行前后效果对比(1)

2) 删除指定的多行

将要删除的行索引序号组织在列表、数组、Series 等可迭代对象中,然后放置在 df.drop()
函数第 1 参数即可,示例代码如下:

```
#chapter4\4-4\4-4-2.ipynb
import pandas as pd                              #导入 Pandas 库,并命名为 pd
df = pd.read_excel('4-4-2.xlsx','成绩表1')       #读取 Excel 中的成绩表 1 数据
df.drop([2,4],inplace = True)                    #删除指定序号的多行
df                                               #输出 df 表数据
```

删除多行前后效果对比如图 4-37 所示。

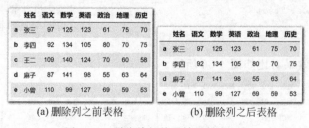

(a) 删除行之前表格   (b) 删除行之后表格

图 4-37   删除多行前后效果对比(1)

2. 通过行索引标签删除行

如果 DataFrame 表格的行索引不是自然序号,而是标签,其删除方式也一样,直接在
df.drop()函数的第 1 参数指定索引行的标签即可。

1) 删除指定的单行

直接在 df.drop()函数的第 1 参数指定行索引标签即可,示例代码如下:

```
#chapter4\4-4\4-4-3.ipynb
import pandas as pd                                      #导入 Pandas 库,并命名为 pd
df = pd.read_excel('4-4-3.xlsx','成绩表2',index_col = 0)  #读取 Excel 中的成绩表 2 数据
df.drop('c',inplace = True)                              #删除指定标签的单行
df                                                       #输出 df 表数据
```

删除单行前后效果对比如图 4-38 所示。

(a) 删除列之前表格   (b) 删除列之后表格

图 4-38   删除单行前后效果对比(2)

2) 删除指定的多行

将要删除的多行索引标签组织在列表、数组、Series 等可迭代对象中,然后放置在 df.
drop()函数第 1 参数即可,示例代码如下:

```
#chapter4\4-4\4-4-4.ipynb
import pandas as pd                              #导入 Pandas 库,并命名为 pd
df = pd.read_excel('4-4-4.xlsx','成绩表2',index_col=0)  #读取 Excel 中的成绩表 2 数据
df.drop(['c','e'],inplace=True)                  #删除指定标签的多行
df                                               #输出 df 表数据
```

删除多行前后效果对比如图 4-39 所示。

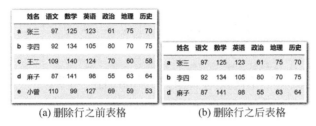

(a) 删除行之前表格   (b) 删除行之后表格

图 4-39 删除多行前后效果对比(2)

4.4.2 删除列

使用 df.drop() 函数执行删除列,写法为 df.drop(序号或标签,axis=1,inplace=True),因为是删除列,所以 axis=1 是不能省略的。该函数支持单列、多列删除。

1. 通过列索引序号删除列

如果 DataFrame 表格的列索引是自然序号,则直接在 df.drop() 函数的第 1 参数指定列索引序号,将 axis 设置为 1 即可。

1) 删除指定的单列

删除指定的单列,直接在 df.drop() 函数的第 1 参数指定列索引序号即可,示例代码如下:

```
#chapter4\4-4\4-4-5.ipynb
import pandas as pd                              #导入 Pandas 库,并命名为 pd
df = pd.read_excel('4-4-5.xlsx','成绩表',names=range(7))  #读取 Excel 中的成绩表数据
df.drop(2,axis=1,inplace=True)                   #删除指定序号的单列
df                                               #输出 df 表数据
```

删除单列前后效果对比如图 4-40 所示。

(a) 删除列之前表格   (b) 删除列之后表格

图 4-40 删除单列前后效果对比(1)

2) 删除指定的多列

将要删除的多个列索引序号组织在列表、数组、Series 等可迭代对象中,然后放置在 df.drop() 函数第 1 参数即可,示例代码如下:

```
#chapter4\4-4\4-4-6.ipynb
import pandas as pd                                      #导入 Pandas 库,并命名为 pd
df = pd.read_excel('4-4-6.xlsx','成绩表',names = range(7))  #读取 Excel 中成绩表的数据
df.drop([2,4,5],axis = 1,inplace = True)                 #删除指定序号的多列
df                                                       #输出 df 表数据
```

删除多列前后效果对比如图 4-41 所示。

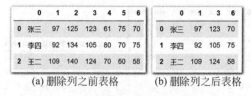

(a) 删除列之前表格　　　(b) 删除列之后表格

图 4-41　删除多列前后效果对比(1)

2. 通过列索引标签删除列

如果 DataFrame 表格的列索引不是自然序号,而是标签,其删除方式也一样,直接在 df.drop()函数的第 1 参数指定列索引标签即可。

1) 删除指定的单列

直接在 df.drop()函数的第 1 参数指定列索引标签即可,示例代码如下:

```
#chapter4\4-4\4-4-7.ipynb
import pandas as pd                           #导入 Pandas 库,并命名为 pd
df = pd.read_excel('4-4-7.xlsx','成绩表')       #读取 Excel 中的成绩表数据
df.drop('数学',axis = 1,inplace = True)         #删除指定标签的单列
df                                            #输出 df 表数据
```

删除单列前后效果对比如图 4-42 所示。

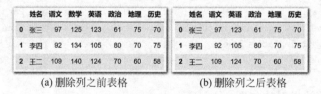

(a) 删除列之前表格　　　　(b) 删除列之后表格

图 4-42　删除单列前后效果对比(2)

2) 删除指定的多列

将要删除的多个列索引标签组织在列表、数组、Series 等可迭代对象中,然后放置在 df. drop()函数第 1 参数即可,示例代码如下:

```
#chapter4\4-4\4-4-8.ipynb
import pandas as pd                                        #导入 Pandas 库,并命名为 pd
df = pd.read_excel('4-4-8.xlsx','成绩表')                    #读取 Excel 中的成绩表数据
df.drop(['数学','政治','历史'],axis = 1,inplace = True)        #删除指定标签的多列
df                                                         #输出 df 表数据
```

删除多列前后效果对比如图 4-43 所示。

	姓名	语文	数学	英语	政治	地理	历史
0	张三	97	125	123	61	75	70
1	李四	92	134	105	80	70	75
2	王二	109	140	124	70	60	58

	姓名	语文	英语	地理
0	张三	97	123	75
1	李四	92	105	70
2	王二	109	124	60

(a) 删除列之前表格　　　　　(b) 删除列之后表格

图 4-43　删除多列前后效果对比(2)

4.4.3　删除有缺失值的行和列

删除 DataFrame 表格中有缺失值的行和列,应该是行和列删除的一种特殊情况,它并不是使用 df.drop()函数,而是使用 df.dropna()这个专用函数,该函数的写法为 df.dropna(axis=指定删除方向,how=指定删除方式,inplace=True),axis 的默认值是 0,表示删除有缺失值的行。inplace 参数表示就地删除,也就是在原表删除。

1. 删除整行都是缺失值的行

如果希望删除 DataFrame 表格中整行都是缺失值的行,则在 df.dropna()函数中指定 axis 参数为 0,how 参数为'all'是关键,示例代码如下:

```
# chapter4\4-4\4-4-9.ipynb
import pandas as pd                              # 导入 Pandas 库,并命名为 pd
df = pd.read_excel('4-4-9.xlsx','业绩表1')         # 读取 Excel 中的业绩表 2 数据
df.dropna(axis=0,how='all',inplace=True)         # 删除整行都是缺失值的行
df                                                # 输出 df 表数据
```

删除行前后效果对比如图 4-44 所示。

(a) 删除行之前表格　　　　　(b) 删除行之后表格

图 4-44　删除行前后效果对比(1)

2. 删除整列都是缺失值的列

如果希望删除 DataFrame 表格中整列都是缺失值的列,则在 df.dropna()函数中指定 axis 为 1,how 参数为'all'是关键,示例代码如下:

```
# chapter4\4-4\4-4-10.ipynb
import pandas as pd                              # 导入 Pandas 库,并命名为 pd
df = pd.read_excel('4-4-10.xlsx','业绩表1')        # 读取 Excel 中的业绩表 1 数据
df.dropna(axis=1,how='all',inplace=True)         # 删除整列都是缺失值的列
df                                                # 输出 df 表数据
```

删除列前后效果对比如图 4-45 所示。

	姓名	1月	2月	3月	4月
0	张三	120000.0	130000.0	NaN	150000.0
1	李四	100000.0	NaN	NaN	220000.0
2	王麻子	170000.0	170000.0	NaN	140000.0
3	NaN	NaN	NaN	NaN	NaN
4	小曾	100000.0	180000.0	NaN	220000.0

	姓名	1月	2月	4月
0	张三	120000.0	130000.0	150000.0
1	李四	100000.0	NaN	220000.0
2	王麻子	170000.0	170000.0	140000.0
3	NaN	NaN	NaN	NaN
4	小曾	100000.0	180000.0	220000.0

(a) 删除列之前表格   (b) 删除列之后表格

图 4-45　删除列前后效果对比(1)

3. 删除有缺失值的所在行

如果希望删除 DataFrame 表格中有缺失值的所在行,则在 df.dropna()函数中指定 axis 为 0,how 参数为'any'是关键。由于 axis 的默认值是 0,how 的默认值是 any,所以这两个参数也可以不写,示例代码如下:

```
# chapter4\4-4\4-4-11.ipynb
import pandas as pd                                # 导入 Pandas 库,并命名为 pd
df = pd.read_excel('4-4-11.xlsx','业绩表 2')        # 读取 Excel 中的业绩表 2 数据
df.dropna(axis = 0, how = 'any', inplace = True)   # 删除有缺失值的所在行
df                                                 # 输出 df 表数据
```

删除行前后效果对比如图 4-46 所示。

	姓名	1月	2月	3月	4月
0	张三	120000	130000	450000	150000.0
1	李四	100000	NaN	120000	220000.0
2	王麻子	170000	NaN	330000	NaN
3	小曾	100000	180000.0	560000	220000.0

	姓名	1月	2月	3月	4月
0	张三	120000.0	130000.0	450000.0	150000.0
3	小曾	100000.0	180000.0	560000.0	220000.0

(a) 删除行之前表格   (b) 删除行之后表格

图 4-46　删除行前后效果对比(2)

4. 删除有缺失值的所在列

如果希望删除 DataFrame 表格中有缺失值的所在列,则在 df.dropna()函数中指定 axis 为 1,how 参数为'any'是关键,示例代码如下:

```
# chapter4\4-4\4-4-12.ipynb
import pandas as pd                                # 导入 Pandas 库,并命名为 pd
df = pd.read_excel('4-4-12.xlsx','业绩表 2')        # 读取 Excel 中的业绩表 2 数据
df.dropna(axis = 1, how = 'any', inplace = True)   # 删除有缺失值的所在列
df                                                 # 输出 df 表数据
```

删除列前后效果对比如图 4-47 所示。

	姓名	1月	2月	3月	4月
0	张三	120000	130000.0	450000	150000.0
1	李四	100000	NaN	120000	220000.0
2	王麻子	170000	NaN	330000	NaN
3	小曾	100000	180000.0	560000	220000.0

	姓名	1月	3月
0	张三	120000	450000
1	李四	100000	120000
2	王麻子	170000	330000
3	小曾	100000	560000

(a) 删除列之前表格   (b) 删除列之后表格

图 4-47　删除列前后效果对比(2)

4.5　表格数据的修改

掌握了 4.2 节关于 DataFrame 表格的选择以后，修改就变得轻松。直接选择要修改的单值、行、列或者区域，然后赋值即可。

1. 修改单值

使用 df.loc[行索引，列索引]或者 df.iloc[行索引，列索引]定位出要修改的单个值即可，示例代码如下：

```
#chapter4\4-5\4-5-1.ipynb
import pandas as pd                           #导入 Pandas 库,并命名为 pd
df = pd.read_excel('4-5-1.xlsx','采购表')      #读取 Excel 中的采购表数据
df.loc[1,'数量'] = 40                          #修改单值数据(方法 1)
df.iloc[1,2] = 40                              #修改单值数据(方法 2)
df                                             #输出 df 表数据
```

修改单值前后效果对比如图 4-48 所示。

	产品	单价	数量
0	番茄	5.5	20
1	茄子	2.8	5
2	辣椒	6.0	13
3	南瓜	1.8	80

(a) 修改之前表格

	产品	单价	数量
0	番茄	5.5	20
1	茄子	2.8	40
2	辣椒	6.0	13
3	南瓜	1.8	80

(b) 修改之后表格

图 4-48　修改单值前后效果对比

2. 修改单行

使用 df.loc[行索引]或者 df.iloc[行索引]定位出要修改的单行即可，示例代码如下：

```
#chapter4\4-5\4-5-2.ipynb
import pandas as pd                           #导入 Pandas 库,并命名为 pd
df = pd.read_excel('4-5-2.xlsx','采购表')      #读取 Excel 中的采购表数据
df.loc[2] = ['小辣椒',6.6,100]                 #修改单行数据(方法 1)
df.iloc[2] = ['小辣椒',6.6,100]                #修改单行数据(方法 2)
df                                             #输出 df 表数据
```

修改单行前后效果对比如图 4-49 所示。

	产品	单价	数量
0	番茄	5.5	20
1	茄子	2.8	5
2	辣椒	6.0	13
3	南瓜	1.8	80

(a) 修改之前表格

	产品	单价	数量
0	番茄	5.5	20
1	茄子	2.8	5
2	小辣椒	6.6	100
3	南瓜	1.8	80

(b) 修改之后表格

图 4-49　修改单行前后效果对比

3. 修改单列

使用 df[列索引]、df.loc[:,列索引]或者 df.iloc[:,列索引]定位出要修改的单列即可，

示例代码如下：

```
#chapter4\4-5\4-5-3.ipynb
import pandas as pd                          #导入Pandas库,并命名为pd
df = pd.read_excel('4-5-3.xlsx','采购表')     #读取Excel中的采购表数据
df['单价'] = [1.1,2.2,3.3,4.4]               #修改单列数据(方法1)
df.loc[:,'单价'] = [1.1,2.2,3.3,4.4]          #修改单列数据(方法2)
df.iloc[:,1] = [1.1,2.2,3.3,4.4]             #修改单列数据(方法3)
df                                           #输出df表数据
```

修改单列前后效果对比如图4-50所示。

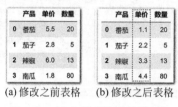

(a) 修改之前表格　　(b) 修改之后表格

图4-50　修改单列前后效果对比

4. 修改区域

区域的选择有很多不同的形态,这里还是使用 df.loc[行索引,列索引]或者 df.iloc[行索引,列索引]定位出要修改的区域,示例代码如下：

```
#chapter4\4-5\4-5-4.ipynb
import pandas as pd                                          #导入Pandas库,并命名为pd
df = pd.read_excel('4-5-4.xlsx','采购表')                     #读取Excel中的采购表数据
df.loc[[0,3],['产品','数量']] = [['西红柿',30],['小南瓜',120]]  #修改区域数据(方法1)
df.iloc[[0,3],[0,2]] = [['西红柿',30],['小南瓜',120]]          #修改区域数据(方法2)
df                                                           #输出df表数据
```

修改区域前后效果对比如图4-51所示。

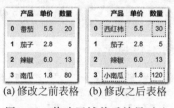

(a) 修改之前表格　　(b) 修改之后表格

图4-51　修改区域前后效果对比

4.6　巩固案例

表格的属性获取、切片选择、行和列删除、数据修改等这些基本操作虽然很基础,但还是要用一些案例加以巩固,因为越基础越重要。

1. 添加列应用

如图 4-52(a)所示为原表格,要求对该表增加总分列,总分要求将每个人语文、数学、英语 3 个科目的分数相加,示例代码如下:

```
#chapter4\4-5\4-6-1.ipynb
import pandas as pd                          #导入 Pandas 库,并命名为 pd
df = pd.read_excel('4-6-1.xlsx','成绩表')     #读取 Excel 中的成绩表数据
df['总分'] = df['语文'] + df['数学'] + df['英语']  #添加列
df                                           #输出 df 表数据
```

运行结果如图 4-52(b)所示。

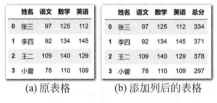

(a) 原表格   (b) 添加列后的表格

图 4-52　计算每个人的总分

2. 添加行应用

如图 4-53(a)所示为原表格,要求在表格最底端增加一行,该行内容为分别统计出语文、数学、英语 3 个科目的最高分,示例代码如下:

```
#chapter4\4-5\4-6-2.ipynb
import pandas as pd                          #导入 Pandas 库,并命名为 pd
df = pd.read_excel('4-6-2.xlsx','成绩表')     #读取 Excel 中的成绩表数据
score1 = df['语文'].max()                     #获取语文列最高分
score2 = df['数学'].max()                     #获取数学列最高分
score3 = df['英语'].max()                     #获取英语列最高分
df.loc[len(df)] = ['最高分',score1,score2,score3]  #添加行
df                                           #输出 df 表数据
```

运行结果如图 4-53(b)所示。

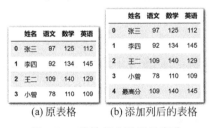

(a) 原表格   (b) 添加列后的表格

图 4-53　统计每个科目最高分

3. 修改列应用

1) 将单价统一上调10%

如图 4-54(a)所示为原表格,将单价列的数据上调10%,示例代码如下:

```
#chapter4\4-6\4-6-3.ipynb
import pandas as pd                              #导入Pandas库,并命名为pd
df = pd.read_excel('4-6-3.xlsx','采购表')         #读取Excel中的采购表数据
df['单价'] = df['单价'] * 1.1                      #修改列
df                                               #输出df表数据
```

运行结果如图4-54(b)所示。

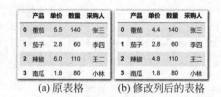

(a) 原表格   (b) 修改列后的表格

图 4-54　将单价上调 10%

2) 数量大于或等于100,则单价8折优惠

如图 4-55(a)所示为原表格,如果数量列的数据大于或等于100,则单价列的数据乘以0.8,否则数据不变,示例代码如下:

```
#chapter4\4-6\4-6-4.ipynb
import pandas as pd                              #导入Pandas库,并命名为pd
df = pd.read_excel('4-6-4.xlsx','采购表')         #读取Excel中的采购表数据
df['单价'] = ((df['数量']>= 100) * -0.2 + 1) * df['单价']   #修改列
df                                               #输出df表数据
```

运行结果如图4-55(b)所示。

(a) 原表格   (b) 修改列后的表格

图 4-55　数量大于或等于 100 时,单价乘以 0.8

4. 修改区域应用

如图 4-56(a)所示为原表格,将职务等于经理的职务、工资、奖金 3 列信息隐藏,设置为'……',示例代码如下:

```
#chapter4\4-6\4-6-5.ipynb
import pandas as pd                              #导入Pandas库,并命名为pd
df = pd.read_excel('4-6-5.xlsx','工资表')         #读取Excel中的工资表数据
df.loc[df['职务'] == '经理','职务':'奖金'] = '……'   #修改表格区域
df                                               #输出df表数据
```

运行结果如图 4-56(b)所示。

(a) 原表格　　　　(b) 修改区域后的表格

图 4-56　将职务等于经理的相关信息隐藏

第 5 章

数据处理基础

在 Excel 中,无论是用函数,还是用 VBA 做数据处理,都需要用到运算符、分支判断、循环和数组等技术,以及一些常见的数据统计方法。本章将讲解这些技术,并且在 Pandas 中的表示方法更加简洁。

本章主要讲解 Pandas 中的常用运算符,使用这些运算符对单值、Series 和 DataFrame 数据做运算,条件分支判断,对 Series 和 DataFrame 这两种数据的遍历以及常用的数据统计函数。

5.1 数据运算处理

在 Excel 中写公式时,如果要用到数组运算,一般是单值、一维数组和二维数组这 3 种数据之间的运算。在 Pandas 中如果要进行数组运算,一般是单值、Series(一维数组)和 DataFrame(二维数组)之间的运算。

在 Pandas 中进行数据运算时,尽量做矩阵运算(数组运算),避免单值与单值之间进行运算,这样才能体现 Pandas 处理速度快的优势。

5.1.1 运算符与运算函数

想要学习 Pandas 中的数组运算,首先要学习一下常用的运算符,下面罗列了在 Pandas 中提供的常用运算符,见表 5-1。

表 5-1　Pandas 常用运算符

运算符类型	运 算 符 号	函 数	注　　释
算术运算符	+	add	加
	−	sub	减
	*	mul	乘
	/	div	除
求模运算符	%	mod	求余数
求幂运算符	**	pow	幂次方
比较运算符	==		等于
	!=		不等于
	>		大于
	>=		大于或等于

运算符类型	运算符号	函　数	注　释
比较运算符	<		小于
	<=		小于或等于
连接运算符	＋		连接
逻辑运算符	&	and	与
	|	or	或
	～	not	非

在 5.1.2～5.1.6 节中,以加运算为例,使用符号和函数两种方法演示运算符是如何在不同数据结构中进行运算的。

提示:读者在测试符号和函数这两种方法时,必须注释其中的一种方法,否则结果会有累加。

5.1.2　Series 与单值的运算

如图 5-1(a)所示为原表格,对语文列中的每个数字加 1,分别用符号和函数两种方法完成,示例代码如下:

```
#chapter5\5-1\5-1-1.ipynb
import pandas as pd                          #导入 Pandas 库,并命名为 pd
df = pd.read_excel('5-1-1.xlsx','1月')       #读取 Excel 中的 1 月工作表数据
df['语文'] = df['语文'] + 1                   #用符号进行相加运算(运算符)
df['语文'] = df['语文'].add(1)               #用函数进行相加运算(函数)
df                                           #输出 df 表数据
```

运行结果如图 5-1(b)所示。

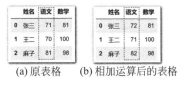

(a)原表格　　(b)相加运算后的表格

图 5-1　Series 与单值运算

在上面的代码中,df['语文']是 Series 数据,与单个值 1 相加,其运算结果也是 Series 数据,然后赋值给语文列。

5.1.3　DataFrame 与单值运算

如图 5-2(a)所示为原表格,对语文、数学两列中的每个数字加 1,分别用符号和函数两种方法完成,示例代码如下:

```
#chapter5\5-1\5-1-2.ipynb
import pandas as pd                          #导入 Pandas 库,并命名为 pd
df = pd.read_excel('5-1-2.xlsx','1月')       #读取 Excel 中的 1 月数据
```

```
df[['语文','数学']] = df[['语文','数学']] + 1          #用符号做相加运算(运算符)
df[['语文','数学']] = df[['语文','数学']].add(1)       #用函数做相加运算(函数)
df                                                  #输出 df 表数据
```

运行结果如图 5-2(b)所示。

(a) 原表格 　　 (b) 相加运算后的表格

图 5-2　DataFrame 与单值运算

在上面的代码中，df[['语文','数学']]是 DataFrame 数据，与单个值 1 相加，其运算结果也是 DataFrame 数据，然后赋值给语文、数学两列。

5.1.4　Series 与 Series 运算

如图 5-3(a)所示为原表格，将两个表的语文列进行相加运算，分别用符号和函数两种方法完成，示例代码如下：

```
#chapter5\5 - 1\5 - 1 - 3.ipynb
import pandas as pd                                 #导入 Pandas 库,并命名为 pd
df1 = pd.read_excel('5 - 1 - 3.xlsx','1 月')        #读取 Excel 中的 1 月数据
df2 = pd.read_excel('5 - 1 - 3.xlsx','2 月')        #读取 Excel 中的 2 月数据
df1['语文'] = df1['语文'] + df2['语文']             #用符号做相加运算(运算符)
df1['语文'] = df1['语文'].add(df2['语文'])          #用函数做相加运算(函数)
df1                                                 #输出 df1 表数据
```

运行结果如图 5-3(b)所示。

(a) 原表格 　　　　　　 (b) 相加运算后的表格

图 5-3　两个 Series 相加

上面代码中，df1['语文']和 df2['语文']都是 Series 数据，两个 Series 相加的结果也是 Series 数据，然后根据要求赋值给 df1 的语文列或者 df2 的语文列。

5.1.5　DataFrame 与 DataFrame 运算

如图 5-4(a)所示为原表格，将原表格中的两个表进行相加运算，分别用符号和函数两种方法完成，示例代码如下：

```
#chapter5\5 - 1\5 - 1 - 4.ipynb
import pandas as pd                                 #导入 Pandas 库,并命名为 pd
```

```
df1 = pd.read_excel('5 - 1 - 4.xlsx','1月')        #读取 Excel 中的 1 月数据
df2 = pd.read_excel('5 - 1 - 4.xlsx','2月')        #读取 Excel 中的 2 月数据
df2 = df1 + df2                                     #用符号做相加运算(运算符)
df2 = df1.add(df2)                                  #用函数做相加运算(函数)
df2                                                 #输出 df2 表数据
```

运行结果如图 5-4(b)所示。

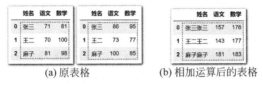

(a) 原表格　　　　　　(b) 相加运算后的表格

图 5-4　两个 DataFrame 相加

　　上面代码中,df1 和 df2 都是 DataFrame 数据,两个 DataFrame 数据相加的结果也是 DataFrame 数据,然后赋值给 df1 或者 df2。观察相加运算之后的 DataFrame 表格可以发现,数字是对应相加的,而字符串是对应相连接的。

5.1.6　DataFrame 与 Series 运算

1. 列方向相加

　　如图 5-5(a)所示为原表格,将表格与 Series 数据进行相加运算,分别用符号和函数两种方法完成,示例代码如下:

```
#chapter5\5 - 1\5 - 1 - 5.ipynb
import pandas as pd                                           #导入 Pandas 库,并命名为 pd
df = pd.read_excel('5 - 1 - 5.xlsx','1月')                     #读取 Excel 中的 1 月数据
df = df + pd.Series(['A',200,100],index = ['姓名','语文','数学'])  #用符号做相加运算(运算符)
df = df.add(pd.Series(['A',200,100],index = ['姓名','语文','数学']))#用函数做相加运算(函数)
df                                                            #输出 df 表数据
```

运行结果如图 5-5(b)所示。

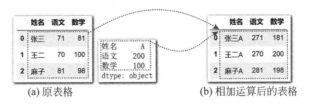

(a) 原表格　　　　　　　　　　　(b) 相加运算后的表格

图 5-5　DataFrame 与 Series 列方向相加

　　上面代码中,df 是 DataFrame 数据,与 Series 数据相加的结果也是 DataFrame 数据,但要记住 DataFrame 与 Series 做运算时,是 DataFrame 的每列数据与 Series 每个元素对应做运算,所以 Series 的元素个数必须与 DataFrame 的列数相同,否则不能正确运算。

2. 行方向相加

　　如图 5-6(a)所示为原表格,将表格与 Series 数据做相加运算,只能用函数方法完成,示

例代码如下：

```
#chapter5\5-1\5-1-6.ipynb
import pandas as pd                                    #导入 Pandas库,并命名为 pd
df = pd. read_excel('5-1-6.xlsx','1月')                #读取 Excel中的1月数据
df[['语文','数学']] = df[['语文','数学']]. add(pd. Series([10,100,1000],index = [0,1,2]),axis = 0)
                                                       #用函数做相加运算(函数)
df                                                     #输出 df 表数据
```

运行结果如图 5-6(b)所示。

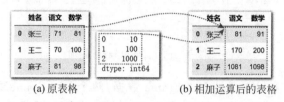

(a) 原表格　　　　　　　　(b) 相加运算后的表格

图 5-6　DataFrame 与 Series 行方向相加

上面代码中,df 是 DataFrame 数据,与 Series 数据相加的结果也是 DataFrame 数据,但此时如果直接用符号(加号)做运算,不能正确运算,原因在于 DataFrame 与 Series 默认在列方向做运算,如果希望在行方向做运算,则只能使用对应的函数,add()函数的 axis 参数可以指定运算方向,默认值为 1,表示列方向,设置为 0 表示行方向。

5.1.7　数据运算时的对齐特性

两个 Series 或者两个 DataFrame 在进行运算时,是具有对齐特性的,也就是它们的运算不是按位置对齐运算,而是按照索引对齐运算,下面以加运算为例做演示。

1. Series 的对齐特性

如图 5-7(a)所示为原表格,将两个表的数学列相加,分别用符号和函数两种方法完成,使用符号相加的代码为 df1['数学']+df2['数学'],示例代码如下：

```
#chapter5\5-1\5-1-7.ipynb
import pandas as pd                                         #导入 Pandas库,并命名为 pd
df1 = pd. read_excel('5-1-7.xlsx','1月',index_col = 0)       #读取 Excel中的1月数据
df2 = pd. read_excel('5-1-7.xlsx','2月',index_col = 0)       #读取 Excel中的2月数据
df1['数学'] + df2['数学']                                    #用符号做相加运算(运算符)
```

运行结果如图 5-7(b)所示。

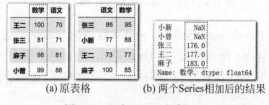

(a) 原表格　　　　　　(b) 两个Series相加后的结果

图 5-7　两个 Series 相加(1)

通过返回结果发现,索引标签相同的值会相加,例如'王二'分别处在不同位置,但一样能够正确相加。同时也发现一个新问题,'小曾'与'小新'两个标签并没有同时出现在两个 Series 中,返回的结果是缺失值(NaN)。如果希望即使另一个 Series 中是缺失值,也能相加出结果,则只能使用对应的 add()函数,代码为 df1['数学'].add(df2['数学'],fill_value=0),其中 fill_value=0 表示如果有缺失值,则填充为0,示例代码如下:

```
#chapter5\5-1\5-1-8.ipynb
import pandas as pd                                    #导入 Pandas 库,并命名为 pd
df1 = pd.read_excel('5-1-8.xlsx','1月',index_col = 0)   #读取 Excel 中的 1 月数据
df2 = pd.read_excel('5-1-8.xlsx','2月',index_col = 0)   #读取 Excel 中的 2 月数据
df1['数学'].add(df2['数学'],fill_value = 0)             #用函数做相加运算(函数)
```

如图 5-8(a)所示为原表格,运行结果如图 5-8(b)所示。

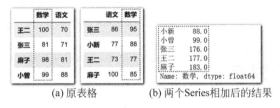

(a) 原表格　　　　(b) 两个Series相加后的结果

图 5-8　两个 Series 相加(2)

2. DataFrame 的对齐特性

如图 5-9(a)所示为原表格,将两个表相加,分别用符号和函数两种方法完成,使用符号相加的代码为 df1+df2,示例代码如下:

```
#chapter5\5-1\5-1-9.ipynb
import pandas as pd                                    #导入 Pandas 库,并命名为 pd
df1 = pd.read_excel('5-1-9.xlsx','1月',index_col = 0)   #读取 Excel 中的 1 月数据
df2 = pd.read_excel('5-1-9.xlsx','2月',index_col = 0)   #读取 Excel 中的 2 月数据
df1 + df2                                              #用符号进行相加运算(运算符)
```

运行结果如图 5-9(b)所示。

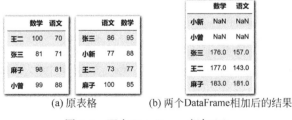

(a) 原表格　　　　(b) 两个DataFrame相加后的结果

图 5-9　两个 DataFrame 相加(1)

在原表格中,两个表格的行索引是姓名,列索引是科目,即使两个表的姓名和科目位置都不相同,也正确相加。同样,'小曾'和'小新'没有同时出现在两个表中,所以返回的结果是缺失值(NaN),如果希望能相加出结果,则需使用对应的 add()函数,代码为 df1.add(df2,fill_value=0),其中 fill_value=0 表示如果有缺失值,则填为0,示例代码如下:

```
# chapter5\5 - 1\5 - 1 - 10.ipynb
import pandas as pd                                          # 导入 Pandas 库,并命名为 pd
df1 = pd.read_excel('5 - 1 - 10.xlsx','1 月',index_col = 0)   # 读取 Excel 中的 1 月数据
df2 = pd.read_excel('5 - 1 - 10.xlsx','2 月',index_col = 0)   # 读取 Excel 中的 2 月数据
df1.add(df2,fill_value = 0)                                   # 用函数做相加运算(函数)
```

如图 5-10(a)所示为原表格,运行结果如图 5-10(b)所示。

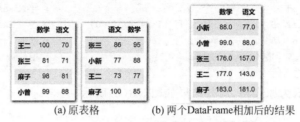

(a) 原表格　　　　(b) 两个DataFrame相加后的结果

图 5-10　两个 DataFrame 相加(2)

5.2　数据分支判断

在数据处理时,判断处理必不可少,可能需要对数字进行比较判断,对字符串进行匹配判断等。判断结果会产生布尔值 True 或者 False,我们需要根据判断的结果来决定不同的数据处理方式。在 Excel 中有 if()函数可以进行判断,而在 Pandas 中主要介绍 mask()函数、where()函数和 np.where()函数对 Series、DataFrame 两种数据的判断。

5.2.1　条件判断处理 1(mask()与 where())

mask()函数与 where()函数结构相同,含义相反。mask()函数在条件成立时做处理,where()函数在条件不成立时做处理,这两个函数均可以对 Series 和 DataFrame 进行判断处理,下面以 mask()函数为例进行演示说明。

1. Series 数据条件判断

例如对 pd.Series([99,84,100,79,91])中的元素做判断,如果元素大于 90,则对元素加1,否则不进行任何处理,示例代码如下:

```
# chapter5\5 - 2\5 - 2 - 1.ipynb
import pandas as pd                          # 导入 Pandas 库,并命名为 pd
s = pd.Series([99,84,100,79,91])             # Series 数据
s.mask(s > 90,s + 1)                         # Series 数据中的元素如果大于 90,则加 1
```

运行结果如下:

```
0    100
1    84
2    101
3    79
4    92
dtype: int64
```

下面给出一个实际的应用案例,如图 5-11(a)所示为原表格。如果民族不是'汉',则总分加 10 分,示例代码如下:

```
#chapter5\5-2\5-2-2.ipynb
import pandas as pd                              #导入 Pandas 库,并命名为 pd
df = pd.read_excel('5-2-2.xlsx','成绩表')        #读取 Excel 中的成绩表数据
df['总分'].mask(df['民族']!= '汉',df['总分'] + 10,inplace = True)
                                                 #民族不是汉族,总分加 10 分
df                                               #输出 df 表数据
```

运行结果如图 5-11(b)所示。

(a) 原表格　　(b) 处理后的表格

图 5-11　对 Series 进行判断处理

2. DataFrame 数据条件判断

例如对下面 df 表中的数字进行判断,如果数字小于 60,则返回 0,否则不进行任何处理,示例代码如下:

```
#chapter5\5-2\5-2-3.ipynb
import pandas as pd                              #导入 Pandas 库,并命名为 pd
df = pd.DataFrame({
'分数 1':[89,59,92,58],
'分数 2':[52,86,71,96]
})                                               #DataFrame 数据
df.mask(df < 60,0)                               #DataFrame 数据中的元素如果小于 60,则返回 0
```

运行结果如下:

	分数 1	分数 2
0	89	0
1	0	86
2	92	71
3	0	96

同样,给出一个实际的应用案例,如图 5-12(a)所示为原表格,如果各列的评价等级为差,则返回问号(?),示例代码如下:

```
#chapter5\5-2\5-2-4.ipynb
import pandas as pd                              #导入 Pandas 库,并命名为 pd
df = pd.read_excel('5-2-4.xlsx','评级表')        #读取 Excel 中的评级表数据
df.iloc[:,1:] = df.iloc[:,1:].mask(df.iloc[:,1:] == '差','?')
                                                 #如果评价等级为差,则返回问号(?)
df                                               #输出 df 表数据
```

运行结果如图 5-12(b)所示。

(a) 原表格

	产品	评价1	评价2	评价3
0	A	中	中	差
1	B	差	差	优
2	C	良	中	优
3	D	差	优	差

(b) 处理后的表格

	产品	评价1	评价2	评价3
0	A	中	中	?
1	B	?	?	优
2	C	良	中	优
3	D	?	优	?

图 5-12 对 DataFrame 进行判断处理(1)

5.2.2 条件判断处理 2(np.where())

通过 5.2.1 节的学习,我们知道 mask()函数只能在条件成立时做处理,where()函数只能在条件不成立时做处理。如果希望可以同时处理,则只能用 np.where()函数,它是 NumPy 库中的函数,所以返回值的数据类型也是数组。np.where()函数同样可以对 Series 和 DataFrame 进行判断处理。

1. Series 数据条件判断

例如对 pd.Series([80,79,97,86,93])中的数字做判断,数字大于或等于 90 时返回'优',否则返回'差',返回结果为一维数组,示例代码如下:

```
#chapter5\5-2\5-2-5.ipynb
import pandas as pd,numpy as np                    #导入 Pandas 库和 NumPy 库,并命名为 pd 和 np
s = pd.Series([80,79,97,86,93])                    #Series 数据
np.where(s >= 90,'优','差')                        #值大于或等于 90 时返回优,否则返回差
```

运行结果如下:

```
array(['差', '差', '优', '差', '优'], dtype = '<U1')
```

如图 5-13(a)所示为原表格,对分数进行判断。如果分数大于或等于 90,则返回'已达标',否则返回'未达标',最后将返回结果添加到新列,示例代码如下:

```
#chapter5\5-2\5-2-6.ipynb
import pandas as pd,numpy as np                    #导入 Pandas 库和 NumPy 库,并命名为 pd 和 np
df = pd.read_excel('5-2-6.xlsx','分数表')          #读取 Excel 中的分数表数据
df['是否达标'] = np.where(df['分数']>= 90,'已达标','未达标')
                                  #分数大于或等于 90 时返回'已达标',否则返回'未达标'
df                                                 #输出 df 表结果
```

运行结果如图 5-13(b)所示。

2. DataFrame 数据条件判断

例如对下面 df 表中的数字进行判断,如果数字大于或等于 80,则返回'优',否则返回'差',返回结果为二维数组,示例代码如下:

	姓名	分数
0	张三	80
1	李四	79
2	王二	97
3	麻子	86
4	小曾	93

(a) 原表格

	姓名	分数	是否达标
0	张三	80	未达标
1	李四	79	未达标
2	王二	97	已达标
3	麻子	86	未达标
4	小曾	93	已达标

(b) 处理后的表格

图 5-13　对 DataFrame 进行判断处理(2)

```
#chapter5\5-2\5-2-7.ipynb
import pandas as pd,numpy as np                 #导入 Pandas 库和 NumPy 库,并命名为 pd 和 np
df = pd.DataFrame({
'分数 1':[89,59,92,58],
'分数 2':[52,86,71,96]
})                                              #DataFrame 数据
np.where(df >= 80,'优','差')                     #值大于或等于 90 时返回'优',否则返回'差'
```

运行结果如下：

```
array([['优', '差'],
       ['差', '优'],
       ['优', '差'],
       ['差', '优']], dtype = '<U1')
```

如图 5-14(a)所示为原表格，对业绩进行判断。如果大于或等于 40000，则返回'已达标'，否则返回'未达标'，示例代码如下：

```
#chapter5\5-2\5-2-8.ipynb
import pandas as pd,numpy as np                 #导入 Pandas 库和 NumPy 库,并命名为 pd 和 np
df = pd.read_excel('5-2-8.xlsx','业绩表')        #读取 Excel 中的业绩表数据
df.iloc[:,1:] = np.where(df.iloc[:,1:]>= 40000,'已达标','未达标')
                    #业绩大于或等于 40000 时返回'已达标',否则返回'未达标'
df                                              #输出 df 表结果
```

运行结果如图 5-14(b)所示。

	姓名	1月	2月	3月
0	张三	43000	30000	36000
1	李四	39000	26000	45000
2	王二	21000	29000	43000
3	麻子	34000	44000	20000
4	小曾	47000	30000	46000

(a) 原表格

	姓名	1月	2月	3月
0	张三	已达标	未达标	未达标
1	李四	未达标	未达标	已达标
2	王二	未达标	未达标	已达标
3	麻子	未达标	已达标	未达标
4	小曾	已达标	未达标	已达标

(b) 处理后的表格

图 5-14　对 DataFrame 进行判断处理(3)

5.3 数据遍历处理

遍历是指对一个序列中的所有元素都执行相同操作。遍历也可以通过循环语句来完成，但一般效率比较低。Excel 中的 VBA 编程就有 for 循环、do 循环等语句，当然在 Python 中也有对应的 for 循环、while 循环。在 Pandas 中，要遍历 Series 和 DataFrame 中的数据，也可以通过循环语句实现。不过，Pandas 提供了一些更高效的遍历函数。本节讲解 map()、apply()及 applymap()这 3 个最常用的遍历函数。

5.3.1 遍历 Series 元素（map()）

map()函数对 Series 中的每个元素执行遍历处理，该函数的参数可以是字典，也可以是函数。

1. map()的参数为字典

Series 中有优、中、差 3 种值，如果希望'优'返回 10,'中'返回 5,'差'返回 1,则在 map()函数中写入{'优':10,'中':5,'差':1}，示例代码如下：

```
#chapter5\5-3\5-3-1.ipynb
import pandas as pd                              #导入 Pandas 库，并命名为 pd
s = pd.Series(['优','中','优','中','差'])         #Series 数据
s.map({'优':10,'中':5,'差':1})                    #map()的参数为字典
```

运行结果如下：

```
0    10
1    5
2    10
3    5
4    1
dtype: int64
```

2. map()的参数为内置函数

如果 Series 中的每个元素都是数字，并且希望格式化每个数字，则在 map()函数中写入'{}分'.format，其中 format()函数是 Python 中的内置函数，示例代码如下：

```
#chapter5\5-3\5-3-2.ipynb
import pandas as pd                              #导入 Pandas 库，并命名为 pd
s = pd.Series([80,79,97,86,93])                  #Series 数据
s.map('{}分'.format)                             #map()的参数为内置函数
```

运行结果如下：

```
0    80分
1    79分
2    97分
3    86分
4    93分
dtype: object
```

3. map()的参数为自定义函数

如果 Series 中的元素是数字,并且希望对每个数字除以 2,则需要自定义一个除以 2 的函数,然后将自定义的函数名称写入 map()函数中,示例代码如下:

```
#chapter5\5-3\5-3-3.ipynb
import pandas as pd                    #导入 Pandas 库,并命名为 pd
s = pd.Series([80,79,97,86,93])        #Series 数据
def fun(x):                            #自定义 fun()函数
    return x/2
s.map(fun)                             #map()的参数为自定义函数
```

运行结果如下:

```
0    40.0
1    39.5
2    48.5
3    43.0
4    46.5
dtype: float64
```

4. map()的参数为匿名函数

在用自定义函数作为 map()函数的参数时,如果自定义函数的处理比较简单,则可以使用匿名函数,将匿名函数写在 map()函数中即可。同样,要求将 Series 中的每个数字除以 2,示例代码如下:

```
#chapter5\5-3\5-3-4.ipynb
import pandas as pd                    #导入 Pandas 库,并命名为 pd
s = pd.Series([80,79,97,86,93])        #Series 数据
s.map(lambda x:x/2)                    #map()的参数为匿名函数
```

运行结果如下:

```
0    40.0
1    39.5
2    48.5
3    43.0
4    46.5
dtype: float64
```

在 s.map(lambda x:x/2)中 x 代表获取 Series 中的每个元素,然后将其除以 2。返回的结果也是 Series 类型数据。

5.3.2 遍历 DataFrame 行和列(apply())

apply()函数可以像 map()函数一样遍历 Series 中的每个元素,但主要是使用 apply()函数来遍历 DatFrame 的行或列,遍历出来每行或每列均是 Series 数据。apply()函数也可以接收内置函数、自定义函数和匿名函数作为参数。

1. 遍历 DataFrame 的每列

如图 5-15 原表格所示,将表格中所有科目的分数按列求和,示例代码如下:

```
#chapter5\5-3\5-3-5.ipynb
import pandas as pd                              #导入 Pandas 库,并命名为 pd
df = pd.read_excel('5-3-5.xlsx','成绩表')        #读取 Excel 中的成绩表数据
df.loc[:,'语文':].apply(sum,axis=0)              #按列遍历并求和
```

运行结果如下:

```
语文    480
数学    438
英语    422
dtype: int64
```

在代码 df.loc[:,'语文':].apply(sum,axis=0)中,sum 对遍历出来的每列数据(Series 数据)做求和计算,axis=1 表示按行方向遍历,axis=0 表示按列方向遍历,默认值为 0。因为求和的表格中只有 3 列数据,所以结果也是由 3 个数字组成的 Series 数据。

如果希望将计算出的结果添加到原表格下面,示例代码如下:

```
#chapter5\5-3\5-3-6.ipynb
import pandas as pd                              #导入 Pandas 库,并命名为 pd
df = pd.read_excel('5-3-6.xlsx','成绩表')        #读取 Excel 中的成绩表数据
df.loc[len(df)] = df.loc[:,'语文':].apply(sum,axis=0)   #按列遍历并求和
df                                               #输出 df 表数据
```

如图 5-15(a)所示为原表格,运行结果如图 5-15(b)所示。

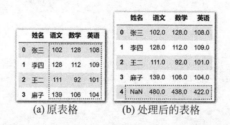

(a)原表格   (b)处理后的表格

图 5-15   对 DataFrame 按列进行遍历处理(1)

2. 遍历 DataFrame 的每行

如图 5-16 所示为原表格,将表格中所有科目的分数按行求和,也就是对每个人的各科成绩求和,示例代码如下:

```
#chapter5\5-3\5-3-7.ipynb
import pandas as pd                              #导入 Pandas 库,并命名为 pd
df = pd.read_excel('5-3-7.xlsx','成绩表')        #读取 Excel 中的成绩表数据
df.loc[:,'语文':].apply(sum,axis=1)              #按行遍历并求和
```

运行结果如下：

```
0    338
1    349
2    304
3    349
dtype: int64
```

与之前遍历列的代码基本相同,唯一要修改的是 axis＝1,因为现在执行按行遍历。如果希望将计算出的结果添加到原表格后面,示例代码如下：

```
#chapter5\5-3\5-3-8.ipynb
import pandas as pd                              #导入 Pandas 库,并命名为 pd
df = pd.read_excel('5-3-8.xlsx','成绩表')         #读取 Excel 中的成绩表数据
df['总分'] = df.loc[:,'语文':].apply(sum,axis=1)    #按行遍历并求和
df                                               #输出 df 表数据
```

运行结果如图 5-16(b)所示。

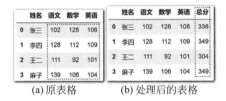

(a) 原表格   (b) 处理后的表格

图 5-16 对 DataFrame 按行进行遍历处理(2)

5.3.3 遍历 DataFrame 元素(applymap())

applymap()函数的用法比较简单,是对 DataFrame 中的每个元素执行指定函数的处理,虽然用途不如 apply()广泛,但在某些场合下还是比较有用的,例如将数字保留到小数点后两位,示例代码如下：

```
#chapter5\5-3\5-3-9.ipynb
import pandas as pd                              #导入 Pandas 库,并命名为 pd
df = pd.read_excel('5-3-9.xlsx','成绩表')         #读取 Excel 中的成绩表数据
df.iloc[:,1:].applymap('{:.2f}'.format).astype(float)
                                                 #遍历处理 DataFrame 表格的每个元素
```

如图 5-17(a)所示为原表格,运行结果如图 5-17(b)所示。

姓名	语文	数学	英语
0 张三	93.794100	89.094984	96.739332
1 李四	84.762550	97.381785	92.372683
2 王二	89.638000	98.129451	84.378914
3 麻子	89.892935	82.583513	82.307083

	语文	数学	英语
0	93.79	89.09	96.74
1	84.76	97.38	92.37
2	89.64	98.13	84.38
3	89.89	82.58	82.31

(a) 原表格   (b) 分数处理后的表格

图 5-17 对 DataFrame 的每个元素进行遍历处理

值得注意的是,使用 format()函数格式化数字后,是字符串类型,所以还要在后面加上 astype(float),转换为小数类型。

如果要将修改后的表格区域写回原表格,示例代码如下:

```
# chapter5\5 - 3\5 - 3 - 10. ipynb
import pandas as pd                                        # 导入 Pandas 库,并命名为 pd
df = pd. read_excel('5 - 3 - 10. xlsx','成绩表')            # 读取 Excel 中的成绩表数据
df. iloc[:,1:] = df. iloc[:,1:]. applymap('{:. 2f}'. format). astype(float)
                                                           # 遍历处理 DataFrame 表格的每个元素
df                                                         # 输出 df 表数据
```

如图 5-18(a)所示为原表格,运行结果如图 5-18(b)所示。

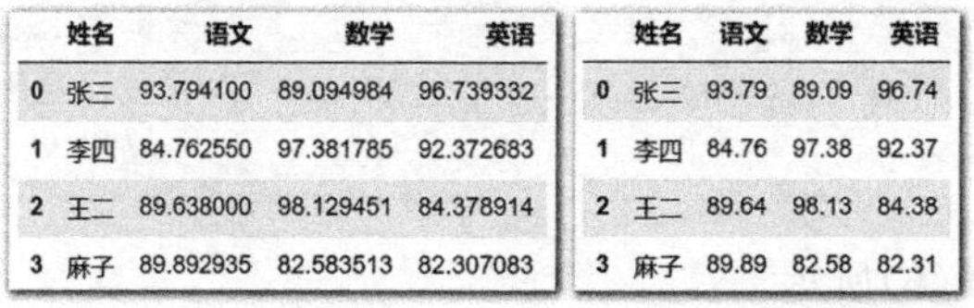

	姓名	语文	数学	英语
0	张三	93.794100	89.094984	96.739332
1	李四	84.762550	97.381785	92.372683
2	王二	89.638000	98.129451	84.378914
3	麻子	89.892935	82.583513	82.307083

	姓名	语文	数学	英语
0	张三	93.79	89.09	96.74
1	李四	84.76	97.38	92.37
2	王二	89.64	98.13	84.38
3	麻子	89.89	82.58	82.31

(a) 原表格　　　　　(b) 处理后的表格

图 5-18　对 DataFrame 的每个元素进行遍历处理

5.4　数据统计处理

在做数据处理时,数据统计是必不可少的,所以需要学习一些常用的统计函数。例如关于聚合的统计、多个布尔值的逻辑统计,以及极值统计、排名统计等。这些统计需求在日常工作中可能比较常见。绝大多数统计需求在 Excel 中有对应的函数,在 Pandas 中这些函数功能更强大。

5.4.1　聚合统计

聚合统计是最常见的统计方式,下面列出在 Python、Pandas 和 NumPy 中常用的聚合函数,见表 5-2。

表 5-2　Python、Pandas 与 NumPy 中常用的聚合函数

统 计 方 式	Python	Pandas	NumPy
求和	sum()	sum()	np. sum()
求最大值	max()	max()	np. max()
求最小值	min()	min()	np. min()
求平均值	无	mean()	np. mean()
求计数值	len()	count()	无

上面 3 种不同聚合函数的区别在于: Python 中的聚合函数可以对一组任意形式的序列值做统计; Pandas 中的聚合函数只能对 Series 和 DataFrame 做统计; NumPy 中的聚合函数可以对数组、Series 和 DataFrame 做统计,并且 Pandas 和 NumPy 中的聚合函数在对

二维数据统计时可以指定聚合方向。

1. Series 数据统计

现在分别使用 Python、Pandas 和 NumPy 的聚合函数对 Series 数据进行统计,示例代码如下:

```
#chapter5\5-4\5-4-1.ipynb
import pandas as pd,numpy as np          #导入 Pandas 库和 NumPy 库,并命名为 pd 和 np
s = pd.Series([1,10,100])                #Series 数据
print(sum(s),s.sum(),np.sum(s))          #求和
print(max(s),s.max(),np.max(s))          #求最大值
print(min(s),s.min(),np.min(s))          #求最小值
print(s.mean(),np.mean(s))               #求平均值
print(len(s),s.count())                  #求计数值
```

运行结果如下:

```
111     111     111
100     100     100
1       1       1
37.0    37.0
3       3
```

2. DataFrame 数据统计

在对 DataFrame 做数据统计时,聚合函数并不是将整个 DataFrame 表格的数据计算为一个值,而是对每行或每列执行计算,最后以 Series 数据结构返回聚合结果。接下来以 sum() 函数为例,分别演示按行和按列的统计方法。

1) 按行统计

如图 5-19(a)所示为原表格,对表格中的分数按行执行求和统计,在 sum() 函数的参数中设置 axis=1 即可,示例代码如下:

```
#chapter5\5-4\5-4-2.ipynb
import pandas as pd,numpy as np          #导入 Pandas 库和 NumPy 库,并命名为 pd 和 np
df = pd.read_excel('5-4-2.xlsx','成绩表')  #读取 Excel 中的成绩表数据
df.iloc[:,1:4].sum(axis = 1)             #按行求和(Pandas 函数)
np.sum(df.iloc[:,1:4],axis = 1)          #按行求和(NumPy 函数)
```

运行结果如下:

```
0       338
1       349
2       304
3       349
dtype: int64
```

上面代码运算的结果是 Series 数据,存储的是每行求和的结果,接下来将该数据添加为新列,列名为总分,示例代码如下:

```
#chapter5\5-4\5-4-3.ipynb
import pandas as pd,numpy as np              #导入 Pandas 库和 NumPy 库,并命名为 pd 和 np
df = pd.read_excel('5-4-3.xlsx','成绩表')    #读取 Excel 中的成绩表数据
df['总分'] = df.iloc[:,1:4].sum(axis=1)       #按行求和(Pandas 函数)
df['总分'] = np.sum(df.iloc[:,1:4],axis=1)    #按行求和(NumPy 函数)
df                                           #输出 df 表数据
```

运行结果如图 5-19(b)所示。

(a) 原表格   (b) 处理后的表格

图 5-19   对 DataFrame 按行求和

2) 按列统计

如图 5-20(a)所示为原表格,对表格中的分数按列执行求和统计,在 sum() 函数的参数中设置 axis=0 即可,因为 0 是默认值,所以可以忽略不写,示例代码如下:

```
#chapter5\5-4\5-4-4.ipynb
import pandas as pd,numpy as np              #导入 Pandas 库和 NumPy 库,并命名为 pd 和 np
df = pd.read_excel('5-4-4.xlsx','成绩表')    #读取 Excel 中的成绩表数据
df.iloc[:4,1:].sum(axis=0)                   #按列求和(Pandas 函数)
np.sum(df.iloc[:4,1:],axis=0)                #按列求和(NumPy 函数)
```

运行结果如下:

```
语文      480
数学      438
英语      422
dtype: int64
```

上面代码运算的结果同样也是 Series 数据,接下来将该 Series 数据添加为新行,示例代码如下:

```
#chapter5\5-4\5-4-5.ipynb
import pandas as pd,numpy as np              #导入 Pandas 库和 NumPy 库,命名为 pd 和 np
df = pd.read_excel('5-4-5.xlsx','成绩表')    #读取 Excel 中的成绩表数据
df.loc[4] = df.iloc[:4,1:].sum(axis=0)       #按列求和(pandas 函数)
df.loc[4] = np.sum(df.iloc[:4,1:],axis=0)    #按列求和(NumPy 函数)
df                                           #输出 df 表数据
```

如图 5-20(a)所示为原表格,运行结果如图 5-20(b)所示。

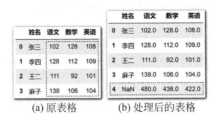

(a) 原表格   (b) 处理后的表格

图 5-20 对 DataFrame 按列求和

5.4.2 逻辑统计

前面学习过逻辑运算符"&"和"|",专门应用于多个逻辑布尔值之间的运算,但如果布尔值比较多,就会产生一些问题,先看一个简单的例子,判断 Series 中的所有元素是否大于60,分别使用 4 种方法,示例代码如下:

```
#chapter5\5-4\5-4-6.ipynb
import pandas as pd,numpy as np            #导入 Pandas 库和 NumPy 库,命名为 pd 和 np
s = pd.Series([79,80,91])                  # Series 数据
print((s[0]>60) & (s[1]>60) & (s[2]>60))   #所有元素是否大于60(方法1)
print(s[0]>60 and s[1]>60 and s[2]>60)     #所有元素是否大于60(方法2)
print((s>60).all())                        #所有元素是否大于60(方法3)
print(np.all(s>60))                        #所有元素是否大于60(方法4)
```

运行结果如下:

```
True
True
True
True
```

分析一下上面的代码,Series 中有 3 个数字,所以方法 1 和方法 2 分别做了 3 次判断,而方法 3 和方法 4 只做了 1 次判断。假设 Series 中有更多的数字,方法 1 和方法 2 就会做更多的判断,而方法 3 和方法 4 依然只判断 1 次,原因在于使用了 all()函数。

Pandas 和 NumPy 中均有对多个布尔值进行逻辑与、逻辑或运算的函数,对应的函数见表 5-3。

表 5-3 Pandas 与 NumPy 中的逻辑与、逻辑或运算

逻辑运算方式	Pandas	NumPy	注 释
逻辑与	all	np.all	如果 Series 中的所有布尔值为 True,则返回值为 True,否则返回值为 False
逻辑或	any	np.any	如果 Series 中有 1 个及以上布尔值为 True,则返回值为 True;如果全部为 False,则返回值为 False

1. Series 逻辑统计

首先,判断 pd.Series([79,80,91])中的元素是否大于或等于80,如果条件成立,则返回

值为 True;如果不成立,则返回值为 False,示例代码如下:

```
#chapter5\5-4\5-4-7.ipynb
import pandas as pd,numpy as np        #导入 Pandas 库和 NumPy 库,并命名为 pd 和 np
s = pd.Series([79,80,91])              #Series 数据
print(s >= 80)                         #打印 Series 中的布尔值元素
```

运行结果如下:

```
0    False
1    True
2    True
dtype: bool
```

再分别使用 Pandas 和 NumPy 中的 all()函数、any()函数进行逻辑统计,示例代码
如下:

```
#chapter5\5-4\5-4-8.ipynb
import pandas as pd,numpy as np        #导入 Pandas 库和 NumPy 库,并命名为 pd 和 np
s = pd.Series([79,80,91])              #Series 数据
print((s >= 80).any(),np.any(s >= 80))  #Series 元素是布尔值的或运算
print((s >= 80).all(),np.all(s >= 80))  #Series 元素是布尔值的与运算
```

运行结果如下:

```
True True
False False
```

2. DataFrame 逻辑统计

如果布尔值在 DataFrame 表格中,则可使用 all()函数和 any()函数对整个表格进行逻辑统计也是一样的,但如果要对 DataFrame 表格中的布尔值按行或接列判断统计,则需要在函数中使用 axis 参数来确定方向。

1) 按行统计

如图 5-21(a)所示为原表格,在每个人的 3 个科目中,如果至少有 1 个及以上科目的分数大于或等于130,则返回'√',否则返回'×',示例代码如下:

```
#chapter5\5-4\5-4-9.ipynb
import pandas as pd,numpy as np        #导入 Pandas 库和 NumPy 库,并命名为 pd 和 np
df = pd.read_excel('5-4-9.xlsx','成绩表')  #读取 Excel 中的成绩表数据
(df.iloc[:,1:] >= 130).any(axis = 1)   #按行方向做 any 的逻辑统计(方法 1)
np.any(df.iloc[:,1:] >= 130,axis = 1)  #按行方向做 np.any 的逻辑统计(方法 2)
```

运行结果如下:

```
0    True
1    False
2    True
```

```
3      True
dtype: bool
```

分析一下关键代码,df. iloc[:,1:]>=130 的运行结果是一个由布尔值组成的 DataFrame 表格,any()函数中的参数 axis=1 表示按行做逻辑统计。

将统计的布尔值结果再做判断,如果条件成立,则返回'√',否则返回'×',最后将判断的结果写入新列,示例代码如下:

```
#chapter5\5 - 4\5 - 4 - 10. ipynb
import pandas as pd,numpy as np                  #导入 Pandas 库和 NumPy 库,并命名为 pd 和 np
df = pd. read_excel('5 - 4 - 10.xlsx','成绩表')    #读取 Excel 中的成绩表数据
arr = np. where((df.iloc[:,1:]>=130).any(axis=1),'√','×')        #按行方向判断(方法 1)
arr = np. where(np.any(df.iloc[:,1:]>=130,axis=1),'√','×')       #按行方向判断(方法 2)
df['是否达标'] = arr                              #将判断结果添加到新列
df                                               #输出 df 表数据
```

运行结果如图 5-21(b)所示。

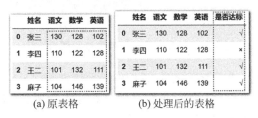

(a) 原表格　　　　　　　(b) 处理后的表格

图 5-21　对 DataFrame 按行进行逻辑统计

2) 按列统计

如图 5-22(a)所示为原表格,如果每个科目列的元素全部大于或等于 120,则返回'√',否则返回'×',示例代码如下:

```
#chapter5\5 - 4\5 - 4 - 11. ipynb
import pandas as pd,numpy as np                  #导入 Pandas 库和 NumPy 库,并命名为 pd 和 np
df = pd. read_excel('5 - 4 - 11.xlsx','成绩表')    #读取 Excel 中的成绩表数据
(df.iloc[:,1:]>=120).all(axis=0)                 #按列方向做 all 的逻辑统计(方法 1)
np.all(df.iloc[:,1:]>=120,axis=0)                #按列方向做 np.all 的逻辑统计(方法 2)
```

运行结果如下:

```
语文    False
数学    True
英语    False
dtype: bool
```

分析一下关键代码,df. iloc[:,1:]>=120 的运行结果是一个由布尔值组成的 DataFrame 表格,all()函数中的参数 axis=0 表示按列做逻辑统计。

将统计的布尔值结果再做判断,如果条件成立,则返回'√',否则返回'×',最后将判断

的结果写入新行,示例代码如下:

```
# chapter5\5 - 4\5 - 4 - 12. ipynb
import pandas as pd, numpy as np                    # 导入 Pandas 库和 NumPy 库,并命名为 pd 和 np
df = pd. read_excel('5 - 4 - 12. xlsx', '成绩表')    # 读取 Excel 中的成绩表数据
arr = np. concatenate([np. array(['是否达标']), np. where((df. iloc[:, 1:]> = 120). all(axis = 0),
'√', '×')])                                          # 按列判断(方法 1)
arr = np. concatenate([np. array(['是否达标']), np. where(np. all(df. iloc[:, 1:]> = 120, axis = 0),
'√', '×')])                                          # 按列判断(方法 2)
df. loc[len(df)] = arr                               # 将判断结果添加到新行
df                                                   # 输出 df 表数据
```

如图 5-22(a)所示为原表格,运行结果如图 5-22(b)所示。

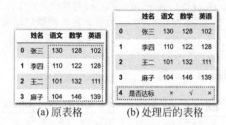

(a) 原表格   (b) 处理后的表格

图 5-22　对 DataFrame 按列进行逻辑统计

使用 np. where()函数进行判断之后,返回的是数组结果['×''√''×'],如果直接写入新行,将会出错。因为每行是 4 个值,而数组中只有 3 个元素,所以应先使用 np. concatenate()函数再添加'是否达标',最后 arr 变量返回的值是['是否达标''×''√''×'],这样便可以成功将数据添加到新行。

注意:上面讲解的添加到新行的方法,从数据类型的角度讲是不科学的,在没有添加新行之前,每个科目下都是纯数字;添加新行后,每个科目下既有数字,又有字符串,不利于后续对每列数据进行统计。

5.4.3　极值统计

在数据统计中,我们经常需要求最大值或者最小值,但都只能取得一个值,如果希望获取前几个最大或最小值,则需要使用极值函数,极值分为极大值与极小值。在 Excel 中求极大值的函数是 LARGE()函数,求极小值的函数是 SMALL()函数;在 Pandas 中对应的函数是 nlargest()函数和 nsmallest()函数。极大值、极小值函数对应的参数见表 5-4。

表 5-4　Series 与 DataFrame 中的极值函数

极值	函数及参数
Series 极小值	s. nsmallest(n, keep = 'first')
Series 极大值	s. nlargest(n, keep = 'first')
DataFrame 极小值	df. nsmallest(n, columns, keep = 'first')
DataFrame 极大值	df. nlargest(n, columns, keep = 'first')

下面解释一下对应的几个参数的含义。

n：指定极值个数。

column：如果求极值的是 DataFrame 表格，则要指定求极值的列，可以指定多列。

keep：参数分别有 first、last 和 all 3 个值，含义分别如下。

- **first**：优先选取原始表格里排在前面的值，即默认值。
- **last**：优先选取原始表格里排在后面的值。
- **all**：选取所有的值，即使选取的个数超过了指定的极值个数。

1. Series 极值统计

对 Series 数据做极值处理之后，返回结果也是 Series 数据，下面以 pd.Series([57,91,87,46,87,99])为例，对求极大值和极小值分别做演示。

统计前 3 个最大的数字和前 3 个最小的数字，示例代码如下：

```
# chapter5\5 - 4\5 - 4 - 13. ipynb
import pandas as pd                      # 导入 Pandas 库,并命名为 pd
s = pd. Series([57,91,87,46,87,99])      # Series 数据
print(s.nlargest(3,'first'))            # 统计前 3 个最大的数字
print(s.nsmallest(3,'first'))           # 统计前 3 个最小的数字
```

运行结果如下：

```
# 统计前 3 个最大的数字,结果如下所示
5    99
1    91
2    87
dtype: int64

# 统计前 3 个最小的数字,结果如下所示
3    46
0    57
2    87
dtype: int64
```

接下来还是统计前 3 个最大的数字和前 3 个最小的数字，但是如果有重复值，则全部获取，示例代码如下：

```
# chapter5\5 - 4\5 - 4 - 14. ipynb
import pandas as pd                      # 导入 Pandas 库,并命名为 pd
s = pd. Series([57,91,87,46,87,99])      # Series 数据
print(s.nlargest(3,'all'))              # 统计前 3 个最大的数字
print(s.nsmallest(3,'all'))             # 统计前 3 个最小的数字
```

运行结果如下：

```
# 统计前 3 个最大的数字,结果如下所示
5    99
1    91
```

```
2       87
4       87
dtype: int64

#统计前 3 个最小的数字,结果如下所示
3       46
0       57
2       87
4       87
dtype: int64
```

注意:上面的代码演示中,没有对 keep 参数为'last'做演示,原因在于对 Series 数据进行极值统计时,虽然结果都相同,但是取值位置不同,读者可以自行测试 keep 参数为'last'时,索引序号与参数为'first'时的不同。

2. DataFrame 极值统计

对 DataFrame 表格做极值处理,返回结果不是极值,而是极值对应的整条记录,最终结果也是 DataFrame 表格,可以对 DataFrame 表格的单列或多列进行极值统计,下面对极大值和极小值分别进行演示。

1) 统计单列极值

如图 5-23(a)所示为原表格,在理论列的分数中,统计前 3 个最大数字对应的记录,示例代码如下:

```
#chapter5\5-4\5-4-15.ipynb
import pandas as pd                              # 导入 Pandas 库,并命名为 pd
df = pd.read_excel('5-4-15.xlsx','成绩表')      # 读取 Excel 中的成绩表数据
df.nlargest(3,'理论')                           # 统计理论列中前 3 个最大数字对应的记录
```

运行结果如图 5-23(b)所示。

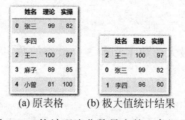

(a)原表格   (b)极大值统计结果

图 5-23　统计理论分数最大的 3 条记录

如图 5-24(a)所示为原表格,在理论列的分数中,统计前 3 个最小数字对应的记录,示例代码如下:

```
#chapter5\5-4\5-4-16.ipynb
import pandas as pd                              # 导入 Pandas 库,并命名为 pd
df = pd.read_excel('5-4-16.xlsx','成绩表')      # 读取 Excel 中的成绩表数据
df.nsmallest(3,'理论')                          # 统计理论列中前 3 个最小数字对应的记录
```

运行结果如图 5-24(b)所示。

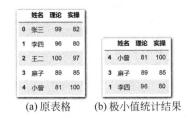

(a) 原表格　　(b) 极小值统计结果

图 5-24　统计理论分数最小的 3 条记录

2）统计多列极值

对多列统计极值，在 columns 参数中以列表形式写入列名称，并且以列名称在列表中的先后顺序确定关键字顺序，例如 columns＝['理论','实操']，表示以理论为第 1 关键字，以实操为第 2 关键字，也就是在理论列的数字相同的情况下，再对实操列的数字进行极值排列。

如图 5-25(a)所示为原表格，对理论和实操两列的分数进行极值统计，统计前 3 个最大数字对应的记录，示例代码如下：

```
#chapter5\5－4\5－4－17.ipynb
import pandas as pd                        #导入 Pandas 库，并命名为 pd
df = pd.read_excel('5－4－17.xlsx','成绩表')   #读取 Excel 中的成绩表数据
df.nlargest(3,['理论','实操'])                #统计理论、实操两列前 3 个最大值对应的记录
```

运行结果如图 5-25(b)所示。

(a) 原表格　　(b) 极大值统计结果

图 5-25　统计理论、实操分数最大的 3 条记录

如图 5-26(a)所示为原表格，对理论和实操两列的分数进行极值统计，统计前 3 个最小数字对应的记录，示例代码如下：

```
#chapter5\5－4\5－4－18.ipynb
import pandas as pd                        #导入 Pandas 库，并命名为 pd
df = pd.read_excel('5－4－18.xlsx','成绩表')   #读取 Excel 中的成绩表数据
df.nsmallest(3,['理论','实操'])               #统计理论、实操两列前 3 个最小值对应的记录
```

运行结果如图 5-26(b)所示。

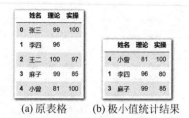

(a) 原表格　　　(b) 极小值统计结果

图 5-26　统计理论、实操分数最小的 3 条记录

5.4.4　排名统计

排名是同类事物客观实力的反映,相互之间带有比较性质,所以排名是很常见的统计方式。Excel 中的排名函数是 RANK(),Pandas 中的排名函数是 rank(),并且有更多的排名方式,先举一个简单的例子,示例代码如下:

```
# chapter5\5 - 4\5 - 4 - 19. ipynb
import pandas as pd                          # 导入 Pandas 库,并命名为 pd
s = pd. Series([84,99,93,65])                # Series 数据
s. rank()                                     # 排名统计
```

运行结果如下:

```
0    2.0
1    4.0
2    3.0
3    1.0
dtype: float64
```

通过运行结果会发现,数字越大,排名越低,这是因为 rank() 函数的 ascending 参数默认值为 True,也就是默认为升序排列。大多数排名统计是数字越大,排名越高,如果希望这样,则应将 ascending 设置为 False,示例代码如下:

```
# chapter5\5 - 4\5 - 4 - 20. ipynb
import pandas as pd                          # 导入 Pandas 库,并命名为 pd
s = pd. Series([84,99,93,65])                # Series 数据
s. rank(ascending = False)                    # 排名统计
```

运行结果如下:

```
0    3.0
1    1.0
2    2.0
3    4.0
dtype: float64
```

关于排名,还有一个重要的问题需要了解,就是相同值。rank() 函数的 method 参数提

供了对相同值的 5 种处理方法,见表 5-5。

表 5-5 rank()函数的 method 参数说明

常 量	注 释
average	默认值,对相同值做平均排名
min	对相同值做最小排名
max	对相同值做最大排名
first	对相同值出现的顺序做排名
dense	与最小排名类似,但不同名次之间差值为 1

下面对每种常量做一个案例演示,以增强理解。假定 pd.Series([99,93,84,84,65])是一组考试分数,现在需要对其中的每个分数做排名。

当 method 参数为 average 时,示例代码如下:

```
# chapter5\5 - 4\5 - 4 - 21.ipynb
import pandas as pd                              # 导入 Pandas 库,并命名为 pd
s = pd.Series([99,93,84,84,65])                  # Series 数据
s.rank(method = 'average',ascending = False)     # method 参数为 average 的排名统计
```

运行结果如图 5-27 所示。

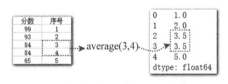

图 5-27 method 参数为 average

当 method 参数为 min 时,这种排名方式通常叫作美式排名,是应用得比较多的一种方式,示例代码如下:

```
# chapter5\5 - 4\5 - 4 - 22.ipynb
import pandas as pd                              # 导入 Pandas 库,并命名为 pd
s = pd.Series([99,93,84,84,65])                  # Series 数据
s.rank(method = 'min',ascending = False)         # method 参数为 min 的排名统计
```

运行结果如图 5-28 所示。

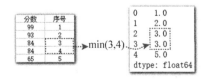

图 5-28 method 参数为 min

当 method 参数为 max 时,示例代码如下:

```
#chapter5\5-4\5-4-23.ipynb
import pandas as pd                                    #导入 Pandas 库,并命名为 pd
s = pd.Series([99,93,84,84,65])                        #Series 数据
s.rank(method = 'max',ascending = False)               #method 参数为 max 的排名统计
```

运行结果如图 5-29 所示。

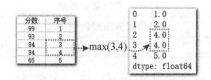

图 5-29　method 参数为 max

当 method 参数为 first 时,示例代码如下：

```
#chapter5\5-4\5-4-24.ipynb
import pandas as pd                                    #导入 Pandas 库,并命名为 pd
s = pd.Series([99,93,84,84,65])                        #Series 数据
s.rank(method = 'first',ascending = False)             #method 参数为 first 的排名统计
```

运行结果如图 5-30 所示。

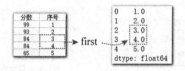

图 5-30　method 参数为 first

当 method 参数为 dense 时,这种排名方式通常叫作中式排名,也是应用得比较多的一种方式,示例代码如下：

```
#chapter5\5-4\5-4-25.ipynb
import pandas as pd                                    #导入 Pandas 库,并命名为 pd
s = pd.Series([99,93,84,84,65])                        #Series 数据
s.rank(method = 'dense',ascending = False)             #method 参数为 dense 的排名统计
```

运行结果如图 5-31 所示。

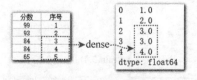

图 5-31　method 参数为 dense

1. Series 排名统计

直接获取表格的某列做排名统计,就相当于对指定的 Series 数据做排名,如图 5-32(a)

所示为原表格,对分数列分别做美式和中式排名,示例代码如下:

```
#chapter5\5-4\5-4-26.ipynb
import pandas as pd                    #导入Pandas库,并命名为pd
df = pd.read_excel('5-4-26.xlsx','分数表')    #读取Excel中的分数表数据
df['美式排名'] = df['分数'].rank(method = 'min',ascending = False)    #美式排名
df['中式排名'] = df['分数'].rank(method = 'dense',ascending = False)    #中式排名
df                                     #输出df表数据
```

如图5-32(a)所示为原表格,运行结果如图5-32(b)所示。

	姓名	分数
0	张三	90
1	李四	98
2	王二	90
3	麻子	95
4	小曾	86

	姓名	分数	美式排名	中式排名
0	张三	90	3.0	3.0
1	李四	98	1.0	1.0
2	王二	90	3.0	3.0
3	麻子	95	2.0	2.0
4	小曾	86	5.0	4.0

(a)原表格　　　(b)增加排名后的表格

图5-32　单列的美式和中式排名

注意:rank()函数统计出的名次是小数类型,如果需要转换为整数类型,则在rank()函数之后加astype('int')即可。

2. DataFrame排名统计

如果需要对DataFrame表格做排名,并且排名方式是各行、各列单独排名,用rank()函数也可以实现,不过需要指定函数的axis参数,1为按行排名,0为按列排名。

1) 按行排名

如图5-33(a)所示为原表格,需要对1~6月的销量数据按行排名,也就是对每个人1~6月的销量做排名,示例代码如下:

```
#chapter5\5-4\5-4-27.ipynb
import pandas as pd                    #导入Pandas库,并命名为pd
df = pd.read_excel('5-4-27.xlsx','销量表')    #读取Excel中的销量表数据
df.iloc[:,1:] = df.iloc[:,1:].rank(method = 'min',ascending = False,axis = 1).astype('int')
                                       #按行做美式排名
df                                     #输出df表数据
```

运行结果如图5-33(b)所示。

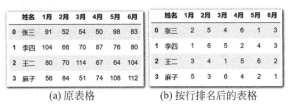

(a)原表格　　　　　(b)按行排名后的表格

图5-33　按行进行美式排名

2）按列排名

如图 5-34(a)所示为原表格，如果需要按列排名，则可统计所有人在每个月的排名情况，示例代码如下：

```
#chapter5\5-4\5-4-28.ipynb
import pandas as pd                              #导入 Pandas 库，并命名为 pd
df = pd.read_excel('5-4-28.xlsx','销量表')        #读取 Excel 中的销量表数据
df.iloc[:,1:] = df.iloc[:,1:].rank(method = 'min',ascending = False,axis = 0).astype('int')
                                                 #按列进行美式排名
df                                               #输出 df 表数据
```

运行结果如图 5-34(b)所示。

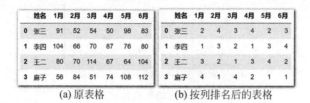

(a) 原表格   (b) 按列排名后的表格

图 5-34 按列进行美式排名

5.5 巩固案例

本章通过对运算、分支、遍历和统计知识点的学习，对 Pandas 的数据处理方式有了更深刻的理解，接下来本节通过实例应用对所学知识加以巩固，以达到学以致用的目的。

5.5.1 根据不同蔬菜的采购数量统计每天采购金额

如图 5-35(a)所示为原表格，分别有净白菜、小油菜和丝瓜这 3 种蔬菜的采购数量，现在给出这 3 种蔬菜每千克的价格分别为 1.3、2.4 和 5.6 元，各蔬菜的单价数据存储在 s＝pd.Series([5.6,1.3,2.4],index＝['丝瓜','净白菜','小油菜'])中，并且存储顺序并没有按原表格中的蔬菜顺序排列，现在需要统计出每天的采购金额，示例代码如下：

```
#chapter5\5-5\5-5-1.ipynb
import pandas as pd                              #导入 Pandas 库，并命名为 pd
df = pd.read_excel('5-5-1.xlsx','采购表')         #读取 Excel 中的采购表数据
s = pd.Series([5.6,1.3,2.4],index = ['丝瓜','净白菜','小油菜'])
                                                 #用 Series 数据结构存储蔬菜价格
df['金额'] = (df.iloc[:,1:] * s).sum(axis = 1)    #统计每天采购金额
df                                               #输出 df 表数据
```

运行结果如图 5-35(b)所示。

分析一下关键代码，df['金额']＝(df.iloc[:,1:] * s).sum(axis＝1)，其中 df.iloc[:,1:]选择的是所有蔬菜的采购数量，返回的是 DataFrame 数据，然后与 s 相乘，s 是 Series 数据，本质就是 DataFrame 与 Series 的运算。可以参考 5.1.6 节 DataFrame 与 Series 运算的讲

	日期	净白菜	小油菜	丝瓜
0	2021-04-01	10	2	5
1	2021-04-02	8	1	4
2	2021-04-03	3	0	6
3	2021-04-04	7	3	15

(a) 原表格

	日期	净白菜	小油菜	丝瓜	金额
0	2021-04-01	10	2	5	45.8
1	2021-04-02	8	1	4	35.2
2	2021-04-03	3	0	6	37.5
3	2021-04-04	7	3	15	100.3

(b) 添加金额列后的表格

图 5-35 计算每天金额的前后效果对比

解，返回结果也是 DataFrame 数据，运算结果如下：

```
     丝瓜     净白菜     小油菜
0    28.0    13.0     4.8
1    22.4    10.4     2.4
2    33.6    3.9      0.0
3    84.0    9.1      7.2
```

之后 sum(axis=1)表示按行求和，运算结果如下：

```
0     45.8
1     35.2
2     37.5
3     100.3
dtype: float64
```

最后将计算结果写入原表格的新列中即可。

如果蔬菜的价格顺序与原表格蔬菜的顺序相同，也可以将价格存储在列表中，与蔬菜采购数量直接相乘即可，示例代码如下：

```
#chapter5\5-5\5-5-2.ipynb
import pandas as pd                                              #导入 Pandas 库，并命名为 pd
df = pd.read_excel('5-5-2.xlsx','采购表')                         #读取 Excel 中的采购表数据
df['金额'] = (df.iloc[:,1:] * [1.3,2.4,5.6]).sum(axis = 1)       #统计每天采购金额
df                                                               #输出 df 表数据
```

运行结果与图 5-35(b)添加金额列之后的表格相同。

5.5.2 筛选出成绩表中各科目均大于或等于 100 的记录

如图 5-36(a)所示为原表格，要求筛选出每个人 3 个科目的分数均大于或等于 100 的记录，示例代码如下：

```
#chapter5\5-5\5-5-3.ipynb
import pandas as pd,numpy as np                  #导入 Pandas 库和 NumPy 库，并命名为 pd 和 np
df = pd.read_excel('5-5-3.xlsx','成绩表')         #读取 Excel 中的成绩表数据
df[np.all(df.iloc[:,1:]>=100,axis=1)]            #输出筛选结果
```

运行结果如图 5-36(b)所示。

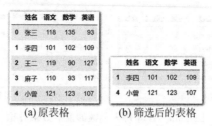

(a) 原表格　　　　(b) 筛选后的表格

图 5-36　成绩筛选的前后效果对比(1)

分析一下关键代码,np. all(df. iloc[:,1:]>=100,axis=1),其中 df. iloc[:,1:]>=100 表示判断所有科目的分数是否大于或等于 100,返回的结果是由布尔值构成的 DataFrame 数据,结果如下:

	语文	数学	英语
0	True	True	False
1	True	True	True
2	True	False	True
3	True	False	True
4	True	True	True

然后使用 an. all()函数对判断的结果按行做逻辑与运算,最后返回结果是由布尔值组成的 Series 数据,结果如下:

```
0    False
1    True
2    False
3    False
4    True
dtype: bool
```

观察发现,只有索引为 1 和 4 的返回结果为 True,所以最后筛选出行索引为 1 和 4 对应的两条记录。

5.5.3　筛选出成绩表中各科目的和大于或等于 300 的记录

如图 5-37(a)所示为原表格,对每个人的各科分数求和,然后筛选出总分大于或等于 300 的记录,示例代码如下:

```
#chapter5\5-5\5-5-4.ipynb
import pandas as pd                                    #导入 Pandas 库,并命名为 pd
df = pd. read_excel('5-5-4.xlsx','成绩表')            #读取 Excel 中的成绩表数据
df[df. iloc[:,1:]. sum(axis=1)>=330]                 #输出筛选结果
```

运行结果如图 5-37(b)所示。

分析一下关键代码,df. iloc[:,1:]. sum(axis=1)>=330,其中 df. iloc[:,1:]表示所有科目的分数,sum(axis=1)表示按行求和,求和结果是 Series 数据,结果如下:

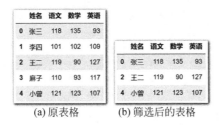

(a) 原表格 (b) 筛选后的表格

图 5-37 成绩筛选的前后效果对比(2)

```
0    346
1    312
2    336
3    320
4    351
dtype: int64
```

Series 数据存放的是每个人的总分,再判断是否大于或等于330,结果如下:

```
0    True
1    False
2    True
3    False
4    True
dtype: bool
```

观察发现,索引为 0、2、4 的返回结果为 True,所以最后筛选出行索引为 0、2、4 对应的 3 条记录。

5.5.4 统计每个人各科目总分之和的排名

如图 5-38(a)所示为原表格,对每个人的各科分数求和,然后按总分的大小做中式排名,示例代码如下:

```
# chapter5\5 - 5\5 - 5 - 5. ipynb
import pandas as pd                              # 导入 Pandas 库,并命名为 pd
df = pd. read_excel('5 - 5 - 5. xlsx','成绩表')    # 读取 Excel 中的成绩表数据
df['排名'] = df. iloc[:,1:]. sum(axis = 1). rank(method = 'dense',ascending = False). astype('int')
                                                 # 中式排名统计
df                                               # 输出 df 表数据
```

运行结果如图 5-38(b)所示。

分析一下关键代码,df. iloc[:,1:]. sum(axis=1). rank(method = 'dense',ascending = False). astype('int'),其中 df. iloc[:,1:]. sum(axis=1)表示对所有科目的分数按行求和,求和结果是 Series 数据,存放的是每个人的总分,结果如下:

	姓名	语文	数学	英语			姓名	语文	数学	英语	排名
0	张三	118	135	93		0	张三	118	135	93	2
1	李四	101	102	109		1	李四	101	102	109	5
2	王二	119	90	127		2	王二	119	90	127	3
3	麻子	110	93	117		3	麻子	110	93	117	4
4	小曾	121	123	107		4	小曾	121	123	107	1

(a) 原表格 　　　　　 (b) 添加列后的表格

图 5-38　排名设置的前后效果对比

```
0    346
1    312
2    336
3    320
4    351
dtype: int64
```

rank(method='dense',ascending=False)表示对求和结果做排名统计,astype('int')表示将名次转换为整数类型。

5.5.5　统计每个人所有考试科目的最优科目

如图 5-39(a)所示为原表格,统计每个人最高分对应的科目,示例代码如下:

```
#chapter5\5-5\5-5-6.ipynb
import pandas as pd                                    #导入 Pandas 库,命名为 pd
df = pd.read_excel('5-5-6.xlsx','成绩表')              #读取 Excel 中的成绩表数据
df['最优科目'] = df.iloc[:,1:].apply(lambda s:s.nlargest(1,keep = 'all').index.to_list(),
axis = 1)                                              #统计每个人最高分对应的科目
df                                                     #输出 df 表数据
```

运行结果如图 5-39(b)所示。

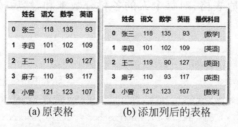

	姓名	语文	数学	英语			姓名	语文	数学	英语	最优科目
0	张三	118	135	93		0	张三	118	135	93	[数学]
1	李四	101	102	109		1	李四	101	102	109	[英语]
2	王二	119	90	127		2	王二	119	90	127	[英语]
3	麻子	110	93	117		3	麻子	110	93	117	[英语]
4	小曾	121	123	107		4	小曾	121	123	107	[数学]

(a) 原表格 　　　　　 (b) 添加列后的表格

图 5-39　最优科目统计的前后效果对比

分析一下关键代码,df['最优科目']=df.iloc[:,1:].apply(lambda s:s.nlargest(1,keep='all').index.to_list(),axis=1),使用 apply()函数对所有科目的分数区域按行遍历,s 变量就是从表格每行遍历出来的 Series 数据,然后统计该 Series 数据第 1 个极大值,要知道统计出来的极大值不是一个单纯的值,而是存储在 Series 数据结构中的,然后在 nlargest()函数后写入 index 属性,表示获取每个极大值 Series 的索引,结果如下:

```
0      Index(['数学'], dtype = 'object')
1      Index(['英语'], dtype = 'object')
2      Index(['英语'], dtype = 'object')
3      Index(['英语'], dtype = 'object')
4      Index(['数学'], dtype = 'object')
dtype: object
```

最后,to_list()函数表示将极大值的索引标签转换为列表,也就是最高分对应的科目名称,结果如下:

```
0      [数学]
1      [英语]
2      [英语]
3      [英语]
4      [数学]
dtype: object
```

如果有多个科目获得了最高分,同样会统计出多个最高分对应的科目名称。

第 6 章

字符串清洗技术

字符串的处理在数据清洗中占比很大。也就是说,很多不规则的数据处理都是在对字符串进行处理。Excel 提供了拆分、提取、查找和替换等对字符串处理的技术。在 Pandas 中同样提供了这些功能,并且在 Pandas 中还有正则表达式技术的加持,让其字符串处理能力更加强大。

6.1　正则

正则就是正则表达式(Regular Expression)的简称,它是一种强大的文本处理技术。正则表达式描述了字符串匹配的模式(Pattern),可以用来检查一个字符串是否含有某种子字符串,对匹配成功的字符串可以进行提取、拆分、查找和替换等处理。大部分的编程语言支持正则表达式,匹配规则也基本相同,但不同编程语言的处理方式略有不同。

在实际工作中,用户需要的多条有用信息很可能会混杂在一起,要将这些杂乱的数据整理规范,很可能就需要正则表达式的加持。在 Pandas 中提供的很多关于文本处理的函数支持正则表达式,所以在讲解 Pandas 的文本处理函数之前,首先要详细了解正则表达式技术。

6.1.1　正则表达式的导入与创建

要在 Python 中使用正则表达式,首先要导入 re 库,它是 Python 的内置库,也就是说不需要用户安装;接下来演示一下直接导入使用和通过编译后再使用两种方法。

1. 直接导入使用

在导入 re 库之后,直接使用 re. 函数()的方式来使用正则表达式,例如使用 re.findall() 函数,示例代码如下:

```
#chapter6\6-1\6-1-1.ipynb
import re                                    #导入正则表达式库
print(re.findall(r'\d','9527'))              #直接调用正则表达式函数
print(re.findall(r'\d','5201314'))           #直接调用正则表达式函数
```

运行结果如下:

```
['9', '5', '2', '7']
['5', '2', '0', '1', '3', '1', '4']
```

2. 通过编译使用

如果需要重复使用一个正则表达式对象,则可以将正则表达式预编译成正则表达式对象,这样效率更高。在导入 re 库后,将正则表达写入 re. compile()函数,然后生成正则表达式对象,再调用这个对象中的函数进行处理,示例代码如下:

```
# chapter6\6 - 1\6 - 1 - 2. ipynb
import re                              # 导入正则表达式库
pat = re.compile(r'\d')               # 使用 compile()函数生成正则表达式对象
print(pat.findall('9527'))            # 调用编译后的正则表达式对象中的函数
print(pat.findall('5201314'))         # 调用编译后的正则表达式对象中的函数
```

运行结果如下:

```
['9', '5', '2', '7']
['5', '2', '0', '1', '3', '1', '4']
```

预编译的方式也可以直接写成一条代码,如 re. compile(r'\d'). findall('9527')。不管正则表达式采用何种调用方式,始终脱离不了以下三要素。

(1) 正则表达式字符串。如 r'\d',单引号中的字符串表明匹配规则,\d 是查找单个数字的意思。

(2) 正则表达式被匹配的字符串。如'9527',对'9527'执行 r'\d'的匹配,意思就是查找'9527'中有多少个单数字。

(3) 匹配成功后的处理方式。例如调用 findall()函数,表示如果匹配成功,则将查找出来的单个数字存储在列表中。

在上面的三要素中,需要重点学习正则表达式字符串的编写规则,以及匹配成功后的处理方式。

6.1.2 正则表达式处理函数

本来应该先讲解正则表式的编写规则,但读者可能更希望正则表达式匹配成功后,能看到对应的处理结果,这样能有更直观的感受,所以本节先讲解正则表式的常用函数,6.1.3节再讲解正则表达式的编写规则,本节采用尽量简单的正则表达式字符串。

本节在讲解正则表达式函数时,会分别讲解直接写法(re. 函数())和预编译写法(regex. 函数())两种形式,虽然这两种书写形式对应的函数名一样,功能也一样,但函数的参数略有差异。

在 Python 的正则表达式中,使用不同函数,其返回的数据类型也不一样,例如返回re. Match(匹配对象)、list(列表)、iterator(迭代器)、str(字符串)等,其中返回的 re. Match匹配对象存储有更多信息。

1. 从开始位置匹配(match()函数)

如果希望从字符串的开始位置匹配,则可以使用 match()函数。如果匹配成功,则match()函数返回的是一个 re. Match 匹配对象。

1) re. match()函数

re. match()函数的参数说明如下。

re. match(pattern，string，flags＝0)

pattern：匹配的正则表达式。

string：要匹配的字符串。

flags：标志位，用于控制正则表达式的匹配方式，见表 6-1。

表 6-1 常见正则表达式 flags 的匹配模式

完整写法	简写	内联标记	注 释
re. ASCII	re. A	(? a)	表示\w、\W、\b、\B、\d、\D、\s 和\S 只匹配 ASCII，而不是 Unicode
re. UNICODE	re. U	(? u)	表示\w、\W、\b、\B、\d、\D、\s 和\S 依赖于 Unicode 字符属性数据库
re. IGNORECASE	ire. I	(? i)	忽略大小写匹配。例如表达式要求匹配小写字母，但实际上也会匹配大写字母
re. MULTILINE	re. M	(? m)	多行模式，'^'匹配整个字符串的开始和每行的开始；' $ '匹配整个字符串的结尾和每行的结尾
re. DOTALL	re. S	(? s)	让'.'特殊字符匹配任何字符，包括换行符。如果没有此标记，则'.'匹配除换行符的其他任意字符
re. VERBOSE	re. X	(? x)	允许编写更具可读性、更友好的正则表达式，忽略空格和♯后面的注释

re. match()函数的示例代码如下：

```
#chapter6\6 - 1\6 - 1 - 3. ipynb
import re                                    #导入正则表达式库
print(re.match(r'apple','apple 苹果'))        #在'apple 苹果'字符串中以'apple'开头
print(re.match(r'苹果','apple 苹果'))          #在'apple 苹果'字符串中以'苹果'开头
```

运行结果如下：

```
< re.Match object; span = (0, 5), match = 'apple'>
None
```

2）regex. match()函数

regex. match()函数的参数说明如下。

regex. match(string[，pos[，endpos]])

string：必选，被匹配的字符串。

pos：可选，指定起始位置。

endpos：可选，指定结束位置。

注意：regex 为正则表达式对象的统称。

regex. match()函数的示例代码如下：

```
#chapter6\6 - 1\6 - 1 - 4. ipynb
import re                                          #导入正则表达式库
print(re.compile(r'apple').match('apple 苹果'))    #在'apple 苹果'字符串中以'apple'开头
print(re.compile(r'苹果').match('apple 苹果'))      #在'apple 苹果'字符串中以'苹果'开头
```

运行结果如下：

```
< re.Match object; span = (0, 5), match = 'apple'>
None
```

通过运行结果发现，第 1 个测试匹配成功，返回 re.Match 对象，其中 span＝(0, 5)表示匹配成功的字符串的起止位置。第 2 个测试没有匹配成功，返回值为 None。

还有一个与 match()函数相似的 fullmatch()函数，该函数完整匹配整个字符串。先演示一下 re.fullmatch()函数，示例代码如下：

```
# chapter6\6 - 1\6 - 1 - 5.ipynb
import re                                        # 导入正则表达式库
print(re.fullmatch(r'apple 苹果','apple 苹果'))    # 在'apple 苹果'字符串中匹配'apple 苹果'
print(re.fullmatch(r'apple','apple 苹果'))         # 在'apple 苹果'字符串中匹配'apple'
```

运行结果如下：

```
< re.Match object; span = (0, 7), match = 'apple 苹果'>
None
```

接下来演示 regex.fullmatch()函数，示例代码如下：

```
# chapter6\6 - 1\6 - 1 - 6.ipynb
import re                                                 # 导入正则表达式库
print(re.compile(r'apple 苹果').fullmatch('apple 苹果'))   # 在'apple 苹果'字符串中匹配'apple 苹果'
print(re.compile(r'apple').fullmatch('apple 苹果'))        # 在'apple 苹果'字符串中匹配'apple'
```

运行结果如下：

```
< re.Match object; span = (0, 7), match = 'apple 苹果'>
None
```

通过上面的示例会发现，只有完整匹配了整个字符串，才能匹配成功，否则返回值为 None，并且在示例中会发现，只有匹配的字符串与被匹配的字符串相等才可以成功。是不是匹配与被匹配的字符串一定要相等呢？其实并非如此，可以写更复杂的正则表达式字符串，只要从开头到结尾都能匹配成功就可以。

2. 从任意位置匹配（search()函数）

match()函数必须从指定的起始位置开始匹配，如果希望从任意位置开始匹配，则可以使用 search()函数。如果匹配成功，则返回 re.Match 配匹对象，否则返回值为 None。

1）re.search()函数

re.search()函数的参数说明如下。

search(pattern，string，flags＝0)

pattern：匹配的正则表达式。

string：要匹配的字符串。

flags：标志位，用于控制正则表达式的匹配方式，见表 6-1。

re.search()函数的示例代码如下：

```
#chapter6\6-1\6-1-7.ipynb
import re                                          #导入正则表达式库
print(re.search(r'apple','3个apple苹果'))         #在'3个apple苹果'字符串中搜索'apple'
print(re.search(r'apple','apple苹果3个'))         #在'3个apple苹果'字符串中搜索'apple'
print(re.search(r'梨','apple苹果3个'))            #在'apple苹果3个'字符串中搜索'梨'
```

运行结果如下：

```
<re.Match object; span=(2, 7), match='apple'>
<re.Match object; span=(0, 5), match='apple'>
None
```

2）regex.search()函数

regex.search()函数的参数说明如下。

regex.search(**string**[，**pos**[，**endpos**]])

string：必选，被匹配的字符串。

pos：可选，指定起始位置。

endpos：可选，指定结束位置。

regex.search()函数的示例代码如下：

```
#chapter6\6-1\6-1-8.ipynb
import re                                                #导入正则表达式库
print(re.compile(r'apple').search('3个apple苹果'))      #在'3个apple苹果'字符串中搜索'apple'
print(re.compile(r'apple').search('apple苹果3个'))      #在'3个apple苹果'字符串中搜索'apple'
print(re.compile(r'梨').search('apple苹果3个'))         #在'apple苹果3个'字符串中搜索'梨'
```

运行结果如下：

```
<re.Match object; span=(2, 7), match='apple'>
<re.Match object; span=(0, 5), match='apple'>
None
```

通过上面的示例会发现，只要被搜索的字符串包含要查找的字符串，最后都能匹配成功，并且返回 re.Match 对象。

注意：match()函数和 search()函数在进行匹配时，可能有多个对象符合匹配要求，但只返回第 1 个匹配成功的 re.Match 对象。

3. 用列表存储匹配成功的值（findall()函数）

前面学习的 match()函数和 search()函数只返回第 1 次匹配成功的 re.Match 对象，如果希望返回所有匹配成功的数据，则可以使用 findall()函数，返回的结果是列表类型；如果没有匹配成功，则返回空列表。

注意，findall()函数匹配出的数据只是从 re.Match 对象中提取出的信息之一。

1）re. findall（）函数

re. findall（）函数的参数说明如下。

re. findall（pattern，string，flags＝0）

pattern：匹配的正则表达式。

string：要匹配的字符串。

flags：标志位，用于控制正则表达式的匹配方式，见表 6-1。

re. findall（）函数的示例代码如下：

```
＃chapter6\6－1\6－1－9. ipynb
import re                                      ＃导入正则表达式库
txt = '张三 2 李四 3 王五 4 陈小兵 15 大龙'        ＃被匹配的字符串
print(re. findall(r'\D＋\d＋',txt))             ＃常规匹配
print(re. findall(r'(\D＋)\d＋',txt))           ＃添加 1 组括号
print(re. findall(r'(\D＋)(\d＋)',txt))         ＃添加 1 组以上括号
```

运行结果如下：

```
['张三 2', '李四 3', '王五 4', '陈小兵 15']
['张三', '李四', '王五', '陈小兵']
[('张三', '2'), ('李四', '3'), ('王五', '4'), ('陈小兵', '15')]
```

2）regex. findall（）函数

regex. findall（）函数的参数说明如下。

regex. findall（string［，pos［，endpos］］）

string：待匹配的字符串。

pos：可选参数，指定字符串的起始位置，默认值为 0。

endpos：可选参数，指定字符串的结束位置，默认值为字符串的长度。

regex. findall（）函数的示例代码如下：

```
＃chapter6\6－1\6－1－10. ipynb
import re                                              ＃导入正则表达式库
txt = '张三 2 李四 3 王五 4 陈小兵 15 大龙'                ＃被匹配的字符串
print(re. compile(r'\D＋\d＋'). findall(txt))          ＃常规匹配
print(re. compile(r'(\D＋)\d＋'). findall(txt))        ＃添加 1 组括号
print(re. compile(r'(\D＋)(\d＋)'). findall(txt))      ＃添加 1 组以上括号
```

运行结果如下：

```
['张三 2', '李四 3', '王五 4', '陈小兵 15']
['张三', '李四', '王五', '陈小兵']
[('张三', '2'), ('李四', '3'), ('王五', '4'), ('陈小兵', '15')]
```

通过上面的示例会发现，findall（）函数如果没有分组，则直接返回匹配成功的所有字符串；如果只有 1 个分组，则将分组中的值返回到列表；如果多于 1 个分组，则列表中的每个元素是元组，元组中的元素就是每个分组中的值。

注意：findall（）函数中的正则表达式字符是 '\D＋\d＋'，表示匹配连续的非数字和连续

的数字,后面在讲解正则表达式元字符时,会详细讲解\D 与\d。

4. 用迭代器存储匹配成功对象(finditer()函数)

finditer()函数与 findall()函数的功能类似,其主要区别在于 findall()函数匹配成功后返回的是列表,列表中存储的是匹配成功的数据;而 finditer()函数匹配成功后返回的是迭代器,迭代器中存储的是匹配成功的 re.Match 对象。

1) re.finditer()函数

re.finditer()函数的参数说明如下。

re.finditer(pattern, string, flags=0)

pattern:匹配的正则表达式。

string:要匹配的字符串。

flags:标志位,用于控制正则表达式的匹配方式,见表 6-1。

re.finditer()函数的示例代码如下:

```
#chapter6\6-1\6-1-11.ipynb
import re                                      #导入正则表达式库
txt = '张三2李四3王五4陈小兵15大龙'            #被匹配的字符串
print(re.finditer(r'\D+\d+',txt))             #常规匹配
print(re.finditer(r'(\D+)\d+',txt))           #添加1组括号
print(re.finditer(r'(\D+)(\d+)',txt))         #添加1组以上括号
```

运行结果如下:

```
< callable_iterator object at 0x000001E0DCEEECA0 >
< callable_iterator object at 0x000001E0DCEEEA00 >
< callable_iterator object at 0x000001E0DCEEECA0 >
```

2) regex.finditer()函数

regex.finditer()函数的参数说明如下。

regex.finditer(string[, pos[, endpos]])

string:待匹配的字符串。

pos:可选参数,指定字符串的起始位置,默认值为 0。

endpos:可选参数,指定字符串的结束位置,默认值为字符串的长度。

regex.finditer()函数的示例代码如下:

```
#chapter6\6-1\6-1-12.ipynb
import re                                            #导入正则表达式库
txt = '张三2李四3王五4陈小兵15大龙'                  #被匹配的字符串
print(re.compile(r'\D+\d+').finditer(txt))           #常规匹配
print(re.compile(r'(\D+)\d+').finditer(txt))         #添加1组括号
print(re.compile(r'(\D+)(\d+)').finditer(txt))       #添加1组以上括号
```

运行结果如下:

```
< callable_iterator object at 0x000001E0DCFD90A0 >
< callable_iterator object at 0x000001E0DCFD9040 >
< callable_iterator object at 0x000001E0DCFD90A0 >
```

通过上面的示例会发现,返回的是 callable_iterator object(迭代器对象),迭代器中存储的是每个匹配成功的 re.Macth 对象。也就是说 finditer()函数与 findall()函数相比而言,能获取更多的信息。

finditer()函数匹配成功后,可以用循环语句读取迭代器中的数据,也可以用 list()函数对迭代器进行转换,示例代码如下:

```
#chapter6\6-1\6-1-13.ipynb
import re                                          #导入正则表达式库
txt = '张三 2 李四 3 王五 4 陈小兵 15 大龙'              #被匹配的字符串
print(list(re.compile(r'\D+\d+').finditer(txt)))   #常规匹配
```

运行结果如下:

```
[
< re.Match object; span = (0, 3), match = '张三 2'>,
< re.Match object; span = (3, 6), match = '李四 3'>,
< re.Match object; span = (6, 9), match = '王五 4'>,
< re.Match object; span = (9, 14), match = '陈小兵 15'>
]
```

观察运行结果可以发现,每次匹配成功后,返回的不是具体的值,而是 re.Match 对象。此对象中包含的更多信息见表 6-9。

5. 替换匹配成功的值(sub()函数)

在正则表达式中,可以对匹配成功的字符串执行替换处理。既可以替换为普通字符串,也可以是有特殊字符的正则表达式,替换时还可以用函数做处理。

1) re.sub()函数

re.sub()函数的参数说明如下。

re.sub(pattern,repl,string,count=0,flags=0)

pattern:正则表达式字符串。

repl:替换的字符串,也可为一个函数。

string:要被查找并替换的原始字符串。

count:模式匹配后替换的最大次数,默认值为 0,表示替换所有的匹配。

flags:标志位,用于控制正则表达式的匹配方式,见表 6-1。

re.sub()函数的示例代码如下:

```
#chapter6\6-1\6-1-14.ipynb
import re                                              #导入正则表达式库
txt = '张三平 2800 李四 7054 林森 11200'                    #被匹配的字符串
print(re.sub(r'\d+','、',txt))                          #将连续数字替换为顿号
print(re.sub(r'(\d+)',r'\1、',txt))                     #在连续数字后添加顿号
print(re.sub(r'\d+',lambda m:m.group() + '、',txt))     #在连续数字后添加顿号
```

运行结果如下:

张三平、李四、林森、
张三平 2800、李四 7054、林森 11200、
张三平 2800、李四 7054、林森 11200、

分析一下代码中 3 种不同的替换方式。

(1) 替换值为普通字符。代码 re. sub(r'\d+','、',txt),第 2 参数是'、',表示将匹配成功的连续数字替换为顿号。

(2) 替换值有特殊字符。代码 re. sub(r'(\d+)',r'\1、',txt),第 2 参数是 r'\1、',其中 \1 表示引用正则表达式中第 1 个分组的内容,然后与顿号(、)连接。

(3) 替换值是函数。代码 re. sub(r'\d+',lambda m:m. group()+'、',txt),第 2 参数是 lambda m:m. group()+'、',其中 lambda m:m. group()是匿名函数,m 表示匹配成功后返回的 re. Match 对象,group()表示获取 re. Match 对象的值,然后与顿号(、)连接。

2) regex. sub()函数

regex. sub()函数的参数说明如下。

regex. sub(repl,string,count=0)

repl:替换的字符串,也可为一个函数。

string:要被查找并替换的原始字符串。

count:模式匹配后替换的最大次数,默认值为 0,表示替换所有的匹配。

regex. sub()函数的示例代码如下:

```
#chapter6\6-1\6-1-15.ipynb
import re                                              # 导入正则表达式库
txt = '张三平 2800 李四 7054 林森 11200'               # 被匹配的字符串
print(re.compile(r'\d+').sub('、',txt))                # 将连续数字替换为顿号
print(re.compile(r'(\d+)').sub(r'\1、',txt))           # 在连续数字后添加顿号
print(re.compile(r'\d+').sub(lambda m:m.group() + '、',txt))   # 在连续数字后添加顿号
```

运行结果如下:

张三平、李四、林森、
张三平 2800、李四 7054、林森 11200、
张三平 2800、李四 7054、林森 11200、

6. 拆分匹配成功的值(split()函数)

在 Python 中虽然可以使用 split()函数执行拆分任务,但没有正则表达式中的 split()函数灵活。使用正则表达式拆分函数返回的是列表。

1) re. split()函数

re. split()函数的参数说明如下。

re. split(pattern,string[,maxsplit=0,flags=0])

pattern:匹配的正则表达式。

string:要被拆分的字符串。

maxsplit:分隔次数,maxsplit=1 表示分隔一次。默认值为 0,表示不限制次数。

flags：标志位，用于控制正则表达式的匹配方式，见表6-1。

re.split()函数的示例代码如下：

```
#chapter6\6-1\6-1-16.ipynb
import re                                              #导入正则表达式库
txt = '01 张三 - 02 李四 - 03 王五 - 04 陈小兵 - 05 大龙'    #被匹配的字符串
print(re.split('-',txt))                              #拆分字符不加括号
print(re.split('(-)',txt))                            #拆分字符添加括号
```

运行结果如下：

```
['01 张三 ', '02 李四 ', '03 王五 ', '04 陈小兵 ', '05 大龙 ']
['01 张三 ', '-', '02 李四 ', '-', '03 王五 ', '-', '04 陈小兵 ', '-', '05 大龙 ']
```

观察运行结果会发现，正则表达式字符串就是拆分的分隔符，如果对正则表达式字符串使用括号进行分组，则所有分组里的内容也会返回列表里。

2）regex.split()函数

regex.split()函数的参数说明如下。

regex.split(string，maxsplit＝0)

string：要被拆分的字符串。

maxsplit：分隔次数，maxsplit＝1 表示分隔一次。默认值为 0，表示不限制次数。

regex.split()函数的示例代码如下：

```
#chapter6\6-1\6-1-17.ipynb
import re                                              #导入正则表达式库
txt = '01 张三 - 02 李四 - 03 王五 - 04 陈小兵 - 05 大龙'    #被匹配的字符串
print(re.compile('-').split(txt))                     #拆分字符不加括号
print(re.compile('(-)').split(txt))                   #拆分字符添加括号
```

运行结果如下：

```
['01 张三 ', '02 李四 ', '03 王五 ', '04 陈小兵 ', '05 大龙 ']
['01 张三 ', '-', '02 李四 ', '-', '03 王五 ', '-', '04 陈小兵 ', '-', '05 大龙 ']
```

7. 编译正则表达式

re.compile()函数用于编译正则表达式，它将正则表达式转换为对象，生成一个 re.Pattern 对象，示例代码如下：

```
#chapter6\6-1\6-1-18.ipynb
import re                                              #导入正则表达式库
pat = re.compile(r'999')                              #将正则表达式编译为对象
print(type(pat))                                      #打印 pat 的数据类型
```

运行结果如下：

```
<class 're.Pattern'>
```

从运行结果会发现,re.compile(r'999')返回的是 re.Pattern 对象。

re.compile()函数的参数说明如下。

re.compile(pattern[, flags])

pattern:一个字符串形式的正则表达式。

flags:可选,表示匹配模式,例如忽略大小写、多行模式等,默认参数为 re.UNICODE。

这里重点介绍第 2 参数 flags。flags 是匹配模式,可以使用字符'|'表示同时生效,也可以在正则表达式字符串中指定。re.Pattern 对象不能直接实例化,只能通过 compile()函数得到,关于 flags 参数的匹配模式见表 6-1。

如果希望多种匹配模式同时生效,则可以使用字符'|',或者直接写在正则表达式字符串的最前面,示例代码如下:

```
#chapter6\6-1\6-1-19.ipynb
import re                          #导入正则表达式库
re.compile(r'999',re.U|re.M|re.S)  #匹配模式写在flags参数中(多种匹配模式写法1)
re.compile(r'(?ums)999')           #匹配模式写在正则表式字符串最前面(多种匹配模式写法2)
```

运行结果如下:

```
re.compile(r'999', re.MULTILINE|re.DOTALL|re.UNICODE)
re.compile(r'(?ums)999', re.MULTILINE|re.DOTALL|re.UNICODE)
```

上面的代码表示编写的正则表达式支持两种匹配模式,一种是写在 flags 参数中(包括正则表达式函数中的 flags 参数),每种模式之间用'|'分隔,如上面代码 re.U|re.M|re.S;另一种是写在正则表达式字符串的最前面,可以叫作内联标记,如上面的代码(? ums)。

6.1.3　正则表达式编写规则

6.1.2 节介绍了正则表达式函数,学习这些函数的目的是对匹配成功的数据进一步做处理。在介绍正则表达式函数时,也使用了一些简单的正则表达式字符串。可能有的读者对之前用到的正则表达式字符串还心存疑惑,不用担心,本节将全面揭秘,一一披露细节。

在学习编写正则表达式之前,还需要系统学习一下元字符,所谓元字符是指在正则表达式中具有特殊意义的专用字符。

1. 单字元字符

首先学习一下比较常用的、表示单个字的元字符,有一部分元字符通过在普通字符前加反斜线(\)来完成转义,变成具有特殊意义的字符,见表 6-2。

表 6-2　单字元字符

元字符	注　　释
\	转义作用,将普通字符转义为特殊字符,或者将特殊字符转义为普通字符
\d	匹配数字,相当于[0-9]
\D	匹配任何非数字的字符,与\d 相反,相当于[^0-9]
\w	匹配 Unicode 字符,包括数字和下画线。如果设置为 re.ASCII 模式,则只匹配 [a-zA-Z0-9_]
\W	匹配非 Unicode 字符,与\w 相反。如果设置为 re.ASCII 模式,则等价于 [^a-zA-Z0-9_]

续表

元字符	注　释
\s	匹配任何 Unicode 空白字符。如果设置为 re. ASCII 模式,则只匹配 [\t\n\r\f\v]
\S	匹配任何 Unicode 非空白字符,与\s 相反。如果设置为 re. ASCII 模式,则相当于[^\t\n\r\f\v]
.	(点)在默认模式下,匹配除换行之外的任意字符。如果设置为 re. DOTALL 模式,则匹配包括换行符的任意字符

注意:说明一下表 6-2 中出现的常用空白字符,\t(水平制表符)、\n(换行符)、\r(回车符)、\f(换页符)、\v(垂直制表符)。

为了加强读者对表 6-2 中常用元字符的理解,下面列举说明。

\d 与\D 匹配的示例代码如下:

```
# chapter6\6 - 1\6 - 1 - 20. ipynb
import re                                    # 导入正则表达式库
print(re.findall(r'\d','python\r16_8\n 好学'))    # 匹配数字
print(re.findall(r'\D','python\r16_8\n 好学'))    # 匹配非数字
```

运行结果如下:

```
['1', '6', '8']
['p', 'y', 't', 'h', 'o', 'n', '\r', '_', '\n', '好', '学']
```

\w 与\W 匹配的示例代码如下:

```
# chapter6\6 - 1\6 - 1 - 21. ipynb
import re                                    # 导入正则表达式库
print(re.findall(r'\w','python\r16_8\n 好学'))    # 匹配数字、下画线和大小写字母,
                                             # 包含 Unicode 字符
print(re.findall(r'\W','python\r16_8\n 好学'))    # 匹配与上面相反
print(re.findall(r'\w','python\r16_8\n 好学',re.A))  # 匹配数字、下画线和大小写字母,
                                             # 不含 Unicode 字符
print(re.findall(r'\W','python\r16_8\n 好学',re.A))  # 匹配与上面相反
```

运行结果如下:

```
['p', 'y', 't', 'h', 'o', 'n', '1', '6', '_', '8', '好', '学']
['\r', '\n']
['p', 'y', 't', 'h', 'o', 'n', '1', '6', '_', '8']
['\r', '\n', '好', '学']
```

\s 与\S 匹配的示例代码如下:

```
# chapter6\6 - 1\6 - 1 - 22. ipynb
import re                                    # 导入正则表达式库
print(re.findall(r'\s','python168 \t\n\r\f\v 好学_'))    # 匹配任何 Unicode 空白字符
print(re.findall(r'\S','python168 \t\n\r\f\v 好学_'))    # 匹配与上面相反
```

运行结果如下：

```
[' ', '\t', '\n', '\r', '\x0c', '\x0b']
['p', 'y', 't', 'h', 'o', 'n', '1', '6', '8', '好', '学', '_']
```

.（点）匹配的示例代码如下：

```
#chapter6\6-1\6-1-23.ipynb
import re                                           #导入正则表达式库
print(re.findall(r'.','python\r168\n 好学_'))       #匹配除换行符之外的所有字符
print(re.findall(r'.','python\r168\n 好学_',re.S))  #匹配包括换行符的所有字符
```

运行结果如下：

```
['p', 'y', 't', 'h', 'o', 'n', '\r', '1', '6', '8', '好', '学', '_']
['p', 'y', 't', 'h', 'o', 'n', '\r', '1', '6', '8', '\n', '好', '学', '_']
```

2．字符组

字符组表示的字符个数为 1。字符组在一对中括号（[…]）中存放单个或多个需要匹配的字符，也可以指定一段字符范围，字符之间为或的逻辑关系。一些常用的字符组表示方式见表 6-3。

表 6-3　字符组常见的匹配方式

字符组常见的匹配方式	注　释
[0-9]	匹配所有数字
[a-z]	匹配所有小写字母
[A-Z]	匹配所有大写字母
[a-zA-Z]	匹配所有大、小写字母
[一-颥]或[\u4e00-\u9fa5]	匹配所有汉字
[\d\w]	匹配存放在字符组中的元字符
[^…]	字符组中的非匹配，如[^一-颥]表示匹配汉字以外的所有字符
|	逻辑或匹配，如 a|d|n，表示只匹配这 3 个字母，"|"之间不仅可以是单字符，还可以是表达式

注意：表 6-3 中的"|"（竖线）不放在字符组中才具有逻辑或的作用，放在字符组中则只表示普通的竖线。

数字在字符组中的常见匹配方式，示例代码如下：

```
#chapter6\6-1\6-1-24.ipynb
import re                                #导入正则表达式库
txt = '9527-1688-201314'                 #被匹配的字符串
print(re.findall(r'[13579]',txt))        #匹配数字 1、3、5、7、9
print(re.findall(r'[2-69]',txt))         #匹配数字 2～6,或者 9
```

运行结果如下：

```
['9', '5', '7', '1', '1', '3', '1']
['9', '5', '2', '6', '2', '3', '4']
```

字母在字符组中的常见匹配方式,示例代码如下:

```
#chapter6\6-1\6-1-25.ipynb
import re                                        #导入正则表达式库
txt = 'AaBbCcDdEeFfGgHhIiJjKkLlMmNnOoPpQqRrSsTtUuvVwWXxYyZz'  #被匹配的字符串
print(re.findall(r'[aNd]',txt))                  #匹配字母 a、N、D
print(re.findall(r'[b-fJ-NZ]',txt))              #匹配字母 b～f、J～N 或者 Z
```

运行结果如下:

```
['a', 'd', 'N']
['b', 'c', 'd', 'e', 'f', 'J', 'K', 'L', 'M', 'N', 'Z']
```

汉字、元字符在字符组中的常见匹配方式,示例代码如下:

```
#chapter6\6-1\6-1-26.ipynb
import re                                        #导入正则表达式库
txt = 'Pandas 非常好学, 很 6,good!'               #被匹配的字符串
print(re.findall(r'[一-颥]',txt))                 #匹配所有汉字
print(re.findall(r'[^一-颥]',txt))                #匹配所有非汉字
print(re.findall(r'[\da-z]',txt))                #匹配所有数字或者所有小写字母
```

运行结果如下:

```
['非', '常', '好', '学', '很']
['P', 'a', 'n', 'd', 'a', 's', ',', '6', ',', 'g', 'o', 'o', 'd', '!']
['a', 'n', 'd', 'a', 's', '6', 'g', 'o', 'o', 'd']
```

"|"(逻辑或)在正则表达式中常见的匹配方式,示例代码如下:

```
#chapter6\6-1\6-1-27.ipynb
import re                                        #导入正则表达式库
txt = '100 分,good'                              #被匹配的字符串
print(re.findall(r'100|[a-z]',txt))              #匹配数字 100,或者小写字母
```

运行结果如下:

```
['100', 'g', 'o', 'o', 'd']
```

3. 长度匹配

长度匹配,也叫量词匹配。前面学习了常见的表示单个字符的元字符,但都只能表示一个字符,也就是说只能匹配一个字符的长度。只有学会长度匹配,才能把正则表达式的匹配展现出来,长度匹配的 6 种模式见表 6-4。

表 6-4　长度匹配的 6 种模式

匹 配 模 式	注　　释
{n}	只匹配 n 次,n 是一个非负整数
{n,}	至少匹配 n 次,n 是一个非负整数
{n,m}	最少匹配 n 次且最多匹配 m 次,m,n 均为非负整数,n 必须小于或等于 m
*	匹配前面的子表达式零次或多次,等价于{0,}
+	匹配前面的子表达式 1 次以上,等价于{1,}
?	匹配前面的子表达式零次或 1 次,等价于{0,1}

　　下面以匹配数字的长度为例,对各种长度匹配模式做进一步演示,首先使用“{}”方式做长度匹配,示例代码如下:

```
#chapter6\6-1\6-1-28.ipynb
import re                                    #导入正则表达式库
txt = '张三平 98 李四 9 王二 1220 麻子 100'        #被匹配的字符串
print(re.findall(r'\d{2}',txt))              #匹配 2 个数字
print(re.findall(r'\d{2,3}',txt))            #匹配 2~3 个数字
print(re.findall(r'\d{2,}',txt))             #匹配 2 个及以上数字
```

运行结果如下:

```
['98', '12', '20', '10']
['98', '122', '100']
['98', '1220', '100']
```

　　再演示一下“+”“ * ”“?”这 3 种长度匹配模式,示例代码如下:

```
#chapter6\6-1\6-1-29.ipynb
import re                                    #导入正则表达式库
txt = '张三平 98 李四 9 王二 1220 麻子 100'        #被匹配的字符串
print(re.findall(r'\d + ',txt))              #匹配 1 个及以上数字
print(re.findall(r'\d * ',txt))              #匹配 0 个及以上数字
print(re.findall(r'\d?',txt))                #匹配 0 到 1 个数字
```

运行结果如下:

```
['98', '9', '1220', '100']
['', '', '', '98', '', '', '9', '', '', '1220', '', '', '100', '']
['', '', '', '9', '8', '', '', '9', '', '1', '2', '2', '0', '', '', '1', '0', '0', '']
```

　　通过观察上面代码运行的结果会发现,长度匹配都会尽可能匹配更多,这是正则表达式默认的贪婪匹配模式,后面还会讲解到与之相反的懒惰匹配模式。

4. 边界匹配

　　正则表达式中的边界匹配指单词边界和首尾边界,边界匹配是匹配的位置。下面介绍一下单词边界和首尾边界的元字符,见表 6-5。

表 6-5　边界匹配元字符

边界匹配元字符	注　释
\b	匹配空字符串,但只在单词开始或结尾的位置
\B	匹配空字符串,但不能在单词的开头或者结尾
\A	指定匹配必须出现在字符串的开头(忽略 re.M 选项)
\Z	指定匹配必须出现在字符串的结尾(忽略 re.M 选项)
^	匹配字符串开始的位置。设置 re.M 后,支持多行
$	匹配字符串结尾的位置。设置 re.M 后,支持多行

关于边界匹配演示,示例代码如下:

```
#chapter6\6 - 1\6 - 1 - 30. ipynb
import re                                   #导入正则表达式库
txt = 'who am i,我是谁?\n 小张\t 小王\n99\t10'   #被匹配的字符串
print(re.findall(r'\b\w + \b',txt,re.A))    #单词边界匹配
print(re.findall(r'\B\w + \B',txt))         #非单词边界匹配
print(re.findall(r'\A. + \Z',txt,re.S))     #字符串起止匹配
print(re.findall(r'^. + $ ',txt,re.M))      #字符串起止匹配
```

运行结果如下:

```
['who', 'am', 'i', '我是谁', '小张', '小王', '99', '10']
['h', '是']
['who am i,我是谁?\n 小张\t 小王\n99\t10']
['who am i,我是谁?', '小张\t 小王', '99\t10']
```

代码 re.findall(r'\b\w+\b',txt)用于匹配单词边界,如果希望单词只包括字母和数字,则可以在 flags 参数中设置匹配模式,设置为 re.findall(r'\b\w+\b',txt,re.A)即可。

\A\Z 和^ $ 是两对都可以匹配字符串首尾的元字符,^ $ 支持匹配多行的首尾,而\A\Z 不支持。

5. 分组匹配

分组就是将正则表达式字符串中被括号引用的部分作为整体。匹配完成后,分组的内容可以被获取,之后可以用\number 转义序列进行再次匹配。在 Python 中,分组分为普通分组与命名分组。

1) 普通分组

以 findall()函数处理分组匹配结果为例,可以将所有分组内的数据获取到列表中,但不包括分组外的数据,示例代码如下:

```
#chapter6\6 - 1\6 - 1 - 31. ipynb
import re                                      #导入正则表达式库
txt = r'Python98 - Pandas99 - numpy100'        #被匹配的字符串
print(re.findall(r'([A - Za - z] + )(\d + ) - ?',txt))  #正则表达式中的分组匹配
```

运行结果如下:

```
[('Python', '98'), ('Pandas', '99'), ('NumPy', '100')]
```

如果有多个分组,但只需获取某个分组中的数据,则可以使用 finditer()。匹配结果为 re.Match 对象,为了在获取数据时更方便,则可以使用 re.Match 对象的 group()函数或者切片方式完成对分组数据的提取,示例代码如下:

```
#chapter6\6-1\6-1-32.ipynb
import re                                              #导入正则表达式库
txt = r'Python98 - Pandas99 - NumPy100'
matchs = re.finditer(r'([A-Za-z]+)(\d+)-?',txt)       #正则表达式中的分组匹配
for m in matchs:
    print(m)                                           #返回匹配成功后的 re.Match 对象
    print(m.group(0),m.group(1),m.group(2))            #对 re.Match 对象中的分组数据使用
                                                       #group 方法提取
    print(m[0],m[1],m[2])              #对 re.Match 对象中的分组数据使用切片方式提取
    print('--------------- ')
```

运行结果如下:

```
<re.Match object; span=(0, 9), match='Python98-'>
Python98- Python 98
Python98- Python 98
---------------
<re.Match object; span=(9, 18), match='Pandas99-'>
Pandas99- Pandas 99
Pandas99- Pandas 99
---------------
<re.Match object:span=(18,26),match='NumPy100'>
NumPy100   NumPy 100
NumPy100   NumPy 100
```

解析一下上面的代码,m 变量是从 matchs 迭代器中循环出来的 re.Match 对象,m.group(0)或者 m.group()表示获取正则表达式匹配成功的所有数据,包括分组外的数据,m.group(1)表示第 1 个分组中的数据,m.group(2)表示第 2 个分组中的数据,以此类推。还可以使用切片的方式提取数据,这种表示方法更为简洁。m[0]与 m.group(0)的作用相同,m[1]与 m.group(1)的作用相同,以此类推。

2) 命名分组

命名分组是 Python 正则表达式中一种特殊的分组方式,它可以给分组设置名称,从而在引用、获取分组数据时可以不用序号表示,而用名称来表示。命名分组很有用,因为它允许你使用容易记忆的名称。

分组命名格式为在分组的左括号后面加?P<名称>,注意字母 P 是大写的,后面是用正常的正则表达式字符串编写的,示例代码如下:

```
#chapter6\6-1\6-1-33.ipynb
import re                                              #导入正则表达式库
txt = r'Python98 - Pandas99 - NumPy100'                #被匹配的字符串
```

```
print(re.findall(r'(?P<name>[A-Za-z]+)(?P<score>\d+)-?',txt))
                                      #正则表达式中的命名分组匹配
```

运行结果如下：

```
[('Python', '98'), ('Pandas', '99')]
```

在上面的代码中,第 1 个分组的名称叫'name',第 2 个分组的名称叫'score',如果使用 findall()函数来执行匹配,则其运行结果与普通分组是一样的。如果返回的是 re.Match 对象,就可以用名称获取数据了,示例代码如下：

```
#chapter6\6-1\6-1-34.ipynb
import re                                #导入正则表达式库
txt = r'Python98-Pandas99-NumPy100'
matchs = re.finditer(r'(?P<name>[A-Za-z]+)(?P<score>\d+)-?',txt)
                                         #正则表达式中的命名分组匹配
for m in matchs:
    print(m)                             #返回匹配成功后的 re.Match 对象
    print(m.group('name'),m.group('score')) #对 re.Match 对象中的分组数据使用 group 方法提取
    print(m['name'],m['score'])          #对 re.Match 对象中的分组数据使用切片方式提取
    print('---------------')
```

运行结果如下：

```
<re.Match object; span=(0, 9), match='Python98-'>
Python 98
Python 98
---------------
<re.Match object; span=(9, 18), match='Pandas99-'>
Pandas 99
Pandas 99
---------------
<re.Match object:span=(18,26),match='NumPy100'>
NumPy100   NumPy 100
NumPy100   NumPy 100
```

根据代码的运行结果可以看出,无论使用 m.group()函数,还是使用切片方式,都可以使用分组的名称。当然,也可以使用分组序号的方式。

接下来,对获取分组中的数据做一个总结,见表 6-6。

表 6-6　获取分组数据的几种方式

表示方式	获取匹配成功的所有数据	获取指定分组中数据	备　　注
m.group	m.group(0)或者 m.group()	方法 1：m.group(n) 方法 2：m.group(name)	n 表示第几个分组的序号；name 表示分组的名称
m[…]	m[0]	方法 1：m[n] 方法 2：m[name]	

注意：如果希望一次性同时获取多个分组的数据,则可使用 m.group(n1,n2,…)或者 m.group(name1,name2,…)这两种方式,获取的数据存储在元组里。

3）分组引用

分组的优点很多，除上面讲解的在 re.Match 对象中获取分组数据的方法外，也可以在编写正则表达式字符串时再次引用，还可以在使用 sub()函数做替换时引用。

在遇到复杂的分组问题时，如何确定该分组是第几个分组呢？所以还需要了解分组序号的编排规则。一种通俗的确定方法是从正则表达式字符串的最左侧开始向右数左括号的个数，数到第几个左括号，就是第几个分组。接下来用一个比较复杂的正则表达式验证分组序号的确认规则，示例代码如下：

```
#chapter6\6-1\6-1-35.ipynb
import re                                          #导入正则表达式库
txt = 'tree/combined 010-12345'                    #被匹配的字符串
pat = r'(?P<n1>(?P<n2>[^/]*)(?P<n3>/.*)?)[\s]+(?P<n4>(?P<n5>\d{3})\-(?P<n6>
\d{3,8})$)'                                        #正则表达式字符串
m = list(re.finditer(pat,txt))[0]                  #匹配成功后获取的 re.Match 对象
print(m.group(1,2,3,4,5,6))                        #根据分组序号获取数据
print(m.group('n1','n2','n3','n4','n5','n6'))      #根据分组名称获取数据
```

运行结果如下：

```
('tree/combined', 'tree', '/combined', '010-12345', '010', '12345')
('tree/combined', 'tree', '/combined', '010-12345', '010', '12345')
```

分析一下上面代码，可以不用理解代码中正则表达式的含义，只需关注括号，为了方便后续在获取数据后做对比，从左到右将每个分组进行命名，命名规则为 n1、n2、n3、…最后在获取数据时，分别使用分组序号和分组名称两种方式。从运行结果会发现，两种方式的输出结果完全相同。

注意：如果正则表达式中有多个分组，但只需引用其中某个分组，则更好的解决方案是将要引用的分组做成命名分组。

了解清楚分组的顺序选择之后，接下来做一个在正则表达式中再次对分组引用的演示，示例代码如下：

```
#chapter6\6-1\6-1-36.ipynb
import re                                          #导入正则表达式库
txt = '我们欢欢喜喜地来到了公园,蹦蹦跳跳地玩耍着'     #被匹配的字符串
matchs = re.finditer(r'([一-龥])\1([一-龥])\2',txt)  #用序号引用分组
list(matchs)                                       #输出结果
```

运行结果如下：

```
[<re.Match object; span=(2, 6), match='欢欢喜喜'>,
<re.Match object; span=(13, 17), match='蹦蹦跳跳'>]
```

正则表达式中出现了\1 和\2，分别表示引用第 1 和第 2 个分组。'([一-龥])\1([一-龥])\2'表示匹配 4 个汉字，其中第 2 个汉字要与第 1 个汉字相同，第 4 个汉字要与第 3 个汉字相同，所以能匹配出由叠字组成的四字词组。

再做一个通过名称来引用分组的示例,示例代码如下:

```
#chapter6\6-1\6-1-37.ipynb
import re                                              #导入正则表达式库
txt = '先巴拉巴拉,再收敛收敛,就行了.'                      #被匹配的字符串
matchs = re.finditer(r'(?P<n>[一-颥]{2})(?P=n)',txt)    #用名称引用分组
list(matchs)                                           #输出结果
```

运行结果如下:

```
[<re.Match object; span = (1, 5), match = '巴拉巴拉'>,
 <re.Match object; span = (7, 11), match = '收敛收敛'>]
```

正则表达式中的(? P=n)表示引用名称为 n 的分组。'(? P<n>[一-颥]{2})(? P=n)' 表示匹配 4 个汉字,其中后面两个汉字要与前面两个汉字完全相同,所以能匹配出由叠词组成的四字词组。

除了可以在正则表达式中引用分组之外,也可以在替换函数中使用,示例代码如下:

```
#chapter6\6-1\6-1-38.ipynb
import re                                                      #导入正则表达式库
txt = '85 张三 100 李四 98 王二麻子 74 小曾'                      #被匹配的字符串
print(re.sub(r'(\d+)([一-颥]+)',r'\2\1、',txt))              #用序号引用分组(方法 1)
print(re.sub(r'(\d+)([一-颥]+)',r'\g<2>\g<1>、',txt))         #用序号引用分组(方法 2)
print(re.sub(r'(?P<fs>\d+)(?P<xm>[一-颥]+)',r'\g<xm>\g<fs>、',txt))
                                                               #用名称引用分组
```

运行结果如下:

```
张三 85、李四 100、王二麻子 98、小曾 74、
张三 85、李四 100、王二麻子 98、小曾 74、
张三 85、李四 100、王二麻子 98、小曾 74、
```

替换的目的是将数字与姓名调换位置,并且在每组数字和姓名之后添加顿号,代码中使用了 3 种替换方式。

(1) 第 1 种引用分组的方式为\1、\2、\3…。

(2) 第 2 种引用分组的方式为\g<1>、\g<2>、\g<3>…。

(3) 第 3 种引用分组的方式为\g<name1>、\g<name2>、\g<name>…。

通过观察会发现,\g<…>可以同时支持序号和名称两种表示方法。

6. 非捕获分组匹配

什么是非捕获分组匹配?就是具有分组匹配的功能,但并不对捕获到的分组内容进行存储。在分组左括号后面加上"?:"即可,表示为(?:…)。匹配在括号内的任何数据不会捕获存储,也不能被引用,示例代码如下:

```
#chapter6\6-1\6-1-39.ipynb
import re                                           #导入正则表达式库
txt = '北京 987 成都 101 上海 780 重庆 67'             #被匹配的字符串
print(re.findall(r'(?:成都|重庆)\d+',txt))          #非捕获分组匹配
print(re.findall(r'成都|重庆\d+',txt))              #无分组匹配
```

运行结果如下：

```
['成都 101', '重庆 67']
['成都', '重庆 67']
```

'(?:成都|重庆)\d+'表示匹配成都或重庆，并且在其后再匹配连续的数字，运行结果为['成都 101', '重庆 67']。如果不加分组'成都|重庆\d+'，则表示只匹配成都，或者匹配重庆及之后的连续数字，运行结果为['成都', '重庆 67']。

如果去除"?："，写法为'(成都|重庆)\d+'，运行结果也为['成都 101', '重庆 67']。虽然能完成匹配，但分组中的内容被捕获到，如果后续也不再需要引用分组中的内容，则可以在左括后面加上"?："，这样既完成了匹配任务，分组捕获的数据又不用占用内存。

7. 零宽断言

在使用正则表达式进行匹配时，不一定要匹配内容，也可以匹配指定的位置，匹配的位置从字符长度的角度来看是 0，所以也可以叫零宽断言(零宽度匹配)，也可称作环视或者预搜索。

零宽断言正如它的名字一样，是一种零宽度的匹配，匹配到的内容不会分组保存，最终匹配结果只是一个位置而已。匹配的内容只是给指定位置添加一个限定条件，用来规定此位置之前或者之后的字符必须满足限定条件，才能使正则表达式匹配成功。

零宽断言的 4 种匹配模式见表 6-7。

表 6-7 零宽断言的 4 种匹配模式

名　　称	表达式	注　　释	备　　注
零宽正向先行断言	(?=exp)	断言此位置后面匹配表达式 exp	
零宽负向先行断言	(?!exp)	断言此位置后面不匹配表达式 exp	
零宽正向后行断言	(?<=exp)	断言此位置前面匹配表达式 exp	后行断言不支持匹配不定长表达式
零宽负向后行断言	(?<!exp)	断言此位置前面不匹配表达式 exp	

根据 4 种零宽断言模式，分别演示 4 个对应的小示例，示例代码如下：

```
#chapter6\6-1\6-1-40.ipynb
import re                                      # 导入正则表达式库
txt = '张三 100,李四 85,王五 79,麻子 Job,小明'        # 被匹配的字符串
print(re.findall(r'[一-龥]+(?=\d+)',txt))        # 匹配汉字后面是数字的汉字字符串(零宽
                                               # 正向先行断言)

print(re.findall(r'[一-龥]+(?!\d+)',txt))        # 匹配汉字后面不是数字的汉字字符串(零
                                               # 宽负向先行断言)

print(re.findall(r'(?<=[一-龥])\d+',txt))        # 匹配数字前面是汉字的数字字符串(零宽
                                               # 正向后行断言)

print(re.findall(r'(?<![一-龥])\d+',txt))        # 匹配数字前面不是汉字的数字字符串(零
                                               # 宽负向后行断言)
```

运行结果如下：

```
['张三', '李四', '王五']
['张', '李', '王', '麻子', '小明']
['100', '85', '79']
['00', '5', '9']
```

注意：由于后行断言不支持匹配不定长表达式，也就是能做固定长度匹配，所以在'(?<=[一-顀])\d+'与'(?<![一-顀])\d+'两个正则表达式中，虽然字符组后面没有表示长度的表达式，但实际上我们知道字符组表示的固定长度为1。

8. 懒惰匹配

在对正则表达式进行长度匹配时，默认为贪婪模式，也就是尽可能匹配更多的数据，如果希望尽可能匹配更少的数据，则可以在量词后加问号(?)，这就是懒惰模式。懒惰匹配模式的5种写法见表6-8。

表6-8 懒惰匹配模式的5种写法

懒惰匹配写法	注 释
*?	重复任意次，但尽可能少重复
+?	重复1次或更多次，但尽可能少重复
??	重复0次或1次，但尽可能少重复
{n,m}?	重复 $n\sim m$ 次，但尽可能少重复
{n,}?	重复 n 次以上，但尽可能少重复

接下来做一个贪婪匹配与懒惰匹配的对比演示，示例代码如下：

```
# chapter6\6-1\6-1-41.ipynb
import re                              # 导入正则表达式库
txt = '1.张三2.李四3.王二麻子4.小小曽5'   # 被匹配的字符串
print(re.findall(r'.+(?=\d)',txt))      # 贪婪匹配模式
print(re.findall(r'.+?(?=\d)',txt))     # 懒惰匹配模式
```

运行结果如下：

```
['1.张三2.李四3.王二麻子4.小小曽']
['1.张三', '2.李四', '3.王二麻子', '4.小小曽']
```

正则表达式匹配的目的是提取'1.张三2.李四3.王二麻子4.小小曽5'该字符串每个人的数据，结果为['1.张三', '2.李四', '3.王二麻子', '4.小小曽']。

先看第1个正则表达式'.+(?=\d)'，表示获取1个及以上的任意字符，其后必须匹配数字。由于是贪婪匹配模式，所以'.+'匹配的字符串是'1.张三2.李四3.王二麻子4.小小曽'，(?=\d)匹配的是'5'，由于是零宽断言，所以只匹配位置，不获取值，最后匹配到的数据就是['1.张三2.李四3.王二麻子4.小小曽']。

再看第2个正则表达式'.+?(?=\d)'，由于在'.+'后面添加了'?'，所以是懒惰匹配模式，以匹配第1个'1.张三'为例，'.+?'匹配的是'1.张三'，'(?=\d)'匹配的是'2'这个数字的位置，所以匹配成功第1条，然后从'2'开始继续往后匹配，最后匹配结束后得到的数据为['1.张三', '2.李四', '3.王二麻子', '4.小小曽']。

9. re.Match 对象

可以返回 re.Match 对象的函数有 match()、fullmatch()、search() 及 finditer() 这4个。除了可以在 re.Match 对象中获取匹配成功的数据之外，还可以获取更多有价值的信息，re.Match 对象中常用的方法和属性见表6-9。

表 6-9　re. Match 对象常用方法和属性

方法或属性	注　　释
string	被匹配的字符串
re	正则表达式对象
lastgroup	返回最后一个分组的组名字,如果没有产生匹配,则返回值为 None
lastindex	捕获组的最后分组索引值,相当于计算分组的组数,如果没有分组,则返回值为 None
endpos	定位被匹配字符串的结束位置,可看作字符串长度
pos	定位被匹配字符串的起始位置,默认值为 0,用户如果重新指定起点位置,该属性则会随之改变
span([group])	返回匹配成功的字符串位置,返回一个二元组(起始,终止),span()和 span(0)表示整个匹配的起止位置。也可返回指定分组的起止位置,如 span(2)表示返回第 2 个分组的起止位置
start([group]) end([group])	返回匹配成功字符串的起始和结束位置,相当于对 span 的拆分,表示方式与 span 相同
group([group1, ...])	返回匹配成功的所有字符串,如有分组,也可以返回指定分组中的内容。如 group()和 group(0)表示返回全部,group(1,2)表示返回第 1 和第 2 个分组的内容。如果有命名分组,也可以用 group('name1', 'name2')方法表示
groups(default=None)	返回一个元组,包含所有匹配的子组。如果有分组没有参与匹配,则默认返回值为 None
groupdict(default=None)	返回一个字典,只包含所有的命名分组,key 就是分组名称。如果分组没有参与匹配,则默认返回值为 None
__getitem__(g)	该方法与 group 表示方式相同,但不能同时返回多个分组数据,与之前讲解的 re. match[索引]用法相同
expand(template)	将匹配到的分组数据代入 template 中,然后返回。相当于对分组中的数据格式化。template 中可以用\id 和\g 引用分组,但建议使用\g 方式

至此,关于正则表达式的相关知识介绍完毕,在后续的章节中,可能会经常使用到正则表达式技术,读者可以在更多的应用环境中感受到正则表达式的强大威力。

6.2　拆分

Excel 中最直接的拆分工具是分列。在 Pandas 中使用的是 s. str. split()函数,该函数不但能做常规的拆分处理,还支持与正则表达式结合起来做拆分。拆分结果可以为 Series 和 DataFrame 两种数据结构。该函数的参数说明如下:

s. str. split(pat=None, n=−1, expand=False)

pat:可选参数,拆分时的分隔符,可以是普通字符串或正则表达式。如果未指定,则按空格拆分。

n:可选参数,设置拆分次数,None、0、−1 都表示全部拆分。

expand:可选参数,是否将拆分的字符串展开为单独的列。如果值为 True,则返回 DataFrame 表格;如果值为 False,则返回包含字符串列表的 Series 数据。

注意：在 split() 函数前面的 str 是字符串访问器，表示将 str 前面的 Series 视为文本类型。如果不是文本类型，则 str 后面的函数将不能正常处理数据。

6.2.1 普通拆分

如果被拆分的字符串中分隔符是固定符号，则可以直接指定，示例代码如下：

```
#chapter6\6-2\6-2-1.ipynb
import pandas as pd                                         #导入 Pandas 库，并命名为 pd
s = pd.Series(['Lucass-95-99','Lily-120','Bob-150-87'])    #被拆分的 Series 数据
s.str.split('-')                                            #用普通字符拆分
```

运行结果如下：

```
0    [Lucass, 95, 99]
1    [Lily, 120]
2    [Bob, 150, 87]
dtype: object
```

6.2.2 正则拆分

在拆分字符串时，如果分隔符不是固定符号则无法拆分，此时可以使用正则表达式字符串表示出来，示例代码如下：

```
#chapter6\6-2\6-2-2.ipynb
import pandas as pd                            #导入 Pandas 库，并命名为 pd
s = pd.Series(['Lucass95','Lily120','Bob9'])   #被拆分的 Series 数据
s.str.split('(?<=\D)(?=\d)')                    #用正则表达式字符串拆分
```

运行结果如下：

```
0    [Lucass, 95]
1    [Lily, 120]
2    [Bob, 9]
dtype: object
```

解释一下正则表达式字符串 (?<=\D)(?=\d)，(?<=\D) 表示定位前面是非数字，(?=\d) 表示后面是数字的位置，在这个位置执行拆分即可。

6.2.3 拆分次数

在做拆分时，如果要指定拆分次数，则可以在 s.str.split() 函数的第 2 参数中指定，示例代码如下：

```
#chapter6\6-2\6-2-3.ipynb
import pandas as pd                                         #导入 Pandas 库，并命名为 pd
s = pd.Series(['Lucass-95-99','Lily-120','Bob-150-87'])    #被拆分的 Series 数据
s.str.split('-',1)                                          #指定拆分次数
```

运行结果如下：

```
0    [Lucass, 95 – 99]
1    [Lily, 120]
2    [Bob, 150 – 87]
dtype: object
```

6.2.4 拆为表格

s.str.split()函数的 expand 参数的默认值为 False，表示拆分结果存储在 Series 数据结构中。如果设置为 True，则表示将字符串拆分为 DataFrame 数据结构，示例代码如下：

```
# chapter6\6 – 2\6 – 2 – 4. ipynb
import pandas as pd                                          # 导入 Pandas 库，并命名为 pd
s = pd. Series(['Lucass – 95 – 99','Lily – 120','Bob – 150 – 87'])   # 被拆分的 Series 数据
s. str. split(' – ', expand = True)                          # 将字符串拆分为 DataFrame 表格
```

运行结果如下：

	0	1	2
0	Lucass	95	99
1	Lily	120	None
2	Bob	150	87

6.2.5 实例应用

如图 6-1(a)所示为原表格，要求将分数列的数字执行拆分后再求和，并将结果添加到总分新列，示例代码如下：

```
# chapter6\6 – 2\6 – 2 – 5. ipynb
import pandas as pd, numpy as np                           # 导入 Pandas 库和 NumPy 库，并命名为 pd 和 np
df = pd. read_excel('6 – 2 – 5. xlsx','名单表')            # 读取 Excel 中的名单表数据
df['总分'] = df. 分数. str. split(r'、'). map(lambda
l : np. array(l, dtype = 'int'). sum())                    # 按顿号拆分数字并求和
df                                                          # 返回 df 表数据
```

运行结果如图 6-1(b)所示。

(a)原表格   (b)处理后的表格

图 6-1 拆分实例应用

分析一下关键代码，df.分数.str.split(r'、').map(lambda l：np.array(l,dtype＝int).sum())，首先使用 split(r'、')对分数列拆分，结果是列表组成的 Series 数据，再使用 map (lambda l:np. array(l,dtype＝int)将 Series 中的每个列表转换为数组,并且将数据类型设置为整数类型,最后用 sum()对数组执行求和操作,将求和结果写入总分列即可。

注意:使用 Series. str 下的函数的处理结果均为文本类型,所以 str. split()函数拆分出来的数据即使显示为数字,其类型也是文本型数字。如果要做数学统计,则需要转换为标准的数字类型。

6.3　提取

在 Excel 中,要执行提取操作,可以使用快速填充功能,也可以使用一些提取函数。在 Pandas 中使用 s. str. extract()、s. str. extractall()这两个函数来完成各种提取操作,并且也支持正则表达式技术。

6.3.1　将数据提取到列方向

在 Pandas 中,可使用 s. str. extract()函数,执行数据的提取,该函数的参数说明如下。

s. str. extract(pat, flags＝0, expand＝True)

pat:分组的正则表达式模式。

flags:re 模块中的标志,有关详细信息,可参阅表 6-1。

expand:如果值为 True,则返回 DataFrame;如果值为 False,当只有 1 个分组时返回 Series,当有多个分组时返回 DataFrame。

在第 1 参数中,只提取正则表达式分组中的数据,返回结果为 DataFrame 表格,示例代码如下:

```
#chapter6\6－3\6－3－1.ipynb
import pandas as pd                              #导入 Pandas 库,并命名为 pd
s = pd.Series(['张三 100','Lucass78','Bob78'])   #被提取的 Series 数据
s.str.extract('(\D＋)\d＋')                       #分组将数据提取到列方向
```

运行结果如下:

	0
0	张三
1	Lucass
2	Bob

根据运行结果会发现,正则表达式'(\D＋)\d＋'中的(\D＋)表示有分组,所以提取到对应的非数字内容;\d＋表示没有分组,所以没有任何内容被提取出来,读者可以尝试将其添加到分组中。

同样,还发现提取出来的数据会形成 DataFrame 表格,而对应的列索引是自然序号。如果用户希望在提取数据时能自定义列索引标签,则可以使用命名分组,示例代码如下:

```
#chapter6\6－3\6－3－2.ipynb
import pandas as pd                                      #导入 Pandas 库,并命名为 pd
s = pd.Series(['张三 100','Lucass78','Bob78'])           #被提取的 Series 数据
s.str.extract('(?P<姓名>\D＋)(?P<分数>\d＋)')             #命名分组将数据提取到列方向
```

运行结果如下：

	姓名	分数
0	张三	100
1	Lucass	78
2	Bob	78

6.3.2 将数据提取到行方向

s. str. extract()函数提取的数据是向列方向扩展的,如果希望提取的数据向行方向扩展,则可以使用 s. str. extractall()函数,该函数参数说明如下。

s. str. extractall(pat, flags=0)

pat：捕获分组的正则表达式模式。

flags：re 模块中的标志,有关详细信息,可参阅表 6-1。

首先使用普通分组模式提取数据,示例代码如下：

```
#chapter6\6-3\6-3-3.ipynb
import pandas as pd                                      #导入 Pandas 库,并命名为 pd
s = pd.Series(['张三 100 李四 88','Lucass78Frank111','Bob78'])  #被提取的 Series 数据
s.str.extractall('(\D+)(\d+)')                          #普通分组将数据提取到行方向
```

运行结果如下：

		0	1
	match		
0	0	张三	100
	1	李四	88
1	0	Lucass	78
	1	Frank	111
2	0	Bob	78

再使用命名分组模式提取数据,示例代码如下：

```
#chapter6\6-3\6-3-4.ipynb
import pandas as pd                                      #导入 Pandas 库,并命名为 pd
s = pd.Series(['张三 100 李四 88','Lucass78Frank111','Bob78'])  #被提取的 Series 数据
s.str.extractall('(?P<姓名>\D+)(?P<分数>\d+)')          #命名分组将数据提取到行方向
```

运行结果如下：

		姓名	分数
	match		
0	0	张三	100
	1	李四	88
1	0	Lucass	78
	1	Frank	111
2	0	Bob	78

注意：s.str.extract()函数提取出来的数据在往行方向扩展时，形成的也是DataFrame表格，并且行索引是分层索引。第8章会讲解关于分层索引的技术细节。

6.3.3　实例应用

1．提取数据向列方向扩展案例

如图6-2(a)所示为原表格，将数据列的金额提取到新列，示例代码如下：

```
#chapter6\6-3\6-3-5.ipynb
import pandas as pd                              #导入Pandas库，并命名为pd
df = pd.read_excel('6-3-5.xlsx','采购表')        #读取Excel中的采购表数据
df['金额'] = df['数据'].str.extract(r'(\d+)元')  #将金额提取到新列
df                                               #返回df表数据
```

运行结果如图6-2(b)所示。

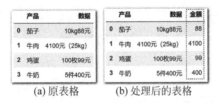

(a) 原表格　　　(b) 处理后的表格

图6-2　将数据列的金额提取到新列

2．提取数据向行方向扩展案例

如图6-3(a)所示为原表格，注意原表格的行索引不再是序号，而是组别下的组名。现在要求提取名单列的姓名与分数信息，放置在行方向，示例代码如下：

```
#chapter6\6-3\6-3-6.ipynb
import pandas as pd                                              #导入Pandas库，命名为pd
df = pd.read_excel('6-3-6.xlsx','获奖表',index_col=0)           #读取Excel中的获奖表数据
df.名单.str.extractall(r'(?P<姓名>[一-頋]+)(?P<分数>\d+)')     #将每组的姓名和分数
                                                                #提取到新表
```

运行结果如图6-3(b)所示。

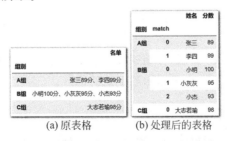

(a) 原表格　　　(b) 处理后的表格

图6-3　提取名单列数据并扩展到行方向

6.4　查找

在 Excel 中执行查找功能,可使用查找工具,也可以使用 FIND()、SEARCH()等查找函数。在 Pandas 中也提供了相关的多个查找函数,并且有的函数也支持正则表达式技术。

6.4.1　查找位置

当需要查找子字符串在另一个字符串中的位置时,可以使用 s.str.find()函数或者 s.str.index()函数,这两个函数的语法结构也相同,它们的区别在于查找不到值时的返回值,index()函数会抛出异常,而 find()函数会返回-1。这两个函数的参数说明如下。

s.str.find(sub, start=0, end=None)

s.str.index(sub, start=0, end=None)

sub:正在查找的子字符串。

start:查找的起始索引位置。

end:查找的结束索引位置。

演示一下这两个函数的使用方法,示例代码如下:

```
#chapter6\6-4\6-4-1.ipynb
import pandas as pd                           #导入 Pandas 库,并命名为 pd
s = pd.Series(['张三 100 李四 89','Lucass78 黄飞 96 梁立 78','Bob78Lily99'])
                                              #被查找的 Series 数据
print(s.str.index('8'))                       #查找第 1 个满足条件的位置
print(s.str.find('100'))                      #查找第 1 个满足条件的位置
```

运行结果如下:

```
#s.str.index 查找结果如下所示
0    7
1    7
2    4
dtype: int64

#s.str.find 查找结果如下所示
0    2
1    -1
2    -1
dtype: int64
```

运行结果返回的是 Series 数据,存储查找到的子字符串的第 1 个位置,也就是说如果查找到子字符串有多处满足条件,也只返回第 1 处的位置。

6.4.2　查找判断

判断 Series 数据中是否有指定的字符串,如果条件成立,则返回值为 True,否则返回值为 False。可以做类似判断的函数有 s.str.startswith()、s.str.endswith()、s.str.contains()及

s. str. match()这几种。

判断以指定字符串开头的是 s. str. startswith()函数；判断以指定字符串结尾的是 s. str. endswith()函数。它们均不支持正则表达式。由于这两个函数的结构相同，所以将参数说明写在一起，该函数的参数说明如下。

s. str. startswith(pat，na＝None)

s. str. endswith(pat，na＝None)

pat：字符串，不接收正则表达式。

na：缺失值的处理，

判断是否包含指定字符串可以使用 s. str. contains()函数，该函数区分大小写，支持正则表达式，该函数的参数说明如下。

s. str. contains(pat，case＝True，flags＝0，na＝None，regex＝True)

pat：字符串或正则表达式字符串。

case：如果值为 True，则区分大小写；如果值为 False，则不区分大小写。

flags：re 模块中的标志，有关详细信息，可参阅表 6-1。

na：缺失值的处理，

regex：是否将 pat 参数视为正则表达式，True 视为正则表达式，False 视为普通字符串。

在查找字符串时，要判断是否从开头查找，可用 s. str. match()函数，相当于 s. str. startswith()函数。s. str. match()函数支持正则表达式，该函数的参数说明如下。

s. str. match(pat，case＝True，flags＝0，na＝None)

pat：字符串或正则表达式。

case：如果值为 True，则区分大小写；如果值为 False，则不区分大小写。

flags：re 模块中的标志，有关详细信息，可参阅表 6-1。

na：缺失值的处理。

下面分别对 s. str. startswith()、s. str. endswith()、s. str. contains()及 s. str. match()这 4 个函数做示例演示，示例代码如下：

```
#chapter6\6-4\6-4-2.ipynb
import pandas as pd                          #导入 Pandas 库,并命名为 pd
s = pd.Series(['abc123','123abc45','123abc'])  #被查找的 Series 数据
print(s.str.startswith('abc'))              #查找是否以指定字符串开头
print(s.str.endswith('abc',na='ss'))        #查找是否以指定字符串结尾
print(s.str.contains('\d$',na=22))          #查找是否包含指定字符串(支持正则表达式)
print(s.str.match('^\d'))                   #查找是否以指定字符串开头(支持正则表达式)
```

运行结果如下：

```
#查找是否以指定字符串开头的结果如下所示
0    True
1    False
2    False
dtype: bool
```

```
#查找是否以指定字符串结尾的结果如下所示
0    False
1    False
2    True
dtype: bool

#查找是否包含指定字符串(支持正则表达式)的结果如下所示
0    True
1    True
2    False
dtype: bool

#查找是否以指定字符串开头(支持正则表达式)的结果如下所示
0    False
1    True
2    True
dtype: bool
```

6.4.3 查找数据

如果对查找的字符串既不提取位置,也不判断是否存在,而是需要提取查找成功的字符串,则可使用 s. str. findall()函数,该函数的用法与正则表达式中的 re. findall()函数相同,不同点在于 s. str. findall()函数是针对 Series 中的字符串做匹配,该函数的参数说明如下。

s. str. findall(pat,flags=0)

pat:查找的字符串或者正则表达式。

flags:re 模块中的标志,有关详细信息,可参阅表 6-1。

下面做一个关于 s. str. findall()函数的示例演示,示例代码如下:

```
#chapter6\6-4\6-4-3.ipynb
import pandas as pd                          #导入 Pandas 库,并命名为 pd
s = pd.Series(['0abc12','34de56f7','89ghij'])  #被查找的 Series 数据
s.str.findall(r'\d+')                        #查找指定数据(支持正则表达式),返回列表
```

运行结果如下:

```
0    [0, 12]
1    [34, 56, 7]
2    [89]
dtype: object
```

本节学习的查找函数比较多,为了便于读者对照学习,将这些函数总结到表 6-10 中。

表 6-10 查找函数及功能

函　　数	功　　能	是否支持正则表达式
s. str. find()	查找位置	否
s. str. index()	查找位置	否

续表

函　　数	功　　能	是否支持正则表达式
s. str. startswith()	查找判断	否
s. str. endswith()	查找判断	否
s. str. contains()	查找判断	是
s. str. match()	查找判断	是
s. str. findall()	查找数据	是

6.4.4　实例应用

如图 6-4(a)所示为原表格,如果每个人在每个月的分数至少有 1 科是 3 位数(大于或等于 100),在新增的达标列中返回'YES',否则返回'NO'。示例代码如下:

```
#chapter6\6 - 4\6 - 4 - 4. ipynb
import pandas as pd,numpy as np              #导入 Pandas 库和 NumPy 库,并命名为 pd 和 np
df = pd. read_excel('6 - 4 - 4. xlsx','成绩表')   #读取 Excel 中的成绩表数据
df['达标'] = df. iloc[:,1:]. apply(lambda s:'YES' if np. all(s. str. contains(r'\d{3,}')) else 'NO',
axis = 1)                                    #判断是否达标
df                                           #输出 df 表数据
```

运行结果如图 6-4(b)所示。

(a) 原表格　　　　　　(b) 处理后的表格

图 6-4　每个人 3 个月内是否有分数大于或等于 100

分析一下关键代码,df. iloc[:,1:]. apply(lambda s:'YES' if np. all(s. str. contains(r'\d{3,}')) else 'NO',axis=1),首先 s. str. contains(r'\d{3,}')用于判断每行是否有 3 位及以上的数字,返回结果是由布尔值组成的 Series 数据,然后用 np. all 对该 Series 数据做逻辑与判断,之后使用 if 三目运算。如果 np. all 返回的布尔值为 True,则是'YES',否则是'NO'。

再变换一下问题,如图 6-5(a)所示为原表格,将每个人 3 个月的所有分数求和,并将求和结果添加到新增的总分列,示例代码如下:

```
#chapter6\6 - 4\6 - 4 - 5. ipynb
import pandas as pd,numpy as np              #导入 Pandas 库和 NumPy 库,并命名为 pd 和 np
df = pd. read_excel('6 - 4 - 5. xlsx',sheet_name = '成绩表')  #读取 Excel 工作表数据
df['总分'] = df. iloc[:,1:]. apply(lambda s:np. array(s. str. findall(r'\d + '). sum(),dtype = int).
sum(),axis = 1)                              #将提取的分数进行求和
df                                           #输出 df 表数据
```

运行结果如图 6-5(b)所示。

	姓名	1月	2月	3月		姓名	1月	2月	3月	总分
0	张三	语89数120	语101数106	语103数99	0	张三	语89数120	语101数106	语103数99	618
1	李四	语106数123	语81数119	语98数99	1	李四	语106数123	语81数119	语98数99	626
2	王二	语104数121	语105数99	语93数101	2	王二	语104数121	语105数99	语93数101	623
3	麻子	语104数131	语107数131	语106数120	3	麻子	语104数131	语107数131	语106数120	699

(a)原表格　　　　　　　　　　(b)处理后的表格

图 6-5　总分统计的前后效果对比

分析一下关键代码,df.iloc[:,1:].apply(lambda s:np.array(s.str.findall(r'\d+').sum(),dtype=int).sum(),axis=1),首先 s.str.findall(r'\d+')用于提取每行的分数,以第 1 行的数据为例,提取的结果如下:

```
1月    [89, 120]
2月    [101, 106]
3月    [103, 99]
Name: 0, dtype: object
```

提取的分数存储在列表中,之后使用 sum()函数,此处的目的是将每行中的多个列表合并成一个列表,合并的结果如下:

```
['89', '120', '101', '106', '103', '99']
```

再在外侧使用 np.array 将列表转换为数组,其目的是将列表中的文本数字转换为整数,转换的结果如下:

```
array([ 89, 120, 101, 106, 103, 99])
```

最后在数组后使用 sum()函数将数组做求和运算,结果为 618。将求和结果写入总分即可。

6.5　替换

Excel 中提供了替换工具,也可以使用 REPLACE()、SUBSTITUTE()等查找函数。在 Pandas 中也提供了处理 Series 数据和 DataFrame 数据的 replace()函数,本节详细讲解该函数的使用方法。

6.5.1　Series 数据替换

在数据清洗时,经常需要对字符串做替换处理,其目的是将不规则的字符结构统一,使其标准化。Pandas 中的 s.str.replace()函数正是起到这样的作用,该函数的参数说明如下。

s.str.replace(pat, repl, n=−1, case=None, flags=0, regex=None)

pat:要查找的字符串或者正则表达式。

repl：替换字符串或可调用字符串（函数）。

n：要进行的替换数，默认全部替换。

case：是否区分大小写。

flags：re 模块中的标志，有关详细信息，可参阅表 6-1。

regex：是否设置为正则表达式模式，如果 pat 是已编译的 regex 或者 repl 是可调用的，则不能设置为 False。

下面演示一下 s.str.replace()函数常见的几种运用方法，示例代码如下：

```
#chapter6\6-5\6-5-1.ipynb
import pandas as pd,re                          #导入 Pandas 和 re 库,并将 Pandas 命名为 pd
s = pd.Series(['Lily~25/98', 'Bob/14~94','Lucass~21~100'])    #Series 数据
print(s.str.replace(r'~','/'))                  #普通查找替换
print(s.str.replace(r'[/~]','-'))               #有正则表达式的查找替换
print(s.str.replace(re.compile(r'[/~]'),'-'))   #预编译好的正则表达式查找替换
print(s.str.replace(r'[A-Za-z]+',lambda m:'('+m[0]+')'))   #替换值为函数
print(s.str.replace(r'([A-Za-z]+)',r'(\1)'))    #替换值有分组引用
```

运行结果如下：

```
#普通的查找替换运行结果如下
0    Lily/25/98
1    Bob/14/94
2    Lucass/21/100
dtype: object

#有正则表达式的查找替换运行结果如下
0    Lily-25-98
1    Bob-14-94
2    Lucass-21-100
dtype: object

#预编译好的正则表达式查找替换运行结果如下
0    Lily-25-98
1    Bob-14-94
2    Lucass-21-100
dtype: object

#替换值为函数的运行结果如下
0    (Lily)~25/98
1    (Bob)/14~94
2    (Lucass)~21~100
dtype: object

#替换值有分组引用的运行结果如下
0    (Lily)~25/98
1    (Bob)/14~94
2    (Lucass)~21~100
dtype: object
```

注意：当 pat 是已编译正则表达式时，所有的匹配标志（flags）都应包含在已编译正则表达式中。对已编译的正则表达式使用 case、flags 或 regex＝False 将引发错误。

6.5.2　DataFrame 表格替换

前面讲解的 s. str. replace()函数只能对 Series 中的数据执行替换。并且只能做一个查找替换。如果希望能在整个 DataFrame 表格中做替换，并且能同时做多个值的查找替换，则可以使用 df. replace()函数，该函数的参数说明如下。

df. replace（to_replace＝None，value＝None，inplace＝False，limit＝None，regex＝False，method＝'pad'）

to_replace：查找要替换的值。

value：替换与查找匹配的值。

inplace：就地修改，即在原始表修改。

limit：向前或向后填充的最大尺寸间隙。

regex：是否支持正则表达式，或者可以直接在此参数编写正则表达式。

method：替换方法。

上面介绍的是 df. replace()函数，是针对 DataFrame 表格的替换，还有一个 s. replace()函数是针对指定行或列的替换，其语法结构、应用方式与 df. replace()函数完全相同。

注意：s. replace()函数与 s. str. replace()函数是不同的两个函数，功能相似，但有些许区别。

1. 单值替换

单值替换是指精确查找值，然后替换为指定的值，下面以图 6-6
所示的数据为例，分别演示一下数值和字符的替换。

	姓名1	销量1	姓名2	销量2
0	张三	10	李四	65
1	李四	85	小明	100
2	王二	63	李四一	10

示例代码如下：

图 6-6　示例

```
# chapter6\6 - 5\6 - 5 - 2. ipynb
import pandas as pd                          # 导入 Pandas 库,并命名为 pd
df = pd. read_excel('6 - 5 - 2. xlsx','销量表')    # 读取 Excel 中的销量表数据
print(df. replace(10,100))                   # 数字替换
print(df. replace('李四','Lucass'))           # 字符替换
```

运行结果如下：

```
# 数值替换运行结果如下
     姓名1    销量1    姓名2    销量2
0    张三      100     李四      65
1    李四      85      小明      100
2    王二      63      李四一    100


# 字符替换运行结果如下
     姓名1    销量1    姓名2    销量2
0    张三      10      Lucass  65
1    Lucass  85      小明      100
2    王二      63      李四一    10
```

2. 列表替换

列表替换可将查找到的多个值替换为指定的单个值,也可以将查找到的多个值替换为对应的多个值(数据如图 6-6 所示),注意 to_replace 与 value 两个参数中的列表元素要一一对应,示例代码如下:

```
#chapter6\6-5\6-5-3.ipynb
import pandas as pd                                    #导入Pandas库,并命名为pd
df = pd.read_excel('6-5-3.xlsx','销量表')              #读取Excel中的销量表数据
print(df.replace(['李四','李四一'],'李无四'))            #查找多个值,替换为单个值
print(df.replace([10,'李四'],[100,'Lucass']))          #查找多个值,替换为多个值
```

运行结果如下:

```
#查找多个值,替换为单个值,运行结果如下
     姓名1    销量1     姓名2     销量2
0    张三      10       李无四      65
1    李无四    85       小明       100
2    王二      63       李无四      10

#查找多个值,替换为多个值,运行结果如下
     姓名1     销量1     姓名2     销量2
0    张三       100      Lucass    65
1    Lucass    85       小明       100
2    王二       63       李四一      100
```

3. 字典替换

字典的替换方式更为灵活,不但支持多值到多值的查找替换,还可以指定替换的列(数据如图 6-6 所示),示例代码如下:

```
#chapter6\6-5\6-5-4.ipynb
import pandas as pd                                          #导入Pandas库,并命名为pd
df = pd.read_excel('6-5-4.xlsx','销量表')                    #读取Excel中的销量表数据
print(df.replace({10:1000,'李四':'李四一'}))                #多值到多值的查找替换
print(df.replace({'姓名2':{'李四':'李小四','小明':'大明'}}))  #指定列,多值到多值的查找替换
print(df.replace({'销量1':10,'销量2':[10,100]},1000))       #指定列,多值到单值的查找替换
```

运行结果如下:

```
#多值到多值的查找替换,运行结果如下
     姓名1     销量1     姓名2     销量2
0    张三       1000     李四一      65
1    李四一      85       小明       100
2    王二       63       李四一      1000

#指定列,多值到多值的查找替换,运行结果如下
     姓名1     销量1     姓名2     销量2
0    张三       10       李小四      65
1    李四       85       大明       100
2    王二       63       李四一      10
```

```
#指定列,多值到标量值的查找替换,运行结果如下
     姓名1      销量1      姓名2      销量2
0    张三       1000      李四       65
1    李四       85        小明       1000
2    王二       63        李四一     1000
```

4. 正则替换

正则替换就是将正则表达式应用在数据替换中。在编写正则表达式时,可以写在 df.replace()函数的 to_replace 和 regex 这两个参数中。下面以图 6-7 所示的表格为例,演示一下正则表达式的单值替换,以及将正则表达式写在列表、字典中的替换应用。

	月份	语文	数学
0	8月	李四98	李四119
1	9月	王二85	王麻子136
2	10月	陈七101	小飞130

图 6-7　被替换的原表格

1) 单值正则替换

单值正则替换表示一个正则表达式替换一个对应的值。如图 6-7 所示,在姓名与数字之间添加分隔符,这看起来是插入操作,但实际上是由替换操作完成的,示例代码如下:

```
#chapter6\6-5\6-5-5.ipynb
import pandas as pd                        #导入 Pandas 库,并命名为 pd
df = pd.read_excel('6-5-5.xlsx','分数表')    #读取 Excel 中的分数表数据
df.replace(
    to_replace = r'(?<=\D)(\d+)',
    value = r'-\1',
    regex = True
)                                          #正则表达式替换(方法1)
df.replace(
    regex = r'(?<=\D)(\d+)',
    value = r'-\1'
)                                          #正则表达式替换(方法2)
```

运行结果如下:

```
     月份    语文       数学
0    8月    李四-98     李四-119
1    9月    王二-85     王麻子-136
2    10月   陈七-101    小飞-130
```

2) 列表正则替换

如果需要执行多个替换,可以将多个正则表达式写在列表中,也就是多个正则表达式匹配成功后替换的同一个值,如图 6-7 所示,在每个值的前面和后面分别加上'|',示例代码如下:

```
#chapter6\6-5\6-5-6.ipynb
import pandas as pd                        #导入 Pandas 库,并命名为 pd
```

```
df = pd.read_excel('6 - 5 - 6.xlsx','分数表')        #读取 Excel 中的分数表数据
df.replace(
    to_replace = [r'^',r'$'],
    value = '|',
    regex = True
)                                                    #多个匹配结果替换单值(方法1)
df.replace(
    regex = [r'^',r'$'],
    value = '|'
)                                                    #多个匹配结果替换单值(方法2)
```

运行结果如下：

	月份	语文	数学
0	|8 月|	|李四 98|	|李四 119|
1	|9 月|	|王二 85|	|王麻子 136|
2	|10 月|	|陈七 101|	|小飞 130|

另一种是多个正则表达式匹配成功后替换为对应的多个值,如图 6-7 所示,在每个值的前面添加'<',后面添加'>',示例代码如下：

```
#chapter6\6 - 5\6 - 5 - 7.ipynb
import pandas as pd                                  #导入 Pandas 库,并命名为 pd
df = pd.read_excel('6 - 5 - 7.xlsx','分数表')        #读取 Excel 中的分数表数据
df.replace(
    to_replace = [r'^',r'$'],
    value = ['<','>'],
    regex = True
)                                                    #多个匹配结果替换多个值(方法1)
df.replace(
    regex = [r'^',r'$'],
    value = ['<','>']
)                                                    #多个匹配结果替换多个值(方法2)
```

运行结果如下：

	月份	语文	数学
0	<8 月>	<李四 98 >	<李四 119 >
1	<9 月>	<王二 85 >	<王麻子 136 >
2	<10 月>	<陈七 101 >	<小飞 130 >

3）字典正则替换

可以将正则表达式写在字典中,如图 6-7 所示,同样,在每个值的前面添加'<',后面添加'>',示例代码如下：

```
#chapter6\6 - 5\6 - 5 - 8.ipynb
import pandas as pd                                  #导入 Pandas 库,并命名为 pd
df = pd.read_excel('6 - 5 - 8.xlsx','分数表')        #读取 Excel 中的分数表数据
```

```
df.replace(regex = {r'^':'<',r'$':r'>'})                    #多个匹配结果替换多个值
```

运行结果如下：

	月份	语文	数学
0	<8月>	<李四 98>	<李四 119>
1	<9月>	<王二 85>	<王麻子 136>
2	<10月>	<陈七 101>	<小飞 130>

实际上将正则表达式写在列表中比写在字典中更简洁，但字典中可以支持对指定列做正则替换，如图 6-7 所示。在月份列的前面添加'<'，在数学列的后面添加'>'，示例代码如下：

```
#chapter6\6-5\6-5-9.ipynb
import pandas as pd                                         #导入 Pandas 库,并命名为 pd
df = pd.read_excel('6-5-9.xlsx','分数表')                    #读取 Excel 中的分数表数据
df.replace(
    to_replace = {'月份':r'^','数学':r'$'},
    value = {'月份':'<','数学':'>'},
    regex = True
)                                                           #指定列,多个匹配结果替换多个值
```

运行结果如下：

	月份	语文	数学
0	<8月	李四 98	李四 119>
1	<9月	王二 85	王麻子 136>
2	<10月	陈七 101	小飞 130>

6.5.3 实例应用

如图 6-8(a)所示为原表格，将姓名列的编号统一为 3 位数，不足用 0 补齐，前缀为'NED'，并且将姓名与编号用横线分隔，示例代码如下：

```
#chapter6\6-5\6-5-10.ipynb
import pandas as pd                                         #导入 Pandas 库,并命名为 pd
df = pd.read_excel('6-5-10.xlsx','业绩表')                   #读取 Excel 中的业绩表数据
df.姓名 = df.姓名.str.replace(
    pat = r'\d+',
    repl = lambda m:'-NED'+'0' * (3 - len(m[0])) + m[0]
)                                                           #将姓名列的编号规范化
df                                                          #返回 df 表数据
```

运行结果如图 6-8(b)所示。

分析一下关键代码，df.姓名.str.replace(pat=r'\d+',repl=lambda m:'-NED'+'0' * (3-len(m[0]))+m[0])，pat=r'\d+'为查找的编号，m 是查找成功后返回的 re.Match 对象，其中'0' * (3-len(m[0]))是位数不够要补齐 0 的个数，然后在其前面连接'-NED'，

(a) 原表格   (b) 处理后的表格

图 6-8 str. replace()函数替换应用

在其后面连接原始编号 m[0]。

再演示一个关于 s. replace()函数与 df. replace()函数的应用案例,如图 6-9(a)所示为原表格,将月份列的月份数字规范为两位数,并且对语文和数学两列的数字加圆括号,示例代码如下:

```
#chapter6\6-5\6-5-11.ipynb
import pandas as pd                                    #导入 Pandas 库,并命名为 pd
df = pd. read_excel('6-5-11.xlsx',sheet_name = '分数表')  #读取 Excel 的分数表数据
df.月份.replace(
    to_replace = r'^(\d月)',
    value = r'0\1',
    regex = True,
    inplace = True
)                                                       #将月份格式转换为两位数
df.iloc[:,1:] = df.iloc[:,1:].replace(regex = {r'(?<=\D)(?=\d)':'(','$':')'})
                                                        #将数字加上括号
df                                                      #返回 df 表数据
```

运行结果如图 6-9(b)所示。

(a) 原表格   (b) 处理后的表格

图 6-9 s. replace()函数与 df. replace()函数替换应用

首先分析一下处理月份的关键代码,replace(to_replace = r'^(\d月)',value = r'0\1',regex = True,inplace = True),to_replace = r'^(\d月)',查找从开头匹配只有 1 位数的月,并且对查找的月份分组,value = r'0\1'表示替换方式为在分组前连接 0。

再分析一下处理语文和数学的关键代码,replace(regex = {r'(?<=\D)(?=\d)':'(','$':')'}),第 1 对替换'(?<=\D)(?=\d)':'('表示查找非数字和数字之间的位置,对应用替换为'('左括号;第 2 对替换'$':')'表示查找字符串的结束位置,对应替换为')'右括号。

6.6 长度

字符串长度计算在 Excel 中可使用 LEN()函数,在 Pandas 中可使用 s. str. len()函数,也可以使用 s. str. count()函数,因为 s. str. count()函数支持正则表达式,所以统计方式更为灵活,该函数的参数说明如下。

s. str. count(pat, flags＝0)

pat：有效的正则表达式。

flags：re 模块中的标志,有关详细信息,可参阅表 6-1。

下面演示一下关于 s. str. len() 与 s. str. count() 两个函数的应用方式,示例代码如下：

```
#chapter6\6-6\6-6-1.ipynb
import pandas as pd                      #导入 Pandas 库,并命名为 pd
s = pd.Series(['张三 100','李四 99'])      #Series 数据
print(s.str.len())                       #统计 Series 每个元素的字符个数
print(s.str.count(r'\d'))                #统计 Series 每个元素的数字个数
```

运行结果如下：

```
#统计 Series 每个元素的字符个数,运行结果如下
0    5
1    4
dtype: int64

#统计 Series 每个元素的数字个数,运行结果如下
0    3
1    2
dtype: int64
```

6.7　重复

s. repeat() 函数可以重复 Series 数据中的每个元素,s. str. repeat() 函数可以重复 Series 数据中每个元素的内容,这两个函数都只有 1 个参数,参数的用法也相同,但重复结果不同,这两个函数的参数说明如下。

s. repeat(repeats)

s. str. repeat(repeats)

repeats：输入重复的次数,可以是单个数值,也可以是能产生数值的序列,如果是序列,则其元素个数必须与被重复的 Series 元素的个数相同。

举例说明一下关于 s. repeat() 函数与 s. str. repeat() 函数的应用,示例代码如下：

```
#chapter6\6-7\6-7-1.ipynb
import pandas as pd                      #导入 Pandas 库,并命名为 pd
s = pd.Series(['你','过','来'])           #Series 数据
print(s.repeat(2))                       #重复 Series 元素
print(s.repeat([1,2,3]))                 #对 Series 元素分别做不同的重复次数
print(s.str.repeat(2))                   #重复 Series 元素的字符串
print(s.str.repeat([3,2,1]))             #对 Series 元素的字符串分别做不同的重复次数
print(s*2)                               #对重复 Series 元素的字符串
print(s*[3,2,1])                         #对 Series 元素的字符串分别做不同的重复次数
```

运行结果如下：

```
#重复 Series 元素,运行结果如下
0   你
0   你
1   过
1   过
2   来
2   来
dtype: object

#对 Series 元素分别做不同的重复次数,运行结果如下
0   你
1   过
1   过
2   来
2   来
2   来
dtype: object

#重复 Series 元素的字符串,运行结果如下
0   你你
1   过过
2   来来
dtype: object

#对 Series 元素的字符串分别做不同的重复次数,运行结果如下
0   你你你
1   过过
2   来
dtype: object

#重复 Series 元素的字符串,运行结果如下
0   你你
1   过过
2   来来
dtype: object

#对 Series 元素的字符串分别做不同的重复次数,运行结果如下
0   你你你
1   过过
2   来
dtype: object
```

注意：s. str. repeat( )函数也可以使用"＊"运算符来完成。s. str. repeat(2)可写作 s＊2，s. str. repeat([3,2,1])可写作 s＊[3,2,1]，这种方式更为直接简洁。

6.8 修剪

修剪空白字符在 Excel 中可使用 TRIM()函数,此函数将两侧的空白值删除,如果字符串中间有空白字符,则只保留 1 个。Pandas 中的修剪可以从字符串两侧、左侧和右侧删除指定的字符,有 3 个对应的修剪函数,这 3 个函数的参数说明如下。

s. str. strip(to_strip=None)表示从两侧修剪。

s. str. lstrip(to_strip=None)表示从左侧修剪。

s. str. rstrip(to_strip=None)表示从右侧修剪。

to_strip:指定要删除的字符,如果不指定,则默认删除空白字符。

下面演示一下这 3 种修剪方法,示例代码如下:

```
#chapter6\6-8\6-8-1.ipynb
import pandas as pd                               #导入Pandas库,并命名为pd
s = pd.Series(['张三 54','82 李四','91 周 007 发 63'])   #Series数据
print(s.str.strip('0123456789'))                 #删除两侧的所有数字
print(s.str.lstrip('0123456789'))                #删除左侧的所有数字
print(s.str.rstrip('0123456789'))                #删除右侧的所有数字
```

运行结果如下:

```
#删除两侧的所有数字,运行结果如下
0    张三
1    李四
2    周 007 发
dtype: object

#删除左侧的所有数字,运行结果如下
0    张三 54
1    李四
2    周 007 发 63
dtype: object

#删除右侧的所有数字,运行结果如下
0    张三
1    82 李四
2    91 周 007 发
dtype: object
```

6.9 填充

填充是指对有缺失的位置,按照指定的某种方式填充数据,让数据更规范化。在 Excel 的 Power Query 工具中也有类似的向上向下填充。不过 Pandas 中的填充功能的灵活性更强一些。下面讲解 DataFrame 和 Series 两种数据结构中缺失值的填充,以及字符串缺失时的填充。

6.9.1 元素填充

如果 DataFrame 表格中有缺失值,则可以指定数据去填充,也可以用与缺失值相邻的数据去填充,df. fillna()函数正是具备这种填充能力的函数,该函数的参数说明如下。

df. fillna(**value = None**, **method = None**, **axis = None**, **inplace = False**, **limit = None**, **downcast＝None**)

value:填充缺失值的数据,可以是标量值、Series、字典或者 DataFrame。

method:使用与缺失值相邻的数据填充。backfill、bfill 表示向上填充;pad、ffill 表示向下填充。

axis:缺失值填充方向(忽略)。

inplace:就地修改。

limit:填充缺失值时,连续向上或向下填充的最大数量。

downcast:把 item→dtype 的字典尝试向下转换为适当的相等类型的字符串。

1. 指定填充数据

对 DataFrame 表格中的缺失值,可以使用指定的数据填充,下面以如图 6-10 所示的数据作为原表格,分别使用标量值、Series、字典和 DataFrame 这 4 种数据类型填充。

	姓名	分数	状态
0	张三	98.0	通过
1	NaN	NaN	NaN
2	李四	NaN	NaN
3	NaN	58.0	未过
4	NaN	58.0	NaN
5	王二	NaN	NaN

图 6-10 被填充数据原表格(考核表 1)

1) 用标量值填充

使用标量值填充是对整个表格的所有缺失值填充,这种填充方式比较笼统,适合填充每列数据类型都相同的表格,以图 6-10 所示数据为例,将表格的缺失值填充为 0,示例代码如下:

```
#chapter6\6-9\6-9-1.ipynb
import pandas as pd                          #导入 Pandas 库,并命名为 pd
df = pd. read_excel('6-9-1.xlsx','考核表 1')    #读取 Excel 的考核表 1 数据
df.fillna(0)                                  #填充为标量值
```

运行结果如下:

	姓名	分数	状态
0	张三	98.0	通过
1	0	0.0	0
2	李四	0.0	0
3	0	58.0	未过
4	0	58.0	0
5	王二	0.0	0

从数据类型的角度考虑,姓名和状态两列是文本类型,显然不适合填为 0,不过这里只是起一个演示作用。

2) 用 Series 填充

对表格的不同列设置不同的填充数据,可以用 Series 数据填充,Series 数据的索引标签必须与表格的列名(列索引标签)对应,以图 6-10 所示数据为例,将姓名列填充为'无名氏',将分数列填充为 60,将状态列填充为'待定',示例代码如下:

```
#chapter6\6-9\6-9-2.ipynb
import pandas as pd                                    #导入 Pandas 库,并命名为 pd
df = pd.read_excel('6-9-2.xlsx','考核表1')             #读取 Excel 下的考核表 1 数据
df.fillna(pd.Series(['无名氏',60,'待定'],['姓名','分数','状态']))    #填充为 Series 数据
```

运行结果如下:

	姓名	分数	状态
0	张三	98.0	通过
1	无名氏	60.0	待定
2	李四	60.0	待定
3	无名氏	58.0	未过
4	无名氏	58.0	待定
5	王二	60.0	待定

3) 用字典填充

针对表格不同列设置不同的填充数据,除了使用 Series 数据之外,还可以使用字典,字典的键名必须与表格的列名(列索引标签)对应,以图 6-10 所示数据为例,将姓名列填充为'无名氏',将分数列填充为 60,将状态列填充为'待定',示例代码如下:

```
#chapter6\6-9\6-9-3.ipynb
import pandas as pd                                    #导入 Pandas 库,并命名为 pd
df = pd.read_excel('6-9-3.xlsx','考核表1')             #读取 Excel 下的考核表 1 数据
df.fillna({'姓名':'无名氏','分数':60,'状态':'待定'})   #填充为字典
```

运行结果如下:

	姓名	分数	状态
0	张三	98.0	通过
1	无名氏	60.0	待定
2	李四	60.0	待定
3	无名氏	58.0	未过
4	无名氏	58.0	待定
5	王二	60.0	待定

4) 用 DataFrame 填充

图 6-10 所示的数据有缺失值,现在使用另一个尺寸相同的 DataFrame 表格去填充数据,如图 6-11 所示。将新表格对应位置的值填充到原表格,原表格有缺失值的地方被新表格对应位置的值覆盖,示例代码如下:

```
#chapter6\6-9\6-9-4.ipynb
import pandas as pd                              #导入Pandas库,并命名为pd
df1 = pd.read_excel('6-9-4.xlsx','考核表1')      #读取Excel的考核表1数据
df2 = pd.read_excel('6-9-4.xlsx','考核表2')      #读取Excel的考核表2数据
df1.fillna(df2)                                  #填充为DataFrame
```

	姓名	分数	状态
0	小曾	100	通过
1	小新1	88	通过
2	小林	99	通过
3	小新2	89	通过
4	小新3	58	未过
5	小明	55	未过

图 6-11　被填充数据原表格(考核表 2)

运行结果如下:

	姓名	分数	状态
0	张三	98.0	通过
1	小新 1	88.0	通过
2	李四	99.0	通过
3	小新 2	58.0	未过
4	小新 3	58.0	未过
5	王二	55.0	未过

2. 指定填充方向

表格中有缺失值,除了用指定数据去填充之外,也可以使用与缺失值上下相邻的非缺失值来填充。按方向可以分为向下填充与向上填充。下面以图 6-12 为例,做方向填充的演示。

	部门	姓名	数量
0	销售部	张三	4
1	NaN	NaN	2
2	NaN	李四	5
3	财务部	王二麻	3
4	NaN	NaN	4
5	开发部	小新	2
6	NaN	小志	7

图 6-12　被填充数据原表格(考核表 3)

1) 向下填充

向下填充缺失值时,df.fillna()函数的 method 参数为 pad 或者为 ffill 均可,也可以使用 df.ffill()函数,同样表示向下填充,示例代码如下:

```
#chapter6\6-9\6-9-5.ipynb
import pandas as pd                              #导入Pandas库,并命名为pd
df = pd.read_excel('6-9-5.xlsx','领用表')        #读取Excel的领用表数据
```

```
df.fillna(method = 'pad')                    #向下填充(方法1)
df.fillna(method = 'ffill')                  #向下填充(方法2)
df.ffill()                                   #向下填充(方法3)
```

运行结果如下：

	部门	姓名	数量
0	销售部	张三	4
1	销售部	张三	2
2	销售部	李四	5
3	财务部	王二麻	3
4	财务部	王二麻	4
5	开发部	小新	2
6	开发部	小志	7

2）向上填充

向上填充缺失值时，df.fillna()函数的method参数为backfill或者为bfill均可，也可以使用df.bfill()函数，同样表示向上填充，示例代码如下：

```
#chapter6\6-9\6-9-6.ipynb
import pandas as pd                          #导入Pandas库,并命名为pd
df = pd.read_excel('6-9-6.xlsx','领用表')    #读取Excel的领用表数据
df.fillna(method = 'backfill')               #向上填充(方法1)
df.fillna(method = 'bfill')                  #向上填充(方法2)
df.bfill()                                   #向上填充(方法3)
```

运行结果如下：

	部门	姓名	数量
0	销售部	张三	4
1	财务部	李四	2
2	财务部	李四	5
3	财务部	王二麻	3
4	开发部	小新	4
5	开发部	小新	2
6	NaN	小志	7

注意：Series数据的缺失值填充可使用s.fillna()函数，其参数与df.fillna()函数的参数相同，使用方法也基本相同，这里不再赘述。

6.9.2　字符填充

前面学习了对DataFrame表格缺失值做填充，将填充再细化到字符串填充也是很有必要的，例如编号位数不同，如果需要补齐到相同的位数，就要用到字符填充。

1. 用0值填充

用0填充字符串是一种比较常见的方式，所以Pandas专门提供了s.str.zfill()函数来解决这类问题，它在字符串的左侧填充0，函数的参数说明如下。

s. str. zfill(width)

width：指定填充后的统一字符长度。

例如将 Series 中的数字统一成 4 位，不足时用 0 填充补齐，示例代码如下：

```
#chapter6\6 - 9\6 - 9 - 7. ipynb
import pandas as pd                        #导入 Pandas 库,并命名为 pd
s = pd. Series(['9527','666','99'])        #Series 数据
print(s. str. zfill(4))                    #用 0 填充补齐
```

运行结果如下：

```
0    9527
1    0666
2    0099
dtype: object
```

2. 从不同位置填充

在做字符串填充时，还可以从不同位置填充，s. str. ljust()函数表示从左侧填充，s. str. rjust()函数表示从右侧填充，s. str. center()函数表示从两侧填充。由于这 3 个函数的参数的使用方法相同，所以一并讲解其参数说明，如下所示。

s. str. ljust(width, fillchar = ' ')

s. str. rjust(width, fillchar = ' ')

s. str. center(width, fillchar = ' ')

width：指定填充后的统一字符长度。

fillchar：用于填充的字符，默认用空白填充。

下面演示一下这 3 个函数的填充方式，示例代码如下：

```
#chapter6\6 - 9\6 - 9 - 8. ipynb
import pandas as pd                        #导入 Pandas 库,并命名为 pd
s = pd. Series(['9527','666','99'])        #Series 数据
print(s. str. ljust(5,'*'))                #从左侧填充补齐
print(s. str. rjust(5,'*'))                #从右侧填充补齐
print(s. str. center(5,'*'))               #从两侧填充补齐
```

运行结果如下：

```
#从左侧填充补齐,运行结果如下
0    9527 *
1    666 **
2    99 ***
dtype: object

#从右侧填充补齐,运行结果如下
0    * 9527
1    ** 666
2    *** 99
dtype: object
```

```
#从两侧填充补齐,运行结果如下
0      * 9527
1      * 666 *
2      ** 99 *
dtype: object
```

做3种填充方式要用3个函数,这样太麻烦。有没有1个函数就可以实现的呢? 答案是肯定的,可以使用 s. str. pad()函数,该函数的参数说明如下。

s. str. pad(width,side= 'left',fillchar= ' ')

width:指定填充后的统一字符长度。

side:填充的位置。left(左侧)、right(右侧)、both(两侧)。

fillchar:用于填充的字符,默认用空白填充。

下面演示一下 s. str. pad()函数的3种不同填充方式,示例代码如下:

```
#chapter6\6 - 9\6 - 9 - 9. ipynb
import pandas as pd                          #导入 Pandas 库,并命名为 pd
s = pd. Series(['9527','666','99'])          #Series 数据
print(s.str.pad(5,'left',' * '))             #从左侧填充补齐
print(s.str.pad(5,'right',' * '))            #从右侧填充补齐
print(s.str.pad(5,'both',' * '))             #从两侧填充补齐
```

运行结果如下:

```
#从左侧填充补齐,运行结果如下
0      9527 *
1      666 **
2      99 ***
dtype: object

#从右侧填充补齐,运行结果如下
0      * 9527
1      ** 666
2      *** 99
dtype: object

#从两侧填充补齐,运行结果如下
0      * 9527
1      * 666 *
2      ** 99 *
dtype: object
```

6.10 去重

去重指删除重复数据。在一组数据集合中,找出重复的数据并将其删除,只保留唯一的数据单元,在数据预处理过程中,这是一种经常性的操作。在 Excel 中也有删除重复值的功能,在 Pandas 中提供了重复项判断和重复项删除。

6.10.1　重复项判断

要判断表格的记录是否有重复项,或者对某一列、某几列判断是否有重复项,可以使用 df.duplicated()函数,该函数的参数说明如下。

df.duplicated(subset＝None,keep＝'first')

subset:指定识别重复项的列标签,默认情况下是所有列。

keep:确定要标记的重复项,有以下几个选项。

- **first**:除第 1 次出现外,将重复项标记为 True。
- **last**:除最后 1 次出现外,将重复项标记为 True。
- **False**:将所有重复项标记为 True。

接下来以图 6-13 所示的数据为例,演示一下对整表、单列、多列做重复项判断。

	日期	部门	销售员
0	2021-04-01	销售1部	张三
1	2021-04-01	销售2部	李四
2	2021-04-01	销售1部	张三
3	2021-04-02	销售1部	李四
4	2021-04-02	销售1部	李四
5	2021-04-03	销售2部	张三

图 6-13　做重复项判断的原始表

1. 整表重复项判断

整表重复项判断是指只有表的整行数据都相同,才判断为相同,下面分别对 keep 参数的 first、last 和 False 这 3 种重复项判断方式做演示,示例代码如下:

```
#chapter6\6-10\6-10-1.ipynb
import pandas as pd                          #导入 Pandas 库,并命名为 pd
df = pd.read_excel('6-10-1.xlsx','信息表')   #读取 Excel 的信息表数据
print(df.duplicated(keep = 'first'))         #除第 1 次出现外,将重复项标记为 True
print(df.duplicated(keep = 'last'))          #除最后 1 次出现外,将重复项标记为 True
print(df.duplicated(keep = False))           #将所有重复项标记为 True
```

运行结果如下:

```
#除第 1 次出现外,将重复项标记为 True,运行结果如下
0    False
1    False
2    True
3    False
4    True
5    False
dtype: bool

#除最后 1 次出现外,将重复项标记为 True,运行结果如下
0    True
```

```
1      False
2      False
3      True
4      False
5      False
dtype: bool

#将所有重复项标记为 True,运行结果如下
0      True
1      False
2      True
3      True
4      True
5      False
dtype: bool
```

2. 单列重复项判断

如果对表格中指定的单列执行重复项判断,则可直接在 subset 参数输入表格的列标签,示例代码如下:

```
#chapter6\6 - 10\6 - 10 - 2.ipynb
import pandas as pd                              #导入 Pandas 库,并命名为 pd
df = pd.read_excel('6 - 10 - 2.xlsx','信息表')     #读取 Excel 的信息表数据
df.duplicated('日期')                             #对单列执行重复项判断
```

运行结果如下:

```
0      False
1      True
2      True
3      False
4      True
5      False
dtype: bool
```

3. 多列重复项判断

如果对表格中指定的多列执行重复项判断,则可在 subset 参数输入表格的列标签,下面演示将多个列标签存储在列表中,示例代码如下:

```
#chapter6\6 - 10\6 - 10 - 3.ipynb
import pandas as pd                              #导入 Pandas 库,并命名为 pd
df = pd.read_excel('6 - 10 - 3.xlsx','信息表')     #读取 Excel 的信息表数据
df.duplicated(['日期','部门'])                    #对多列执行重复项判断
```

运行结果如下:

```
0      False
1      False
```

```
2      True
3      False
4      True
5      False
dtype: bool
```

4. 重复项判断实例

在使用 df. duplicated()函数做重复项判断时，返回的是由布尔值组成的 Series 数据，对 Series 中的布尔值取反，便可以做重复项筛选，也就是删除重复项，例如对日期列做筛选，示例代码如下：

```
#chapter6\6-10\6-10-4.ipynb
import pandas as pd                            #导入 Pandas 库，并命名为 pd
df = pd. read_excel('6-10-4.xlsx','信息表')    #读取 Excel 的信息表数据
df[~df.duplicated('日期')]                     #对日期做重复项筛选
```

运行结果如下：

	日期	部门	销售员
0	2021-04-01	销售1部	张三
3	2021-04-02	销售1部	李四
5	2021-04-03	销售2部	张三

df. duplicated()函数是 DataFrame 表格的重复项判断函数，也可以使用 s. duplicated()函数对 Series 数据做重复项判断，相当于对指定列做重复项判断。

6.10.2　重复项删除

前面学习的 df. duplicated()函数只能用于判断重复项判断，并不能直接对重复项做删除处理。删除重复项可使用 df. drop_duplicates()函数，函数的参数说明如下。

df. drop_duplicates(subset＝None，keep＝'first'，inplace＝False，ignore_index＝False)

subset：指定识别重复项的列标签，默认情况下是所有列。

keep：可选参数有 3 个，first、last 和 False，默认值为 first。

- **first**：保留第 1 次出现的记录，删除后面的重复项。
- **last**：保留最后 1 次出现的记录，删除前面的重复项。
- **False**：删除所有的重复项。

inplace：就地修改，是否在原数据上删除重复项。

ignore_index：是否重新设置行索引，默认值为 False。

df. drop_duplicates()函数与 df. duplicated()函数的 subset、keep 参数设置方法是相同的，这里主要演示一下 ignore_index 参数，也就是删除重复项之后是否重新设置行索引，示例代码如下：

```
#chapter6\6-10\6-10-5.ipynb
import pandas as pd                            #导入 Pandas 库，并命名为 pd
df = pd. read_excel('6-10-5.xlsx','信息表')    #读取 Excel 的信息表数据
```

```
print(df.drop_duplicates('日期',ignore_index = False))    ♯删除重复项时不重新设置行索引
print(df.drop_duplicates('日期',ignore_index = True))     ♯删除重复项时重新设置行索引
```

运行结果如下：

```
♯删除重复项时不重新设置行索引,运行结果如下
      日期            部门         销售员
0    2021 - 04 - 01   销售1部      张三
3    2021 - 04 - 02   销售1部      李四
5    2021 - 04 - 03   销售2部      张三

♯删除重复项时重新设置行索引,运行结果如下
      日期            部门         销售员
0    2021 - 04 - 01   销售1部      张三
1    2021 - 04 - 02   销售1部      李四
2    2021 - 04 - 03   销售2部      张三
```

df. drop_duplicates()函数是表格的重复项删除函数,也可以使用 s. drop_duplicates()函数对 Series 数据做重复项删除,相当于对指定列做重复项删除。

6.11　排序

排序是指排列顺序,目的是将一组无序的记录序列调整为有序的记录序列。在 Excel 中提供了排序工具,可以设置不形态的排序方式。在 Pandas 中对表格进行排序,可使用 df. sort_values()函数,此函数可以执行按行、按列排序,可以对单列、多列排序,相比 Excel 的排序功能增加了自定义排序,有了此功能,不用添加辅助列就能在执行排序前做数据预处理。该函数的参数说明如下。

df. sort_values（by, axis＝0, ascending＝True, inplace＝False, kind＝'quicksort', na_position＝'last', ignore_index＝False, key＝None）

by：要排序的索引名称或索引名称列表。

axis：若 axis＝0 或'index',则按照指定列中数据大小排序;若 axis＝1 或'columns',则按照指定索引中数据大小排序,默认 axis＝0。

ascending：是否按指定列的数据升序排列,默认值为 True,即升序排列。

inplace：就地修改,是否用排序后的表格替换原来的表格,默认值为 False,即不替换。

kind：排序方法(一般忽略)。

na_position：设定缺失值的显示位置,有 first 和 last 两个参数。

ignore_index：是否重新设置表格索引。

key：自定义排序函数(重点关注)。

如图 6-14 所示,该表格是做排序前的原表格,一般来讲对表格按行排序的要求更为常见,所以我们以按行排序为例,对该表格做各种排序方式的演示。

	产品	规格	等级	报价1	报价2	数量
0	A	20支/包	高级	20	35	100
1	B	5支/包	中级	5	6	300
2	C	150支/包	低级	100	100	120
3	D	10支/包	中级	30	25	50

图 6-14 排序前的原表格

6.11.1 单列排序

单列排序是指定要排序的单列,对该列数据按从小到大或者从大到小的顺序排列。例如对图 6-14 所示的原表格,按数量做降序排列,示例代码如下:

```
#chapter6\6 - 11\6 - 11 - 1.ipynb
import pandas as pd                          #导入 Pandas 库,并命名为 pd
df = pd.read_excel('6 - 11 - 1.xlsx','采购表')   #读取 Excel 的采购表数据
df.sort_values('数量',ascending = False)        #单列排序
```

运行结果如下:

	产品	规格	等级	报价 1	报价 2	数量
1	B	5 支/包	中级	5	6	300
2	C	150 支/包	低级	100	100	120
0	A	20 支/包	高级	20	35	100
3	D	10 支/包	中级	30	25	50

6.11.2 多列排序

多列排序是指定要排序的多列,由于是多列,所以将列名组织在列表中,例如对图 6-14 所示的原表格,以报价 1 为第 1 关键字,以报价 2 为第 2 关键字做降序排列,示例代码如下:

```
#chapter6\6 - 11\6 - 11 - 2.ipynb
import pandas as pd                                    #导入 Pandas 库,并命名为 pd
df = pd.read_excel('6 - 11 - 2.xlsx','采购表')             #读取 Excel 的采购表数据
df.sort_values(['报价 1','报价 2'],ascending = False)      #多列排序
```

运行结果如下:

	产品	规格	等级	报价 1	报价 2	数量
2	C	150 支/包	低级	100	100	120
3	D	10 支/包	中级	30	25	50
0	A	20 支/包	高级	20	35	100
1	B	5 支/包	中级	5	6	300

也可以对不同列设置不同的排序方式,如 df.sort_values(['报价 1','报价 2'], ascending=[False,True]),表示将报价 1 设置为降序,将报价 2 设置为升序。

6.11.3　自定义排序

一般来讲,被排序的列要求数据规范,但在实际工作中,往往被排序的列并不规范,需要重新将数据处理规范后再排序。如果遇到不能修改原数据的要求,则只能使用添加辅助列的方式来完成,但有了 df.sort_values() 函数的 key 参数就可以不加辅助列而完美地解决这些问题。

1. 单列处理排序

如图 6-14 所示,现在需要对规格列的数字执行升序排列,直接使用 df.sort_values('规格')做排序不能得到正确结果,因为规格列中并不是纯粹的数字,还有文本,所以需要将其中的数字提取出来,然后对数字执行排序。下面在 key 参数中对规格列做排序前的处理,示例代码如下:

```
#chapter6\6-11\6-11-3.ipynb
import pandas as pd                              #导入 Pandas 库,并命名为 pd
df = pd.read_excel('6-11-3.xlsx','采购表')       #读取 Excel 的采购表数据
df.sort_values('规格',key = lambda s:s.str.findall('\d+').str[0].astype("int"))
                                                 #自定义排序
```

运行结果如下:

	产品	规格	等级	报价1	报价2	数量
1	B	5 支/包	中级	5	6	300
3	D	10 支/包	中级	30	25	50
0	A	20 支/包	高级	20	35	100
2	C	150 支/包	低级	100	100	120

分析一下关键代码,key=lambda s:s.str.findall('\d+').str[0].astype("int"),其中 s 表示 Series 类型,存储的是规格列的数据;s.str.findall('\d+')表示提取规格列的连续数字,结果如下:

```
0    [20]
1    [5]
2    [150]
3    [10]
Name:规格, dtype: object
```

接下来使用 str[0].astype("int")对提取出来的 Series 数据的每个元素(每个元素是列表)做切片,因此 str[0]表示提取每个列表中的第 1 个元素,然后使用 astype()函数将整个 Series 的数据类型转换为整型,结果如下:

```
0    20
1    5
2    150
3    10
Name: 规格, dtype: int32
```

将此 Series 数据作为排序依据,最后可以看到排序后规格列的数字是从小到大排列的。

2. 多列处理排序

更高阶的排序可能涉及多列,如图 6-14 所示,要求对金额(报价 2×数量)执行降序排列,虽然没有直接的金额列,但是可以根据报价 2 和数量两列计算出金额,示例代码如下:

```
#chapter6\6-11\6-11-4.ipynb
import pandas as pd                                    #导入 Pandas 库,并命名为 pd
df = pd.read_excel('6-11-4.xlsx','采购表')              #读取 Excel 的采购表数据
df.sort_values('报价 2',ascending = False,key = lambda s:s * df.数量)    #自定义排序
```

运行结果如下:

	产品	规格	等级	报价1	报价2	数量
2	C	150 支/包	低级	100	100	120
0	A	20 支/包	高级	20	35	100
1	B	5 支/包	中级	5	6	300
3	D	10 支/包	中级	30	25	50

分析一下关键代码,key=lambda s:s * df.数量,其中 s 表示报价 2,将其与 df.数量相乘得到金额,最后参与排序的便是金额。

3. 用户自定义顺序排序

还有一种排序方式并非按大小排列,而是由用户自己定制排序规则,如图 6-14 所示,对等级列按升序排列,我们希望的顺序是低级→中级→高级,但如果执行 df.sort_values('等级'),则得到的排序结果是不正确的,怎样做才是正确的呢? 示例代码如下:

```
#chapter6\6-11\6-11-5.ipynb
import pandas as pd                                    #导入 Pandas 库,并命名为 pd
df = pd.read_excel('6-11-5.xlsx','采购表')              #读取 Excel 的采购表数据
df['等级'] = df['等级'].astype('category')             #设置为分类数据类型
df['等级'].cat.reorder_categories(['低级','中级','高级'],inplace = True)
                                                       #对等级列的值按自定义顺序重新排列
df.sort_values('等级')                                 #对等级列执行排序
```

运行结果如下:

	产品	规格	等级	报价1	报价2	数量
2	C	150 支/包	低级	100	100	120
1	B	5 支/包	中级	5	6	300
3	D	10 支/包	中级	30	25	50
0	A	20 支/包	高级	20	35	100

分析一下关键代码,首先 df['等级']=df['等级'].astype('category')将等级列设置为分类数据类型;其次 df['等级'].cat.reorder_categories(['低级','中级','高级'],inplace=True)表示按照指定的等级顺序对等级列重新排列;最后 df.sort_values('等级')对等级列执行排序。

Series 数据的排序可以使用 s. sort_values()函数,该函数与 df. sort_values()函数的用法基本相似,可以将其看作单列的排序。

6.12   合并

Excel 中提供了 CONCATENATE()、CONCAT()、TEXTJOIN()这 3 个与字符串合并有关的函数,功能也比较强大。Pandas 中提供的 s. str. join()、s. str. cat()这两个字符串合并函数的功能也很强大,本节将详细讲解这两个函数的应用。

6.12.1   Series 数据自身元素合并

假如 Series 数据的每个元素都是可迭代数据(如列表、数组、Series 等),现在需要将其合并,可使用 s. str. join()函数,该函数的参数说明如下。

s. str. join(sep)

sep:合并元素之间使用的分隔符。

下面分别使用 Python 中 join()函数及 s. str. join()函数对 Series 数据中的多个元素执行合并操作,示例代码如下:

```
# chapter6\6 - 12\6 - 12 - 1. ipynb
import pandas as pd                          # 导入 Pandas 库,并命名为 pd
s = pd. Series([
    ['98', '100', '85'],
    ['63', '75'],
    ['96', '41', '9', '102'],
    ('ss', 'dd'),
    pd. Series(['3', '44343', '343'])
])                                           # Series 数据元素为列表、元组、Series 等类型
print(s. str. join(' - '))                   # 使用 s. str. join()函数合并(方法 1)
print(s. map(lambda l: ' - '. join(l)))      # 使用 Python 的 join()函数合并(方法 2)
```

运行结果如下:

```
0        98 - 100 - 85
1        63 - 75
2        96 - 41 - 9 - 102
3        ss - dd
4        3 - 44343 - 343
dtype: object
```

首先分析一下使用 s. str. join()函数做合并,s. str. join('-')直接对 Series 合并,合并的元素之间使用横线做分隔。

再分析使用 Python 的 join()函数做合并,s. map(lambda l: '-'. join(l)),其中 l 代表遍历出来的 Series 元素;'-'. join(l)表示合并时使用横线做分隔。

在合并数据时,如果 Series 数据中元素的值不是文本类型,则需要转换为文本类型方可合并成功。例如,Series 数据中的元素是列表或 Series 类型,其中某些元素是标准数字,在合并之前要将其转换为文本类型数字,示例代码如下:

```
#chapter6\6-12\6-12-2.ipynb
import pandas as pd,numpy as np                    #导入 Pandas 库和 NumPy 库,并命名为 pd 和 np
s=pd.Series([['98',100,'85'],['63','75'],['96',41,9,'102'],pd.Series(['3',44343,343])])
                                                  #Series 数据元素为列表
print(s.map(lambda l:pd.Series(l,dtype=str)).str.join('-'))
                                                  #使用 str.join()函数合并(方法 1)
print(s.map(lambda l:'-'.join(np.array(l,dtype=str))))
                                                  #使用 Python 的 join()函数合并(方法 2)
```

运行结果如下:

```
0        98-100-85
1        63-75
2        96-41-9-102
3        3-44343-343
dtype: object
```

首先分析使用 s.str.join()函数做合并 s.map(lambda l:pd.Series(l,dtype=str)).
str.join('-'),当前 Series 数据的元素如果不是 Series,则会将其转换为 Series 类型,但 pd.
Series(l,dtype=str)真正的目的是在转换数据结构时转换数据类型。都统一为字符串类型
后,最后合并即可。

再分析使用 Python 的 join()函数做合并,s.map(lambda l:'-'.join(np.array(l,dtype=
str))),当前 Series 数据的元素如果不是数组,则将其转换为数组,同样 np.array(l,dtype=
str)真正的目的是在转换为数组时将数据类型修改为文本类型。都统一为字符串类型后,
最后合并即可。

上面两种数据类型转换完成后,既可以使用 Python 的 join()函数完成合并,也可以使
用 s.str.join()函数完成合并。

6.12.2 Series 数据与其他数据合并

Series 除了对自身可迭代序列元素的合并外,还可以使用 s.str.cat()函数与其他对象
合并,但 Series 数据及被合并的对象中的每个元素必须保证是文本类型,s.str.cat()函数的
参数说明如下。

s.str.cat(others＝None, sep＝None, na_rep＝None, join='left')

others:与 Series 数据合并的对象,如列表、数组、Series、DataFrame 均可。

sep:合并时的分隔符,默认值为空。

na_rep:将缺失值设置为指定的字符,如果不指定,则 others 参数有缺失值将不会合并。

join:合并时的连接样式,有 left、right、outer 和 inner 4 种。

- **left**:左连接对齐,以左侧 Series 数据索引为准,匹配右侧 Series/DataFrame 数据去合并。
- **right**:右连接对齐,以右侧 Series/DataFrame 数据索引为准,匹配左侧 Series 数据去合并。
- **outer**:外连接对齐,以两侧的索引为准,合并两侧的数据。
- **inner**:内连接对齐,只合并两侧同时存在的索引对应的数据。

注意:在对两侧进行连接对齐时,如果某一侧的索引不存在,则不能合并成功,除非在
na_rep 参数指定值,表示有缺失值时使用指定的字符串合并。

1. Series 无对象合并

一般来讲 s.str.cat()函数的 others 参数是需要有合并对象的,但如果值为 None,则只对 Series 合并,示例代码如下:

```
#chapter6\6-12\6-12-3.ipynb
import pandas as pd                              #导入 Pandas 库,并命名为 pd
s = pd.Series(['张三','财务部','18'])             #Series 数据
print(s.str.cat(sep = '-'))                      #合并 Series 数据
```

运行结果如下:

```
张三-财务部-18
```

2. Series 与可迭代序列合并

Series 数据可以与列表、元组和数组等一维可迭代序列合并,是按照位置对齐合并的,如图 6-15 所示,将 Series 与列表合并,示例代码如下:

```
#chapter6\6-12\6-12-4.ipynb
import pandas as pd                              #导入 Pandas 库,并命名为 pd
s = pd.Series(
    data = ['张三','李四','王五'],
    index = ['NED01','NED04','NED02'])           #Series 数据
l = ['28','21','30']                             #要合并的列表
print(s.str.cat(l,sep = '-'))                    #合并结果
```

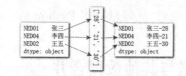

图 6-15 Series 与一维可迭代序列合并

运行结果如下:

```
NED01 张三-28
NED04 李四-21
NED02 王五-30
dtype: object
```

3. Series 与二维数组合并

Series 数据也可以与二维数组合并,同样是按照位置对齐合并的,如图 6-16 所示,将 Series 与二维数组合并,示例代码如下:

```
#chapter6\6-12\6-12-5.ipynb
import pandas as pd,numpy as np                  #导入 Pandas 库和 NumPy 库,并命名为 pd 和 np
arr = np.array([
    ['28','男','财务部'],
    ['25','女','销售部'],
```

```
        ['31','男','开发部']])              #二维数组数据
s = pd.Series(
        data = ['张三','李四','王五'],
        index = ['NED01','NED04','NED02'])      #Series 数据
print(s.str.cat(arr,sep = '-'))             #合并结果
```

图 6-16　Series 与二维数组合并

运行结果如下：

NED01 张三 - 28 - 男 - 财务部
NED04 李四 - 25 - 女 - 销售部
NED02 王五 - 31 - 男 - 开发部
dtype: object

4. Series 与 Series 合并

Series 数据与 Series 数据合并不是按照位置对齐合并的，而是以两个 Series 的索引对齐合并的，并且它们之间有 4 种连接对齐方式，参照 s.str.cat()函数的 join 参数，如图 6-17 所示，下面对左右两个 Series 做连接对齐的合并演示，在遇到缺失值时用'None'参与合并，示例代码如下：

```
#chapter6\6-12\6-12-6.ipynb
import pandas as pd                          #导入 Pandas 库,并命名为 pd
s1 = pd.Series(
        data = ['张三','李四','王五'],
        index = ['NED01','NED04','NED02'])      #Series 数据(s1)
s2 = pd.Series(
        data = ['7000','9000','10000'],
        index = ['NED03','NED01','NED04'])      #Series 数据(s2)
print(s1.str.cat(others = s2,sep = '-',na_rep = 'None',join = 'left'))   #左连接对齐合并
print(s1.str.cat(others = s2,sep = '-',na_rep = 'None',join = 'right'))  #右连接对齐合并
print(s1.str.cat(others = s2,sep = '-',na_rep = 'None',join = 'outer'))  #外连接对齐合并
print(s1.str.cat(others = s2,sep = '-',na_rep = 'None',join = 'inner'))  #内连接对齐合并
```

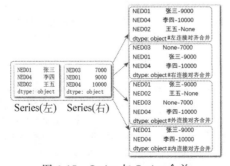

图 6-17　Series 与 Series 合并

运行结果所下：

```
#左连接对齐合并,运行结果如下
NED01 张三 – 9000
NED04 李四 – 10000
NED02 王五 – None
dtype: object

#右连接对齐合并,运行结果如下
NED03   None – 7000
NED01 张三 – 9000
NED04 李四 – 10000
dtype: object

#外连接对齐合并,运行结果如下
NED01 张三 – 9000
NED02 王五 – None
NED03   None – 7000
NED04 李四 – 10000
dtype: object

#内连接对齐合并,运行结果如下
NED01 张三 – 9000
NED04 李四 – 10000
dtype: object
```

5. Series 与 DataFrame 合并

Series 数据与 DataFrame 数据合并也是按照它们的索引对齐合并的,它们之间也有 4 种连接对齐方式,同样参照 s. str. cat()函数的 join 参数,如图 6-18 所示,左侧是 Series 数据,右侧是 DataFrame 数据,下面对它们做连接对齐的合并演示,在遇到缺失值时用'None' 参与合并,示例代码如下：

```python
#chapter6\6 – 12\6 – 12 – 7. ipynb
import pandas as pd numpy as np                         #导入 Pandas 库和 NumPy 库,并命名为 pd 和 np
s = pd. Series(
    data = ['张三','李四','王五'],
    index = ['NED01','NED04','NED03'])                   #Series 数据
arr = np. array([
    ['28','男','财务部'],
    ['25','女','销售部'],
    ['31','男','开发部']])                                #二维数组数据,DataFrame 表格的数据
df = pd. DataFrame(
    data = arr,
    index = ['NED09','NED03','NED01'],
    columns = ['年龄','性别','部门'])                      #DataFrame 数据
print(s. str. cat(others = df, sep = ' – ', na_rep = 'None', join = 'left'))    #左连接对齐合并
print(s. str. cat(others = df, sep = ' – ', na_rep = 'None', join = 'right'))   #右连接对齐合并
print(s. str. cat(others = df, sep = ' – ', na_rep = 'None', join = 'outer'))   #外连接对齐合并
print(s. str. cat(others = df, sep = ' – ', na_rep = 'None', join = 'inner'))   #内连接对齐合并
```

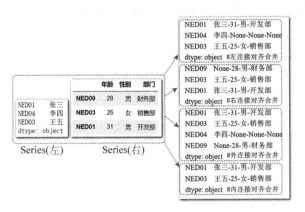

图 6-18　Series 与 DataFrame 合并

运行结果如下：

```
#左连接对齐合并,运行结果如下
NED01      张三 - 31 - 男 - 开发部
NED04      李四 - None - None - None
NED03      王五 - 25 - 女 - 销售部
dtype: object

#右连接对齐合并,运行结果如下
NED09      None - 28 - 男 - 财务部
NED03      王五 - 25 - 女 - 销售部
NED01      张三 - 31 - 男 - 开发部
dtype: object

#外连接对齐合并,运行结果如下
NED01      张三 - 31 - 男 - 开发部
NED03      王五 - 25 - 女 - 销售部
NED04      李四 - None - None - None
NED09      None - 28 - 男 - 财务部
dtype: object

#内连接对齐合并,运行结果如下
NED01      张三 - 31 - 男 - 开发部
NED03      王五 - 25 - 女 - 销售部
dtype: object
```

6.13　扩展

在 6.3.2 节中学习过 s.str.extractall()函数,该函数是将提取出来的值向行方向扩展,如果现在有一个已经存在的列表,需要向行方向扩展,则可使用 df.explode()函数,该函数的参数说明如下。

DataFrame.explode(column，ignore_index＝False)

column：要执行扩展的列。指定列中的数据类型是列表、元组、数组等可迭代对象。

ignore_index：是否对行索引重新编号，默认值为 False，表示不重新编号。

如图 6-19(a)所示为原表格，要求将分数列的数字扩展到行方向，第 2 参数 ignore_index 可设置为 False 或 True。其运行结果如图 6-19(b)所示。

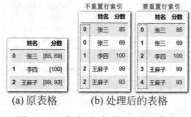

(a) 原表格   (b) 处理后的表格

图 6-19 向行方向扩展列表数据

将第 2 个参数 ignore_index 设置为 False，或者忽略不写，表示不重置行索引，示例代码如下：

```
♯chapter6\6 - 13\6 - 13 - 1.ipynb
import pandas as pd                              ♯导入 Pandas 库，并命名为 pd
df = pd.DataFrame({
    '姓名':['张三','李四','王麻子'],
    '分数':[[85,69],[100],[99,93]] })            ♯DataFrame 数据
df.explode('分数',False)                          ♯对指定列中的列表扩展，不重置行索引
```

运行结果如下：

```
    姓名    分数
0   张三    85
0   张三    69
1   李四    100
2   王麻子  99
2   王麻子  93
```

将第 2 个参数 ignore_index 设置为 True，表示需要重置行索引，示例代码如下：

```
♯chapter6\6 - 13\6 - 13 - 2.ipynb
import pandas as pd                              ♯导入 Pandas 库，并命名为 pd
df = pd.DataFrame({
    '姓名':['张三','李四','王麻子'],
    '分数':[[85,69],[100],[99,93]] })            ♯DataFrame 数据
df.explode('分数',True)                           ♯对指定列中的列表扩展，要重置行索引
```

运行结果如下：

```
    姓名    分数
0   张三    85
1   张三    69
2   李四    100
3   王麻子  99
4   王麻子  93
```

除了可以对 DataFrame 表格的指定列做 explode 扩展之外,Series 数据也可以使用 explode()函数,结构为 s. explode(ignore_index=False),该函数只有一个是否重置索引的参数。

6.14 巩固案例

6.14.1 筛选出分数中至少有 3 个大于或等于 90 分的记录

如图 6-20(a)所示为原表格,对分数列做筛选,要求分数列的数字必须大于或等于 90,并且至少要有 3 个数字满足这一条件,示例代码如下:

```
#chapter6\6－14\6－14－1.ipynb
import pandas as pd                                    #导入 Pandas 库,并命名为 pd
df = pd. read_excel('6－14－1.xlsx','分数表')            #读取 Excel 的分数表数据
df[df.分数. str.count(r'9\d|\d{3,}')>＝3]               #筛选出分数中至少有 3 个大于或等于 90 分
                                                       #的记录
```

运行结果如图 6-20(b)所示。

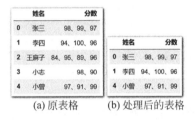

(a) 原表格   (b) 处理后的表格

图 6-20　按条件筛选表格记录

分析一下关键代码,df.分数. str. count(r'9\d|\d{3,}')>＝3,其中正则表达式 str.count (r'9\d|\d{3,}')表示计数起始数字是 9 的两位数数字,或者数字长度是 3 位及以上的数字,处理结果如下:

```
0    3
1    3
2    2
3    2
4    3
Name:分数, dtype: int64
```

再判断该 Series 数据是否大于或等于 3,处理结果如下:

```
0    True
1    True
2    False
3    False
4    True
Name:分数, dtype: bool
```

最后将这个由布尔值构成的 Series 数据放在 df 中做筛选，即可完成筛选处理。

6.14.2　两表查询合并应用

如图 6-21(a)所示为信息表和分数表，要求在分数表的姓名列合并信息表籍贯，示例代码如下：

```
#chapter6\6-14\6-14-2.ipynb
import pandas as pd                                      #导入 Pandas 库，并命名为 pd
df1 = pd.read_excel('6-14-2.xlsx','分数表',index_col='编号')   #读取 Excel 的分数表数据
df2 = pd.read_excel('6-14-2.xlsx','信息表',index_col='编号')   #读取 Excel 的信息表数据
df1.姓名 = df1.姓名.str.cat(df2.籍贯,sep='(')+')'            #将信息表中的籍贯合并到
                                                        #分数表中的姓名列
df1.reset_index()                                       #将 df1 表的行索引设置成表格列数据
```

运行结果如图 6-21(b)所示。

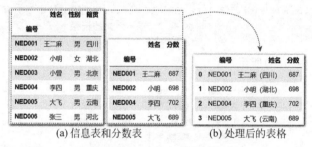

(a) 信息表和分数表　　　　　(b) 处理后的表格

图 6-21　跨表查询后合并

在读取分数表和信息表数据时，将编号设置为行索引，目的是让编号生成为索引，然后做查询合并处理。

分析一下关键代码，df1.姓名.str.cat(df2.籍贯,sep='(')+')'，以 df1.姓名为左，以 df2.籍贯为右，然后做左连接查询合并，其实就是两个 Series 数据的对齐合并。合并时用'('(左括号)做分隔符，合并完成后返回的结果也是 Series 数据，然后与')'(右括号)连接。最后将结果赋值给 df1.姓名，由于姓名列已经存在，所以相当于姓名列的修改。

最后一行代码 df1.reset_index()用于数据转换，由于处理后的分数表的行索引还是编号，所以使用.reset_index()函数将行索引数据转换成 DataFrame 表格的列数据，该步骤也可以省略。

6.14.3　给关键信息加掩码

如图 6-22(a)所示为原表格，对名单列中的姓名做掩码设置，将姓名中最后一个汉字之前的其他汉字设置井号(#)，使用替换方式完成，示例代码如下：

```
#chapter6\6-14\6-14-3.ipynb
import pandas as pd                                      #导入 Pandas 库，并命名为 pd
df = pd.read_excel('6-14-3.xlsx','中奖表')                #读取 Excel 的中奖表数据
df.名单 = df.名单.str.replace(r'([^、]+)([^、])',lambda m:'#'*len(m[1])+m[2])
                                                        #将查找到的关键信息替换为指定字符
df                                                      #返回处理后的 df 表
```

运行结果如图6-22(b)所示。

(a) 原表格   (b) 处理后的表格

图 6-22 给姓名做掩码

分析一下关键代码,df.名单.str.replace(r'([^、]+)([^、])',lambda m:'#'*len(m[1])+m[2]),先看查找部分匹配的正则表达式'([^、]+)([^、])',表示将姓名用分组分成两部分,分别是最后一个汉字以前的字符串为第1个分组,最后一个汉字为第2个分组,匹配结果如下:

```
0    [(张, 三), (李, 四), (王二, 麻)]
1    [(欧阳小, 飞), (大, 明)]
2    [(大大, 志), (小, 林), (时, 克)]
Name:名单, dtype: object
```

再看替换部分的处理代码 lambda m:'#'*len(m[1])+m[2],m 表示匹配成功的 re.Match 对象,len(m[1])表示计算第1个分组的字符长度,使用该长度对井号(#)字符做重复设置,最后与第2个分组 m[2]连接,完成替换处理。

6.14.4 提取文本型单价后与数量做求和统计

如图 6-23(a)所示为原表格,提取采购记录列中的单价 * 数量,然后将每种产品的金额做求和统计,示例代码如下:

```
#chapter6\6-14\6-14-4.ipynb
import pandas as pd                                    # 导入 Pandas 库,并命名为 pd
df = pd.read_excel('6-14-4.xlsx','采购表')              # 读取 Excel 的采购表数据
df['采购金额'] = df.采购记录.str.findall(r'[\d.*]+').map(lambda l:sum(pd.eval(l)))
                                                        # 提取单价与数量并求和
df                                                      # 返回处理后的 df 表
```

运行结果如图 6-23(b)所示。

	日期	采购记录
0	2021-05-01	白菜3.4*52, 菠菜5*12
1	2021-05-02	牛肉45*20, 大葱3*12.5, 西红柿1.5*10
2	2021-05-03	猪肉15*30
3	2021-05-04	大蒜4*100, 茄子2.5*15

	日期	采购记录	采购金额
0	2021-05-01	白菜3.4*52, 菠菜5*12	236.8
1	2021-05-02	牛肉45*20, 大葱3*12.5, 西红柿1.5*10	952.5
2	2021-05-03	猪肉15*30	450.0
3	2021-05-04	大蒜4*100, 茄子2.5*15	437.5

(a)原表格   (b)处理后的表格

图 6-23 根据单价和数量计算金额

分析一下关键代码,df.采购记录.str.findall(r'[\d.*]+').map(lambda l:sum(pd.eval(l))),其中 findall(r'[\d.*]+')提取出了每个日期的采购数据单价 * 数量,处理结果如下:

```
0    [3.4 * 52, 5 * 12]
1    [45 * 20, 3 * 12.5, 1.5 * 10]
2    [15 * 30]
3    [4 * 100, 2.5 * 15]
Name:采购记录, dtype: object
```

代码 map(lambda l:sum(pd.eval(l))) 遍历出了 Series 中的每个元素,这些元素的数据类型是列表,之后对列表执行 pd.eval(l),意思是将列表中的每个文本型公式转换成计算结果,处理结果如下:

```
0    [176.79999999999998, 60.0]
1    [900.0, 37.5, 15.0]
2    [450]
3    [400.0, 37.5]
Name:采购记录, dtype: object
```

接下来使用 sum() 函数对列表中的计算结果做求和统计,处理结果如下:

```
0    236.8
1    952.5
2    450.0
3    437.5
Name:采购记录, dtype: float64
```

最后将求和出来的 Series 数据添加到表格的新列即可。

6.14.5 提取不重复名单

如图 6-24(a)所示为原表格,将名单列中重复的姓名删除,也就是如果有重复的姓名,则只保留一个,然后对这些唯一姓名合并,示例代码如下:

```
#chapter6\6 - 14\6 - 14 - 5.ipynb
import pandas as pd, numpy as np            #导入 Pandas 库和 NumPy 库,并命名为 pd 和 np
df = pd.read_excel('6 - 14 - 5.xlsx','优秀员工表') #读取 Excel 的优秀员工表数据
df.名单 = df.名单.str.findall(r'(?m)[一－颜] + (? = 、|＄)').map(lambda l:np.unique(l)).str.join('、')
                                            #提取不重复名单
df                                          #返回处理后的 df 表
```

运行结果如图 6-24(b)所示。

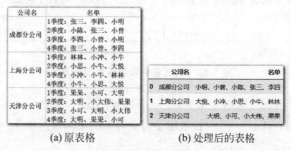

(a)原表格　　　　　　　　(b)处理后的表格

图 6-24　去重复后再合并

分析一下关键代码，df.名单.str.findall(r'(?m)[一-龥]+(?=、|$)').map(lambda l:np.unique(l)).str.join('、')，首先使用 findall(r'(?m)[一-龥]+(?=、|$)') 提取名单中的姓名，处理结果如下：

```
0    [张三, 李四, 小明, 小陈, 张三, 小曾, 李四, 小曾, 小明, 张三, 小曾, 李四]
1    [林林, 小冲, 小牛, 小思, 小牛, 大悦, 小冲, 小牛, 林林, 小牛, 小思, 大悦]
2    [果果, 小可, 大明, 大明, 小大伟, 果果, 小可, 大明, 小大伟, 大明, 果果, 小可]
Name: 名单, dtype: object
```

再分析 map(lambda l:np.unique(l))，l 是列表，存储的元素是提取出来的姓名，使用 np.unique() 函数做去重复处理，处理结果如下：

```
0    [小明, 小曾, 小陈, 张三, 李四]
1    [大悦, 小冲, 小思, 小牛, 林林]
2    [大明, 小可, 小大伟, 果果]
Name: 名单, dtype: object
```

再使用 str.join('、') 对列表中的姓名，以顿号（、）为分隔符做合并，处理结果如下：

```
0    小明、小曾、小陈、张三、李四
1    大悦、小冲、小思、小牛、林林
2    大明、小可、小大伟、果果
Name: 名单, dtype: object
```

最后将名单列修改为去重复后合并的结果。

6.14.6　对文本中的多科目成绩排序

如图 6-25(a)所示为原表格，成绩列分别有每个人的语文、数学、英语 3 个科目的成绩，现在对这 3 个科目按分数做降序排列，示例代码如下：

```
#chapter6\6-14\6-14-6.ipynb
import pandas as pd                    #导入 Pandas 库，并命名为 pd
df = pd.read_excel('6-14-6.xlsx','成绩表')    #读取 Excel 的成绩表数据
df.成绩 = df.成绩.str.split('、').map(lambda l:pd.Series(l).sort_values(ascending = False,
key = lambda s:s.str.findall(r'\d+').map(lambda l:int(l[0])))).str.join('、')
                                       #对成绩列的分数做排序
df                                     #返回处理后的 df 表
```

运行结果如图 6-25(b)所示。

(a)原表格　　　　(b)处理后的表格

图 6-25　对文本中的科目做排序设置

分析一下关键代码，df. 成绩. str. split('、'). map(lambda l:pd. Series(l). sort_values (ascending=False,key=lambda s:s. str. findall(r'\d+'). map(lambda l:int(l[0])))). str. join('、')，该代码较长，我们分几个步骤进行分析。

首先，df. 成绩. str. split('、')表示对成绩列以顿号做拆分，处理结果如下：

```
0    [语文 120, 数学 130, 英语 111]
1    [语文 99, 数学 125, 英语 130]
2    [语文 123, 数学 114, 英语 121]
Name:成绩, dtype: object
```

其次，map(lambda l:pd. Series(l)中的 l 表示遍历出的列表，将该列表转换为 Series 数据，完成转换后本质上就是 Series 数据嵌套 Series 数据，处理结果如下：

```
0    0    语文 120
     1    数学 130
     2    英语 111
     dtype: object
1    0    语文 99
     1    数学 125
     2    英语 130
dtype: object
2    0    语文 123
     1    数学 114
     2    英语 121
     dtype: object
Name: 成绩, dtype: object
```

然后，sort_values(ascending = False, key = lambda s:s. str. findall(r'\d+'). map (lambda l:int(l[0])))，表示对 Series 下的每个 Series 元素做排序处理，在 key 参数中提取各科目的分数做降序排列，处理结果如下：

```
0    1 数学 130
     0 语文 120
     2 英语 111
     dtype: object
1    2 英语 130
     1 数学 125
     0 语文 99
     dtype: object
2    0 语文 123
     2 英语 121
     1 数学 114
     dtype: object
Name: 成绩, dtype: object
```

接下来，str.join('、')表示对排序后的 Series 数据以顿号（、）为分隔符做合并，处理结果如下：

```
0    数学 130、语文 120、英语 111
1    英语 130、数学 125、语文 99
2    语文 123、英语 121、数学 114
Name:成绩, dtype: object
```

最后将成绩列修改为排序后合并的结果。

第 7 章

日期和时间处理技术

日期和时间也是做数据分析处理时的重要对象，Excel 中的很多函数提供了关于日期和时间的处理功能。在 Pandas 中，也提供了相关的一些处理函数。本章主要学习时间戳、时间差数据的转换、运算处理。

7.1 时间戳

时间戳是具有时区支持的特定日期和时间，是一个表示在某个特定时间之前已经存在的、完整的、可验证的数据。在当前绝大部分计算机系统中，时间戳从格林尼治时间 1970 年 01 月 01 日 00 时 00 分 00 秒(北京时间 1970 年 01 月 01 日 08 时 00 分 00 秒)开始。

7.1.1 单个时间戳

在 Pandas 中创建时间戳使用 pd.Timestamp()函数和 pd.to_datetime()函数，如果要获取当前计算机系统时间戳，则只能导入 datetime 标准库，该库中的 datetime.now()函数可获取前当系统时间戳，示例代码如下：

```
# chapter7\7 - 1\7 - 1 - 1. ipynb
import pandas as pd,datetime as dti          # 导入 Pandas、datetime 模块,并命名为 pd、dti
print(pd.Timestamp(2020,5,14,23,3,54))       # 创建时间戳(方法 1)
print(pd.Timestamp('2020 - 5 - 14 23:3:54')) # 创建时间戳(方法 2)
print(pd.to_datetime('2020 - 5 - 14 23:3:54')) # 创建时间戳(方法 3)
print(dti.datetime.now())                     # 获取当前系统时间戳
```

运行结果如下：

```
2020 - 05 - 14 23:03:54
2020 - 05 - 14 23:03:54
2020 - 05 - 14 23:03:54
2021 - 05 - 31 16:34:38.461095
```

7.1.2 时间戳序列

时间戳序列可以理解为将多个时间戳组织在一个可迭代对象中，可以使用 pd.date_range()、pd.DatetimeIndex()和 pd.to_datetime()这 3 个函数生成。

注意：为什么要组织成矩阵数据？因为 Pandas 就是矩阵体制，不仅是时间戳数据，所有在 Pandas 中的数据都应尽可能做矩阵运算，而不要做单值处理。

1. 创建指定范围的时间戳序列

在 pd.date_range()函数中填写起止日期，示例代码如下：

```
#chapter7\7-1\7-1-2.ipynb
import pandas as pd                              #导入 Pandas 库，并命名为 pd
pd.date_range('2021-3-1','2021-3-12')          #创建指定范围的时间戳序列
```

运行结果如下：

```
DatetimeIndex(['2021-03-01', '2021-03-02', '2021-03-03', '2021-03-04',
               '2021-03-05', '2021-03-06', '2021-03-07', '2021-03-08',
               '2021-03-09', '2021-03-10', '2021-03-11', '2021-03-12'],
            dtype = 'datetime64[ns]', freq = 'D')
```

2. 创建指定个数的时间戳序列

在 pd.date_range()函数中填写起始时间戳，并在 periods 参数中写入创建时间戳的个数，示例代码如下：

```
#chapter7\7-1\7-1-3.ipynb
import pandas as pd                              #导入 Pandas 库，并命名为 pd
pd.date_range('2021-3-1', periods = 12)         #创建指定个数时间戳的序列
```

运行结果如下：

```
DatetimeIndex(['2021-03-01', '2021-03-02', '2021-03-03', '2021-03-04',
               '2021-03-05', '2021-03-06', '2021-03-07', '2021-03-08',
               '2021-03-09', '2021-03-10', '2021-03-11', '2021-03-12'],
            dtype = 'datetime64[ns]', freq = 'D')
```

3. 创建指定频率的时间戳序列

在 pd.date_range()函数中填写起止时间戳，也可以不填写终止时间戳，但是要用 freq 参数指定频率，例如 freq= 'M'，表示按月（末）来创建时间戳序列，示例代码如下：

```
#chapter7\7-1\7-1-4.ipynb
import pandas as pd                              #导入 Pandas 库，并命名为 pd
pd.date_range('2020-6-1','2021-6-1',freq = 'M') #创建指定频率的时间戳序列
```

运行结果如下：

```
DatetimeIndex(['2020-06-30', '2020-07-31', '2020-08-31', '2020-09-30',
               '2020-10-31', '2020-11-30', '2020-12-31', '2021-01-31',
               '2021-02-28', '2021-03-31', '2021-04-30', '2021-05-31'],
            dtype = 'datetime64[ns]', freq = 'M')
```

关于 freq 参数频率的指定,常用频率单位见表 7-1。

表 7-1　常用时间戳频率单位

频　率	注　释	频　率	注　释
A, Y	年末频率	SM	半月末频率(15 日和月末)
AS, YS	年初频率	SMS	半月初频率(第 1 和第 16 个)
Q	季度末频率	W	周频率
QS	季度初频率	D	日频率
M	月末频率	H	小时频率
MS	月初频率		

4. 创建指定频率步长的时间戳序列

对于 pd.date_range() 函数的 freq 参数,我们已知道该参数的表示频率,该频率还可以指定步长,例如 D 表示天,3D 表示 3 天,示例代码如下:

```
# chapter7\7-1\7-1-5.ipynb
import pandas as pd                                    # 导入 Pandas 库,并命名为 pd
pd.date_range('2020-6-1','2020-7-4',freq='3D')        # 创建指定频率步长的时间戳序列
```

运行结果如下:

```
DatetimeIndex(['2020-06-01', '2020-06-04', '2020-06-07', '2020-06-10',
               '2020-06-13', '2020-06-16', '2020-06-19', '2020-06-22',
               '2020-06-25', '2020-06-28', '2020-07-01', '2020-07-04'],
              dtype='datetime64[ns]', freq='3D')
```

5. 多个时间戳生成时间戳序列

前面讲解的是使用 pd.date_range() 函数创建等差时间戳序列,如果是一组无规则的时间戳,则可以使用 pd.DatetimeIndex() 函数或 pd.to_datetime() 函数完成,示例代码如下:

```
# chapter7\7-1\7-1-6.ipynb
import pandas as pd                                   # 导入 Pandas 库,并命名为 pd
l = ['2008-8-8','2012-6-12',pd.Timestamp(2020,5,14,23,3,54)]     # 由时间戳构成的列表
print(pd.DatetimeIndex(l))                            # 列表转换为时间戳序列(方法 1)
print(pd.to_datetime(l))                              # 列表转换为时间戳序列(方法 2)
```

运行结果如下:

```
DatetimeIndex([
        '2008-08-08 00:00:00',
        '2012-06-12 00:00:00',
        '2020-05-14 23:03:54'],
       dtype='datetime64[ns]', freq=None)
```

pd.DatetimeIndex() 函数和 pd.to_datetime() 函数从生成时间戳序列来看是相同的,它们的区别是什么呢?

（1）pd. DatetimeIndex()函数只能对列表、数组、Series 等可迭代对象转换,而不能对标量值(单个值)转换。

（2）pd. to_datetime()函数不能对 Series 转换,但可以对标量值转换。

7.1.3　时间戳转换

时间戳转换一般是数据类型转换和格式转换,也就是文本型时间戳与标准类型时间戳之间的相互转换。

1. 格式化时间戳

当需要对时间戳做格式化设置时,可以使用 strftime()函数,该函数既可以对单个时间戳做格式化设置,也可以对 DatetimeIndex 和 Series 中的时间戳做格式化设置。如图 7-1(a)所示为原表格,对考核日期做格式化设置,示例代码如下:

```
#chapter7\7-1\7-1-7.ipynb
import pandas as pd                                    #导入 Pandas 库,并命名为 pd
df = pd. read_excel('7-1-7.xlsx','考核表')             #读取 Excel 的考核表数据
df['日期'] = df.考核日期.dt.strftime('%Y年%m月%d日')   #对考核日期进行格式化
df                                                     #返回增加日期列后的 df 表
```

运行结果如图 7-1(b)所示。

| (a)原表格 | (b)处理后的表格 |

图 7-1　对日期列做格式化设置

分析一下关键代码,dt. strftime('%Y年%m月%d日'),dt 表示时间戳访问器,是由时间戳组成的 Series 数据的一种处理方式,%Y、%m、%d 分别表示年、月、日,更多关于时间戳格式化的代码详见表 7-2。

表 7-2　格式化时间戳的相关代码

代　　码	注　　释
%y	表示两位数的年份(00～99)
%Y	表示四位数的年份(0000～9999)
%m	月份(01～12)
%d	月内的天(0～31)
%x	获取表示日期部分
%X	获取表示时间部分
%a	简化星期名称
%A	完整星期名称
%b	简化的月份名称
%B	完整的月份名称

续表

代　码	注　　释
%U	一年中的星期数(00~53),星期日为星期的开始
%W	一年中的星期数(00~53),星期一为星期的开始
%w	星期(0~6),星期日为星期的开始
%j	年内的某一天(001~366)
%H	24h 制小时数(0~23)
%I	12h 制小时数(01~12)
%M	分钟(00~59)
%S	秒(00~59)
%p	本地 A. M. 或 P. M. 的等价符
%F	%Y/%m/%d 的简写形式
%D	%m/%d/%y 的简写形式

注意：使用 strftime()函数格式化时间戳之后,返回结果不再是标准时间戳类型,而是文本类型的时间戳。

将不规范时间戳转换为标准时间戳,是数据清洗工作中经常见到的,也是令人头痛的事。不过 Pandas 中的 pd. to_datetime()函数很好地解决了这个问题,该函数既可以对单个数字、文本时间戳做转换,也可以对存储在列表、数组等数据结构中的不规范时间戳做转换,接下来的演示数据均存储在列表中。

2. 文本型时间戳自动转换

一般用横线、斜线、冒号等符号分隔开的为文本型时间戳,pd. to_datetime()函数都可以自动识别转换,示例代码如下：

```
# chapter7\7 - 1\7 - 1 - 8. ipynb
import pandas as pd                                    # 导入 Pandas 库,并命名为 pd
l = ['2021 - 3 - 3', '2020/6/5 14:17:56', '1999.02.13 07:25:09']  # 文本型日期
print(pd. to_datetime(l))                              # 文本型时间戳自动转换(方法 1)
print(pd. DatetimeIndex(l))                            # 文本型时间戳自动转换(方法 2)
```

运行结果如下：

```
# 文本型时间戳自动转换(方法 1),运行结果如下
DatetimeIndex(['2021 - 03 - 03 00:00:00', '2020 - 06 - 05 14:17:56',
                '1999 - 02 - 13 07:25:09'],
               dtype = 'datetime64[ns]', freq = None)
# 文本型时间戳自动转换(方法 2),运行结果如下
DatetimeIndex(['2021 - 03 - 03 00:00:00', '2020 - 06 - 05 14:17:56',
                '1999 - 02 - 13 07:25:09'],
               dtype = 'datetime64[ns]', freq = None)
```

3. 欧洲时间戳的格式转换

欧洲时间戳的格式为"日/月/年 时:分:秒",pd. to_datetime()函数不能直接识别,需要将 dayfirst 参数设置为 True,表示日是在日期的最前面位置,这样就可以自动识别出来了,

示例代码如下：

```
# chapter7\7 - 1\7 - 1 - 9.ipynb
import pandas as pd                                        # 导入 Pandas 库,并命名为 pd
l = ['2/3/1995 12:23:13', '5/6/2020 14:17:56', '13/2/1999 07:25:09']    # 文本型时间戳
print(pd.to_datetime(l, dayfirst = True))                  # 欧洲时间戳的格式转换
```

运行结果如下：

```
DatetimeIndex(['1995 - 03 - 02 12:23:13',
               '2020 - 06 - 05 14:17:56',
               '1999 - 02 - 13 07:25:09'],
              dtype = 'datetime64[ns]', freq = None)
```

4. 格式引导的时间戳转换

有的时间戳格式使用 pd.to_datetime() 函数是无法自动识别的,需要用户根据原有的文本型时间戳格式在 format 参数中做对应的格式设置,关于时间戳格式设置的代码,详见表 7-2,示例代码如下：

```
# chapter7\7 - 1\7 - 1 - 10.ipynb
import pandas as pd                                        # 导入 Pandas 库,并命名为 pd
l = [
    '2021 年 3 月 3 日 12 时 23 分 13s',
    '2020 年 6 月 5 日 14 时 17 分 56s',
    '1999 年 02 月 13 日 07 时 25 分 09s']                   # 文本型时间戳
print(pd.to_datetime(l, format = '%Y 年 %m 月 %d 日 %H 时 %M 分 %S 秒'))
                                                           # 格式引导的时间戳转换
```

运行结果如下：

```
DatetimeIndex(['2021 - 03 - 03 12:23:13',
               '2020 - 06 - 05 14:17:56',
               '1999 - 02 - 13 07:25:09'],
              dtype = 'datetime64[ns]', freq = None)
```

5. 数字对应时间戳的转换

时间戳实际是一个特殊的数字,也就是数字可以转换为对应的时间戳,pd.to_datetime() 函数也具有这样的转换功能,示例代码如下：

```
# chapter7\7 - 1\7 - 1 - 11.ipynb
import pandas as pd                                        # 导入 Pandas 库,并命名为 pd
l = [1, 11319.3, 33575]                                    # 数字
print(pd.to_datetime(l, unit = 'D', origin = '1989 - 12 - 31'))    # 数字对应时间戳的转换
```

运行结果如下：

```
DatetimeIndex(['1990 - 01 - 01 00:00:00',
               '2020 - 12 - 27 07:12:00',
```

```
                    '2081 - 12 - 03 00:00:00'],
              dtype = 'datetime64[ns]', freq = None)
```

分析一下关键代码,pd. to_datetime(1,unit = 'D',origin = '1989-12-31'),其中 unit = 'D'
表示将数字视为天,该参数默认为 ns(纳秒),而 origin = '1989-12-31'表示指定起始时间戳,
如果不指定时间戳,则默认为'1970-01-01 00:00:00'。

7.1.4 时间戳信息获取

要提取单个时间戳、时间戳序列、时间戳访问器 3 种数据的相关信息和属性,可以使用
strftime()函数,通过格式化代码设置(如表 7-2 所示)获得,也可以通过使用属性获取时间
戳的相关信息,例如分别使用这 3 种方法获取日期的季度信息,示例代码如下:

```
#chapter7\7 - 1\7 - 1 - 12. ipynb
import pandas as pd                                    # 导入 Pandas 库,并命名为 pd
df = pd. read_excel('7 - 1 - 12. xlsx','考核表')        # 读取 Excel 的考核表数据
df['季度 1'] = df. 考核日期. map(lambda t:t. quarter)    # 获取考核日期的季度信息(方法 1)
df['季度 2'] = pd. DatetimeIndex(df. 考核日期). quarter   # 获取考核日期的季度信息(方法 2)
df['季度 3'] = df. 考核日期. dt. quarter                  # 获取考核日期的季度信息(方法 3)
df                                                     # 返回增加季度列后的 df 表
```

如图 7-2(a)所示为原表格,运行结果如图 7-2(b)所示。

	姓名	考核日期	分数
0	张三	2020-03-06 09:31:54	89
1	李四	2017-12-15 08:59:06	96
2	王麻子	2020-05-23 14:30:00	83
3	小曾	2021-04-25 17:12:59	99

	姓名	考核日期	分数	季度1	季度2	季度3
0	张三	2020-03-06 09:31:54	89	1	1	1
1	李四	2017-12-15 08:59:06	96	4	4	4
2	王麻子	2020-05-23 14:30:00	83	2	2	2
3	小曾	2021-04-25 17:12:59	99	2	2	2

(a)原表格   (b)处理后的表格

图 7-2   通过属性提取季度信息

下面分析一下这 3 种方法。

第 1 种,对单个时间戳提取信息代码 df. 考核日期. map(lambda t:t. quarter),是对
Series 中的时间戳进行遍历,t 就是遍历出来的单个时间戳,使用它的 quarter 属性提取季度
信息。

第 2 种,对时间戳序列提取信息代码 pd. DatetimeIndex(df. 考核日期). quarter,使用
pd. DatetimeIndex()函数将由时间戳组成的 Series 转换为时间戳序列,然后直接用 quarter
属性提取季度信息。

第 3 种,对时间戳访问器提取信息代码 df. 考核日期. dt. quarter,直接在 dt(时间戳访
问器)后使用 quarter 属性提取季度信息。

以上 3 种方法推荐使用第 2 和第 3 种,这两种方法使用矩阵计算,所以处理速度快,而
第 1 种方法是通过遍历逐个计算的,处理速度慢,当然少量数据是比较不出差异的。

关于时间戳的更多属性信息见表 7-3。

表 7-3　时间戳常用属性

时间戳属性	注　　释
date	获取日期部分
time	获取时间部分
year	获取年份
quarter	获取季度
month	获取月份
day	获取日
hour	获取小时
minute	获取分钟
second	获取秒
isocalendar(). week	每年的第几周(只适用于时间戳访问器)
dayofweek	星期一为 0,星期日为 6
dayofyear	一年中的第几天
daysinmonth	获取日期当月最后一天
days_in_month	获取日期当月最后一天

7.2　时间差

时间差是指一段持续时长,时间差可以是正向的,也可以是负向的。时间差结构包括天、时、分、秒,甚至更小的毫秒、微秒、纳秒。

7.2.1　单个时间差

时间差可以通过 pd. Timedelta()函数来创建,既可以用标准数字来创建时间差,也可以用文本的表达方式来创建时间差,示例代码如下:

```
#chapter7\7-2\7-2-1.ipynb
import pandas as pd                          #导入 Pandas 库,并命名为 pd
print(pd.Timedelta(70,'H'))                  #标准数字创建时间差
print(pd.Timedelta('1W 1day 65m'))           #文本方式创建时间差
```

运行结果如下:

```
2 days 22:00:00
8 days 01:05:00
```

分析一下代码 pd. Timedelta(70,'H'),这是用标准的数字来创建时间差,注意第 2 参数表示数字的单位,这里'H'表示小时,也就是 70h,通过换算返回结果为 2 days 22:00:00,也就是 70h 等于 2 天 22h。

再分析一下代码 pd. Timedelta('1W 1day 65m'),这是直接在第 1 参数以文本形式来创建时间差,1W 表示 1 周,1day 表示 1 天,65m 表示 65 分钟,通过换算返回结果为 8 days 01:05:00。

在创建时间差时要用到相关代码,更详细的时间差代码见表 7-4,绝大部分时间差单位有多种表示方法。

表 7-4 时间差代码单位表示方法

单 位	代 码
周	W,weeks,week,w
天	D,days,day,d
时	H,hours,hour,hr,h
分	T,minutes,minute,min,m
秒	S,seconds,second,sec,s
毫秒	L,milliseconds,millisecond,millis,milli
微秒	U,microseconds,microsecond,micros,micro
纳秒	N,nanoseconds,nanosecond,nanos,nano,ns

7.2.2 时间差序列

时间差序列可以理解为将多个时间差数据组织在一个可迭代对象中,可以使用 pd. timedelta_range()和 pd. to_timedelta()这两个函数来生成。

1. 创建指定范围的时间差序列

在 pd. timedelta_range()函数中填写起止时间差,示例代码如下:

```
#chapter7\7-2\7-2-2.ipynb
import pandas as pd                          #导入 Pandas 库,并命名为 pd
pd.timedelta_range('3D','6D')               #创建指定范围的时间差序列
```

运行结果如下:

```
TimedeltaIndex([
            '3 days',
            '4 days',
            '5 days',
            '6 days'],
            dtype = 'timedelta64[ns]', freq = 'D')
```

2. 创建指定个数的时间差序列

在 pd. timedelta_range()函数中填写起止时间差,并在 periods 参数写入要创建的时间差数据个数,示例代码如下:

```
#chapter7\7-2\7-2-3.ipynb
import pandas as pd                          #导入 Pandas 库,并命名为 pd
pd.timedelta_range('3D',periods = 4)        #创建指定个数的时间差序列
```

运行结果如下:

```
TimedeltaIndex([
            '3 days',
```

```
                       '4 days',
                       '5 days',
                       '6 days'],
          dtype = 'timedelta64[ns]', freq = 'D')
```

3. 创建指定频率的时间差序列

在 pd.timedelta_range()函数中确定好时间差个数,关键是 freq 参数,用于指定频率,例如 freq='H',表示按小数创建时间差序列,示例代码如下:

```
# chapter7\7 - 2\7 - 2 - 4.ipynb
import pandas as pd                              # 导入 Pandas 库,并命名为 pd
pd.timedelta_range('3H',periods = 4,freq = 'H')  # 创建指定频率的时间差序列
```

运行结果如下:

```
TimedeltaIndex([
               '0 days 03:00:00',
               '0 days 04:00:00',
               '0 days 05:00:00',
               '0 days 06:00:00'],
          dtype = 'timedelta64[ns]', freq = 'H')
```

4. 创建指定频率步长的时间差序列

pd.timedelta_range()函数的 freq 参数表示频率,该频率还可以指定步长,例如 H 表示小时,3H 即表示 3 小时,示例代码如下:

```
# chapter7\7 - 2\7 - 2 - 5.ipynb
import pandas as pd                               # 导入 Pandas 库,并命名为 pd
pd.timedelta_range('3H',periods = 4,freq = '3H')  # 创建指定频率步长的时间差序列
```

运行结果如下:

```
TimedeltaIndex([
               '0 days 03:00:00',
               '0 days 06:00:00',
               '0 days 09:00:00',
               '0 days 12:00:00'],
          dtype = 'timedelta64[ns]', freq = '3H')
```

5. 多个时间差生成时间差序列

如果要将一组无规则的时间差字符串生成标准的时间差序列,则可以使用 pd.TimedeltaIndex()函数和 pd.to_timedelta()函数,示例代码如下:

```
# chapter7\7 - 2\7 - 2 - 6.ipynb
import pandas as pd                    # 导入 Pandas 库,并命名为 pd
l = ['1days','2d3h40s','1W1D23T']      # 由时间序列构成的列表
print(pd.TimedeltaIndex(l))            # 列表转换为时间差序列(方法 1)
print(pd.to_timedelta(l))              # 列表转换为时间差序列(方法 2)
```

运行结果如下：

```
TimedeltaIndex([
            '1 days 00:00:00',
            '2 days 03:00:40',
            '8 days 00:23:00'],
            dtype = 'timedelta64[ns]', freq = None)
```

6. 纯数字序列生成时间差序列

如果需要将一组纯数字生成时间差序列，同样可以使用 pd.TimedeltaIndex()函数和 pd.to_timedelta()函数来完成，但要设置数字的单位，也就是指定 unit 参数的单位，更多详细单位如表 7-4 所示，示例代码如下：

```
# chapter7\7 - 2\7 - 2 - 7. ipynb
import pandas as pd                          # 导入 Pandas 库,并命名为 pd
l = [5,6,7,8]                                # 等差序列数的列表
print(pd.TimedeltaIndex(l,unit = 'T'))       # 数字列表转换为时间差序列(方法 1)
print(pd.to_timedelta(l,unit = 'T'))         # 数字列表转换为时间差序列(方法 2)
```

运行结果如下：

```
TimedeltaIndex([
            '0 days 00:05:00',
            '0 days 00:06:00',
            '0 days 00:07:00',
            '0 days 00:08:00'],
            dtype = 'timedelta64[ns]', freq = None)
```

从 pd.TimedeltaIndex()和 pd.to_timedelta()函数生成时间差序列来看它们的用法相同，但区别是什么呢？

（1）pd.TimedeltaIndex()函数只能对列表、数组、Series 等可迭代对象转换，不能对标量值（单个值）转换。

（2）pd.to_timedelta()函数不能对 Series 做转换，但可以对标量值转换。

7. 时间戳运算生成时间差序列

两个时间戳相减得到的是时间差，两个时间戳序列相减得到的则是时间差序列，以时间戳序列相减为例，示例代码如下：

```
# chapter7\7 - 2\7 - 2 - 8. ipynb
import pandas as pd                                        # 导入 Pandas 库,并命名为 pd
t1 = pd.to_datetime(['2021 - 3 - 1 12:34:17','2020 - 5 - 16 15:12:15'])    # 第 1 个时间戳序列
t2 = pd.to_datetime(['2021 - 2 - 26 11:30:10','2020 - 5 - 5 23:10:8'])     # 第 2 个时间戳序列
t1 - t2                        # 返回两个时间戳序列相减后得到的时间差序列
```

运行结果如下：

```
TimedeltaIndex([
            '3 days 01:04:07',
            '10 days 16:02:07'],
            dtype = 'timedelta64[ns]', freq = None)
```

7.2.3 时间差信息获取

要获取单个时间差数据、时间差序列、时间差访问器 3 种数据的相关信息和属性，例如获取天数的信息，可分别使用 3 种方法完成，示例代码如下：

```
#chapter7\7-2\7-2-9.ipynb
import datetime as dti
import pandas as pd                                      #导入 Pandas 库,并命名为 pd
df = pd.read_excel('7-2-9.xlsx','项目表'                   #读取 Excel 的成绩表数据
df.攻关时间 = pd.TimedeltaIndex(df.攻关时间,"D")             #修改攻关时间列的数据类型
df['攻关天数 1'] = df.攻关时间.map(lambda t:t.days)          #获取攻关时间天数信息(方法 1)
df['攻关天数 2'] = pd.TimedeltaIndex(df.攻关时间).days       #获取攻关时间天数信息(方法 2)
df['攻关天数 3'] = df.攻关时间.dt.days                       #获取攻关时间的天数信息(方法 3)
df                                                       #返回增加攻关天数列后的 df 表
```

如图 7-3(a)所示为原表格，运行结果如图 7-3(b)所示。

	项目名称	攻关时间
0	A	14 days 06:08:08.160000
1	B	7 days 12:35:08.160000
2	C	18 days 23:10:19.200000
3	D	25 days 16:47:51.360000

(a) 原表格

	项目名称	攻关时间	攻关天数1	攻关天数2	攻关天数3
0	A	14 days 06:08:08.160000	14	14	14
1	B	7 days 12:35:08.160000	7	7	7
2	C	18 days 23:10:19.200000	18	18	18
3	D	25 days 16:47:51.360000	25	25	25

(b) 处理后的表格

图 7-3 提取时间差序列中的天数

下面分析一下 3 种方法。

第 1 种，对单个时间差提取信息代码 df.攻关时间.map(lambda t:t.days)，是对 Series 中的时间差进行遍历，t 就是遍历出来的每个时间差，使用它的 days 属性提取天数信息即可。

第 2 种，对时间差序列提取信息代码 pd.TimedeltaIndex(df.攻关时间).days，使用 pd.TimedeltaIndex()函数将时间差组成的 Series 转换为时间差序列，然后直接用 days 属性提取天数信息即可。

第 3 种，对时间差访问器提取信息代码 df.攻关时间.dt.days，直接在 dt(时间差访问器)后使用 days 属性提取天数信息即可。

以上 3 种方法推荐使用第 2 和第 3 种，这两种方法使用矩阵计算，所以处理速度快，而第 1 种是通过遍历逐个计算的，处理速度慢，当然少量数据是没有差异的。

关于时间差的更多属性信息见表 7-5。

表 7-5 时间差常用属性

时间差属性	注释
days	天数总计(只总计天数部分)

续表

时间差属性	注　　释
seconds	秒数总计（只总计时、分、秒三部分）
total_seconds()	时间差各单位换算总计为秒
microseconds	微秒总计（只总计毫秒、微秒两部分）
nanoseconds	纳秒总计（只总计纳秒部分）
components	返回时间差各单位的值

7.2.4　时间差偏移

时间差偏移是在时间戳上偏移一个时间差，最后得到的结果还是时间戳，而不是时间差，在不同时间戳上偏移不同时间差的运算结果如图 7-4 所示。

图 7-4　在不同时间戳上偏移不同时间差的运算结果

下面以在时间戳序列上偏移单个时间差为例，示例代码如下：

```
#chapter7\7-2\7-2-10.ipynb
import pandas as pd                                 #导入 Pandas 库，并命名为 pd
l = pd.to_datetime(['2021-2-3 11:25:30','2020-12-15','2021-3-16'])    #时间戳序列
t = pd.Timedelta('1days')                           #单个时间差数据
l + t                                               #返回时间戳序列
```

运行结果如下：

```
DatetimeIndex([
            '2021-02-04 11:25:30',
            '2020-12-16 00:00:00',
            '2021-03-17 00:00:00'
            ],dtype = 'datetime64[ns]', freq = None)
```

上面的代码是在时间戳上加时间差数据，得到新的时间戳往后偏移（日期更大）。如果是减去时间差数据，则得到新的时间戳往前偏移（日期更小）。

7.3　巩固案例

7.3.1　根据出生日期计算年龄

如图 7-5(a)所示为原表格，根据出生日期计算年龄，当前系统时间为"2021-5-6 22:39:57.222163"，示例代码如下：

```
#chapter7\7-3\7-3-1.ipynb
import datetime as dti
import pandas as pd                                    #导入 Pandas库,并命名为 pd
df = pd.read_excel('7-3-1.xlsx','出生表')              #读取 Excel 的出生表数据
df['年龄'] = dti.datetime.now().year-df.出生日期.dt.year    #计算年龄
df                                                      #返回增加列后的 df 表
```

运行结果如图 7-5(b)所示。

(a) 原表格　　(b) 处理后的表格

图 7-5　根据出生日期计算年龄

分析一下关键代码,dti. datetime. now(). year-df. 出生日期. dt. year。首先看 dti. datetime. now()代码,是获取当前系统时间戳,处理结果如下:

```
datetime.datetime(2021, 5, 6, 22, 39, 57, 222163)
```

其次使用 year 属性提取年份得到 2021,此年份会随着系统日期的变化而变化。然后看 df. 出生日期. dt. year 代码,表示提取出生日期列的年份数字,处理结果如下:

```
0    1991
1    1985
2    1990
3    1982
Name:出生日期, dtype: int64
```

最后将当前年份减去出生年份序列得到年龄,处理结果如下:

```
0    30
1    36
2    31
3    39
Name:出生日期, dtype: int64
```

将该 Series 数据写入年龄新列即可。

7.3.2　将不规范日期整理为标准日期

如图 7-6(a)所示为原表格,采购日期列的日期格式比较零乱,现在需要将其整理为标准日期,示例代码如下:

```
#chapter7\7-3\7-3-2.ipynb
import pandas as pd                                    #导入 Pandas库,并命名为 pd
```

```
df = pd.read_excel('7 - 3 - 2.xlsx','产品表')                  #读取 Excel 的产品表数据
df['规范日期'] = pd.to_datetime(df.采购日期.str.findall(r'\d + ').str.join(' - '))
                                                              #规范采购日期时间戳
df                                                            #返回增加规范日期列后的 df 表
```

运行结果如图 7-6(b)所示。

	产品	采购日期
0	A	2019/12/3
1	B	2018*10*14
2	C	2020.05.21
3	D	2017/7/3
4	E	2021#2#24

(a) 原表格

	产品	采购日期	规范日期
0	A	2019/12/3	2019-12-03
1	B	2018*10*14	2018-10-14
2	C	2020.05.21	2020-05-21
3	D	2017/7/3	2017-07-03
4	E	2021#2#24	2021-02-24

(b) 处理后的表格

图 7-6　处理不规范日期为标准日期

分析一下关键代码，pd.to_datetime(df.采购日期.str.findall(r'\d+').str.join('-'))。首先，df.采购日期.str.findall(r'\d+)表示提取采购日期列年、月、日 3 部分，处理结果如下：

```
0    [2019, 12, 3]
1    [2018, 10, 14]
2    [2020, 05, 21]
3    [2017, 7, 3]
4    [2021, 2, 24]
Name:采购日期, dtype: object
```

然后再使用.str.join('-')将元组以'-'为分隔符进行合并，处理结果如下：

```
0    2019 - 12 - 3
1    2018 - 10 - 14
2    2020 - 05 - 21
3    2017 - 7 - 3
4    2021 - 2 - 24
Name: 采购日期, dtype: object
```

最后对合并后的 Series 数据使用 pd.to_datetime 进行转换，处理结果如下：

```
0    2019 - 12 - 03
1    2018 - 10 - 14
2    2020 - 05 - 21
3    2017 - 07 - 03
4    2021 - 02 - 24
Name:采购日期, dtype: datetime64[ns]
```

可以看到 Series 的数据类型由 dtype: object 变成了 dtype: datetime64[ns]。最后将处理的结果添加到规范日期新列。

7.3.3　根据开始时间到结束时间的时长计算金额

如图 7-7(a)所示为原表格，计算开始时间到结束时间之间的时间长度，然后按每分钟

10 元的课酬计算每门课程的课酬金额,示例代码如下:

```
#chapter7\7-3\7-3-3.ipynb
import pandas as pd                          #导入 Pandas 库,并命名为 pd
df = pd.read_excel('7-3-3.xlsx','上课表')     #读取 Excel 的上课表数据
df['金额'] = pd.TimedeltaIndex(df.结束时间 - df.开始时间).seconds/60 * 10
                                              #根据时间差计算课酬金额
df                                            #返回增加金额列后的新表
```

运行结果如图 7-7(b)所示。

	课程名称	开始时间	结束时间
0	Pandas基础	2021-05-04 14:00:00	2021-05-04 15:30:00
1	Python入门	2021-05-05 09:30:00	2021-05-05 12:35:00
2	Excel VBA	2021-05-07 14:30:00	2021-05-07 16:20:00
3	精学Numpy	2021-05-08 08:00:00	2021-05-08 11:40:00

(a)原表格

	课程名称	开始时间	结束时间	金额
0	Pandas基础	2021-05-04 14:00:00	2021-05-04 15:30:00	900.0
1	Python入门	2021-05-05 09:30:00	2021-05-05 12:35:00	1850.0
2	Excel VBA	2021-05-07 14:30:00	2021-05-07 16:20:00	1100.0
3	精学Numpy	2021-05-08 08:00:00	2021-05-08 11:40:00	2200.0

(b)处理后的表格

图 7-7 根据时间差计算金额

分析一下关键代码,pd.TimedeltaIndex(df.结束时间-df.开始时间).seconds/60 * 10。首先看代码 df.结束时间-df.开始时间,表示两组时间戳序列做减法运算,结果是时间差序列,处理结果如下:

```
0    0 days 01:30:00
1    0 days 03:05:00
2    0 days 01:50:00
3    0 days 03:40:00
dtype: timedelta64[ns]
```

其次使用 pd.TimedeltaIndex()函数将时间差组成的 Series 转换为时间差序列,处理结果如下:

```
TimedeltaIndex([
            '0 days 01:30:00',
            '0 days 03:05:00',
            '0 days 01:50:00',
            '0 days 03:40:00'],
            dtype = 'timedelta64[ns]', freq = None)
```

然后对时间差序列使用 seconds 属性,按秒为单位计算时间差,处理结果如下:

```
Int64Index([5400, 11100, 6600, 13200], dtype = 'int64')
```

再除以 60 将时间差序列变成以分钟为单位,方便按分钟计算金额,处理结果如下:

```
Float64Index([90.0, 185.0, 110.0, 220.0], dtype = 'float64')
```

再将时间差序列乘以金额 10 元,得到的结果便是每门课酬金额,处理结果如下:

```
Float64Index([900.0, 1850.0, 1100.0, 2200.0], dtype = 'float64')
```

最后将金额写入金额新列中即可。

7.3.4 根据借书起始时间及租借天数计算归还日期

如图 7-8(a)所示为原表格,开始时间列是借书的起始时间,租借天数列是约定租看时长,现在要计算出归还日期,示例代码如下:

```
♯chapter7\7 - 3\7 - 3 - 4.ipynb
import pandas as pd                              ♯导入 Pandas 库,并命名为 pd
df = pd.read_excel('7 - 3 - 4.xlsx','借书表')    ♯读取 Excel 的借书表数据
df['归还日期'] = df.开始时间 + pd.to_timedelta(df.租借天数,'D')     ♯计算归还日期
df                                               ♯返回增加归还日期列后的 df 表
```

运行结果如图 7-8(b)所示。

	书名	开始时间	租借天数
0	水浒传	2021-05-05 09:30:00	10
1	红楼梦	2021-05-07 14:30:00	15
2	三国演义	2021-05-04 14:00:00	36
3	西游记	2021-05-08 08:00:00	8

(a)原表格

	书名	开始时间	租借天数	归还日期
0	水浒传	2021-05-05 09:30:00	10	2021-05-15 09:30:00
1	红楼梦	2021-05-07 14:30:00	15	2021-05-22 14:30:00
2	三国演义	2021-05-04 14:00:00	36	2021-06-09 14:00:00
3	西游记	2021-05-08 08:00:00	8	2021-05-16 08:00:00

(b) 处理后的表格

图 7-8　计算归还日期

分析一下关键代码,df. 开始时间＋pd. to_timedelta(df. 租借天数,'D')。首先看 pd. to_timedelta(df. 租借天数,'D'),表示将租借天数列的数字转换为以天为单位的时间差,处理结果如下:

```
0      10 days
1      15 days
2      36 days
3      8 days
Name:租借天数, dtype: timedelta64[ns]
```

其次将 df. 开始时间加上租借天数时间差,处理结果如下:

```
0      2021 - 05 - 15 09:30:00
1      2021 - 05 - 22 14:30:00
2      2021 - 06 - 09 14:00:00
3      2021 - 05 - 16 08:00:00
dtype: datetime64[ns]
```

然后将相加的时间戳结果写入归还日期列。

第 8 章

高级索引技术

我们知道在 Pandas 中的行索引和列索引就相当于 Excel 中的行号和列标。Excel 中的行号用数字 1,2,3…表示；列标用字母 A,B,C…表示，并且不能做任何修改，但在 Pandas 中行索引和列索引是可以修改的，并且可以设置多个层次的索引，称为分层索引。本章重点是落在分层索引技术上。

8.1 Pandas 索引

索引按方向可以分为行索引和列索引，按层级分类可分为单层索引和分层索引。

分层索引(MultiIndex)可以在 Series 或者 DataFrame 上设置多个层次的索引，处理更高维度的数据。

在前面的章节中，我们接触到的所有 Series 和 DataFrame 数据的索引都是单层索引，但从本章开始，需要接触多层索引，也就是分层索引。在操作分层索引之前，要了解一下 Series 和 DataFrame 两种数据的分层索引结构。

8.1.1 Series 索引

先看 Series 数据中的单层索引和分层索引的表现形式，如图 8-1(a)所示是由单层索引构成的 Series 数据，图 8-1(b)是由分层索引构成的 Series 数据。重点分析分层索引，可以看到当前分层索引是两层，第 1 层是部门，第 2 层是工号，当然可以有更多层数。第 1 层下面的标签有空白，空白并不表示无数据，只是一种简化的呈现方式。空白表示与它上端第 1 个非空白标签相同，例如工号为 NED02 的李四，他对应的部门就是空白，但实际上他属于销售部，再例如工号为 NED04 的小曾，他对应的部门是财务部。不管单层索引还是分层索引，都有索引标题，但不是必需的。

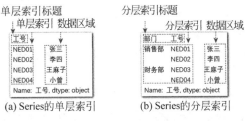

(a) Series的单层索引　　(b) Series的分层索引

图 8-1　Series 索引结构

8.1.2 DataFrame 索引

再看一看 DataFrame 表格的索引，如图 8-2 所示，DataFrame 表格的行索引和列索引都是单层索引，行索引和列索引可以有标题，也可以没有标题。

图 8-2　DataFrame 索引结构

如图 8-3 所示，DataFrame 表格的行索引和列索引都是分层索引，行和列分层索引表现形式相同，只不过呈现在不同方向而已。可以看到 DataFrame 表格的行索引是 3 层，列索引是 2 层。行和列分层索引的标题可以有，也可以没有。

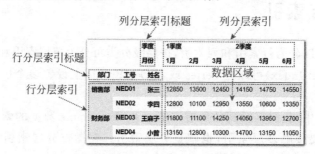

图 8-3　DataFrame 分层索引结构

8.2　分层索引的设置

本节主要讲解 Series 与 DataFrame 两种数据类型分层索引的设置。分层索引既可以在创建 Series 和 DataFrame 时设置，也可以对已存在的 Series 和 DataFrame 重新设置。

8.2.1　Series 的分层索引设置

创建 Series 时，在 pd.Series()函数的 index 参数中写入索引数据。如果是修改已经存在的 Series 数据的索引，则向它的 index 属性写入索引数据。

1. 创建 Series 时设置分层索引

先演示一下创建 Series 数据时如何设置分层索引，示例代码如下：

```
#chapter8\8-2\8-2-1.ipynb
import pandas as pd                                              #导入 Pandas 库，并命名为 pd
l=[['A组','A组','B组','B组'],['01','02','03','04']]              #准备好的分层索引数据
s=pd.Series(['张三','李四','王麻子','小曾'],index=l)              #创建 Series 并设置分层索引
```

```
s.index.names = ['组名','工号']                  # 对 Series 的分层索引设置标题
s                                               # 返回 Series 数据
```

运行结果如下:

```
组名 工号
A组    01      张三
       02      李四
B组    03      王麻子
       04      小曾
dtype: object
```

关键代码 s=pd.Series(['张三','李四','王麻子','小曾'],index=l)中的 l 列表就是准备好的分层索引数据。

2. 对已存在的 Series 设置分层索引

对已经存在的 Series 数据设置分层索引,示例代码如下:

```
# chapter8\8-2\8-2-2.ipynb
import pandas as pd                              # 导入 Pandas 库,并命名为 pd
l = [['A组','A组','B组','B组'],['01','02','03','04']]  # 准备好的分层索引数据
s = pd.Series(['张三','李四','王麻子','小曾'])      # 创建 Series
s.index = l                                      # 对 Series 设置分层索引
s.index.names = ['组名','工号']                  # 对 Series 的分层索引设置标题
s                                               # 返回 Series 数据
```

运行结果如下:

```
组名 工号
A组    01      张三
       02      李四
B组    03      王麻子
       04      小曾
dtype: object
```

关键代码 s.index=l 中的 l 列表就是准备好的分层索引数据。

8.2.2 DataFrame 的分层索引设置

由于 DataFrame 是表格型结构,所以同时存在行索引和列索引,因此行和列方向的索引都可以设置为分层索引。

创建 DataFrame 表格时,在 pd.DataFrame()函数的 index 参数中写入行索引数据,在 columns 参数中写入列索引数据。如果是修改已经存在的 DataFrame 表格的索引,则向它的 index 属性写入行索引数据,向 columns 属性写入列索引数据。

1. 创建 DataFrame 时设置分层索引(行分层索引)

在创建 DataFrame 表格时设置行分层索引,示例代码如下:

```
# chapter8\8 - 2\8 - 2 - 3. ipynb
import pandas as pd, numpy as np              # 导入 Pandas 库和 NumPy 库,并命名为 pd 和 np
arr = np. arange(2000, 2020). reshape(4, 5)   # 准备好的 DataFrame 数据
l = [['A组', 'A组', 'B组', 'B组'], ['01', '02', '03', '04']]  # 准备好的分层索引数据
df = pd. DataFrame(arr, index = l)            # 创建 DataFrame 并设置行分层索引
df. index. names = ['组名', '工号']            # 对 DataFrame 设置行分层索引标题
df                                             # 返回 df 表数据
```

运行结果如下:

组名	工号	0	1	2	3	4
A组	01	2000	2001	2002	2003	2004
	02	2005	2006	2007	2008	2009
B组	03	2010	2011	2012	2013	2014
	04	2015	2016	2017	2018	2019

关键代码 df = pd. DataFrame(arr, index = l)中的 l 列表就是准备好的行分层索引数据。

2. 对已存在的 DataFrame 设置分层索引(行分层索引)

对已存在的 DataFrame 表格设置行分层索引,示例代码如下:

```
# chapter8\8 - 2\8 - 2 - 4. ipynb
import pandas as pd, numpy as np              # 导入 Pandas 库,并命名为 pd
arr = np. arange(2000, 2020). reshape(4, 5)   # 准备好的 DataFrame 数据
l = [['A组', 'A组', 'B组', 'B组'], ['01', '02', '03', '04']]  # 准备好的分层索引数据
df = pd. DataFrame(arr)                        # 创建 DataFrame
df. index = l                                  # 对 DataFrame 设置行分层索引
df. index. names = ['组名', '工号']            # 对 DataFrame 设置行分层索引标题
df                                             # 返回 df 表数据
```

运行结果如下:

组名	工号	0	1	2	3	4
A组	01	2000	2001	2002	2003	2004
	02	2005	2006	2007	2008	2009
B组	03	2010	2011	2012	2013	2014
	04	2015	2016	2017	2018	2019

关键代码 df. index = l 中的 l 列表就是准备好的行分层索引数据。

3. 创建 DataFrame 时设置分层索引(列分层索引)

创建 DataFrame 表格时设置列分层索引,示例代码如下:

```
# chapter8\8 - 2\8 - 2 - 5. ipynb
import pandas as pd, numpy as np              # 导入 Pandas 库和 NumPy 库,并命名为 pd 和 np
arr = np. arange(2000, 2020). reshape(4, 5)   # 准备好的 DataFrame 数据
l = [['A组', 'A组', 'B组', 'B组', 'B组'], ['01', '02', '03', '04', '05']]  # 准备好的分层索引数据
df = pd. DataFrame(arr, columns = l)          # 创建 DataFrame 并设置列分层索引
```

```
df.columns.names = ['组名','工号']          #对 DataFrame 设置列分层索引标题
df                                        #返回 df 表数据
```

运行结果如下：

组名	A 组		B 组		
工号	01	02	03	04	05
0	2000	2001	2002	2003	2004
1	2005	2006	2007	2008	2009
2	2010	2011	2012	2013	2014
3	2015	2016	2017	2018	2019

关键代码 df＝pd.DataFrame(arr,columns＝l)中的 l 列表就是准备好的列分层索引数据。

4. 对已存在的 DataFrame 设置分层索引(列分层索引)

对已存在的 DataFrame 表格设置列分层索引,示例代码如下：

```
#chapter8\8-2\8-2-6.ipynb
import pandas as pd,numpy as np            #导入 Pandas 库和 NumPy 库,并命名为 pd 和 np
arr = np.arange(2000,2020).reshape(4,5)    #准备好的 DataFrame 数据
l = [['A组','A组','B组','B组','B组'],['01','02','03','04','05']]   #准备好的分层索引数据
df = pd.DataFrame(arr)                     #创建 DataFrame
df.columns = l                            #对 DataFrame 设置列分层索引
df.columns.names = ['组名','工号']          #对 DataFrame 设置列分层索引标题
df                                        #返回 df 表数据
```

运行结果如下：

组名	A 组		B 组		
工号	01	02	03	04	05
0	2000	2001	2002	2003	2004
1	2005	2006	2007	2008	2009
2	2010	2011	2012	2013	2014
3	2015	2016	2017	2018	2019

关键代码 df.columns＝l 中的 l 列表就是准备好的列分层索引数据。

综上所述,无论是 Series 还是 DataFrame 都可以在创建时设置分层索引,也可以对已存在的 Series 和 DataFrame 设置分层索引,对设置分层索引的总结见表 8-1。

表 8-1　设置分层索引

	创建时	已存在时	分层索引标题
Series 分层索引	index 参数	index 属性	index.names 属性
DataFrame 行分层索引	index 参数	index 属性	index.names 属性
DataFrame 列分层索引	columns 参数	columns 属性	columns.names 属性

注意：index 和 columns 参数是指创建 Series 或 DataFrame 时函数的参数；index 和

columns 属性是指 Series 或 DataFrame 已存在的属性。

8.3 分层索引设置的 4 种方法

根据分层索引数据的不同结构,可以用不同的方式设置分层索引,并且在设置索引数据的同时还可以设置索引名称。

由于 Series 索引、DataFrame 的行索引和列索引都可以是分层索引,并且表现形式也相同,为了方便演示,本节关于分层索引的设置用 Series 数据演示。

分层索引数据的呈现方式还可以使用 MultiIndex 类下面的函数设置,分别按数组、元组、笛卡儿积和 DataFrame 这 4 种方式设置分层索引。用这 4 种方法完成的结果,如图 8-4 所示。

图 8-4　设置分层索引的 4 种方法

1. 按数组设置分层索引

按数组设置分层索引并不是看数据类型是不是数组,而是看数据的组织形式,可以理解为按列设置分层索引,使用 pd. MultiIndex. from_arrays() 函数设置,示例代码如下:

```
#chapter8\8-3\8-3-1.ipynb
import pandas as pd                                      # 导入 Pandas 库,并命名为 pd
l = [['A组','A组','B组','B组'],['01','02','03','04']]      # 准备好的分层索引数据
i = pd.MultiIndex.from_arrays(l,names = ['组名','工号'])   # 按数组设置分层索引
s = pd.Series(['张三','李四','王麻子','小曾'],index = i)    # 创建 Series 并设置分层索引
s                                                        # 返回 Series 数据
```

运行结果如下:

```
组名  工号
A组   01   张三
     02   李四
B组   03   王麻子
     04   小曾
dtype: object
```

分析一下分层索引的数据,可以将 l 列表中的第 1 个元素['A 组','A 组','B 组','B 组']视为第 1 层数据(也就是第 1 列的数据),将第 2 个元素['01','02','03','04']视为第 2 层数据(也就是第 2 列的数据),如图 8-4 中编号①所示,将其看作按列的组织形式。

2. 按元组设置分层索引

按元组设置分层索引也不是看数据类型是不是元组,同样是看数据的组织形式,可以理

解为按行设置分层索引,使用 pd. MultiIndex. from_tuples()函数设置,示例代码如下:

```
#chapter8\8-3\8-3-2.ipynb
import pandas as pd                                      #导入 Pandas 库,并命名为 pd
l=[('A组','01'),('A组','02'),('B组','03'),('B组','04')]   #准备好的分层索引数据
i = pd.MultiIndex.from_tuples(l,names=['组名','工号'])     #按元组设置分层索引
s = pd.Series(['张三','李四','王麻子','小曾'],index = i)    #创建 Series 并设置分层索引
s                                                        #返回 Series 数据
```

运行结果如下:

```
组名 工号
A组    01    张三
       02    李四
B组    03    王麻子
       04    小曾
dtype: object
```

分析一下分层索引的数据,l列表[('A组','01'),('A组','02'),('B组','03'),('B组','04')]中的每个元素都是元组,将每个元组视为分层索引每行的数据,如图 8-4 中编号②所示,将其看作按行的组织形式。

3. 按笛卡儿积设置分层索引

按笛卡儿积方式设置分层索引,会将两组数据中的元素做穷尽组合,可使用 pd. MultiIndex. from_ product()函数设置,示例代码如下:

```
#chapter8\8-3\8-3-3.ipynb
import pandas as pd                                      #导入 Pandas 库,并命名为 pd
l=[('A组','B组'),('01','02')]                            #准备好的分层索引数据
i = pd.MultiIndex.from_product(l,names = ['组名','工号'])  #按笛卡儿积设置分层索引
s = pd.Series(['张三','李四','王麻子','小曾'],index = i)    #创建 Series 并设置分层索引
s                                                        #返回 Series 数据
```

运行结果如下:

```
组名 工号
A组    01    张三
       02    李四
B组    01    王麻子
       02    小曾
dtype: object
```

分析一下分层索引的数据,l列表[('A组','B组'),('01','02')]提供了由元组组成的列表,而两个元组中的元素会做组合,组合结果为[('A组', '01'), ('A组', '02'), ('B组', '01'), ('B组', '02')],最后分层索引的设置效果如图 8-4 中编号③所示。

4. 按 DataFrame 设置分层索引

如果将 DataFrame 作为分层索引数据,则 DataFrame 的列标题会默认设置为分层索引

的标题。使用 pd.MultiIndex.from_frame() 函数设置分层索引,示例代码如下:

```
#chapter8\8-3\8-3-4.ipynb
import pandas as pd                              #导入 Pandas 库,并命名为 pd
df = pd.DataFrame({
    '组名':['A 组','A 组','B 组','B 组'],
    '工号':['01','02','03','04']})               #准备好的分层索引数据
i = pd.MultiIndex.from_frame(df)                 #按 DataFrame 设置分层索引
s = pd.Series(['张三','李四','王麻子','小曾'],index = i)    #创建 Series 并设置分层索引
s                                                #返回 Series 数据
```

运行结果如下:

```
组名 工号
A 组   01   张三
       02   李四
B 组   03   王麻子
       04   小曾
dtype: object
```

分析一下分层索引的数据,pd.DataFrame({'组名':['A 组','A 组','B 组','B 组'],'工号':['01','02','03','04']}),该 DataFrame 表格的列标题是'组名'和'工号',如果在 pd.MultiIndex.from_frame() 函数中不设置 names 参数,则会默认设置为分层索引的标题,最后分层索引的设置效果如图 8-4 中编号④所示。

8.4 文件导入导出时分层索引设置

从外部导入文件数据到 Pandas 时,也可以设置单层索引和分层索引,本节以比较常见的导入 Excel 数据为例,讲解一下如何设置分层索引。

1. 导入 Excel 文件

导入为 DataFrame 表格前的两种原始表格结构如图 8-5(a)和图 8-5(b)所示,这两种结构的表格都可以设置转换为具有分层索引的 DataFrame 表格。

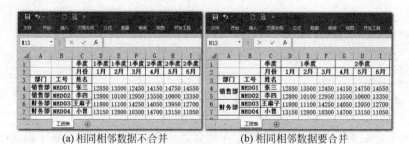

(a) 相同相邻数据不合并　　　　　　(b) 相同相邻数据要合并

图 8-5 导入 Pandas 前的两种原始表格结构

在转换时,需要对 pd.read_excel() 函数的 header 与 index_col 参数做设置,示例代码如下:

```
# chapter8\8 - 4\8 - 4 - 1.ipynb
import pandas as pd                                              # 导入 Pandas 库,并命名为 pd
df = pd.read_excel('8 - 4 - 1.xlsx','工资表',header = [0,1],index_col = [0,1,2])
                                                                # 读取 Excel 的工资表数据
df                                                              # 返回 df 表数据
```

运行结果如图 8-6 所示。

部门	工号	姓名	季度 1季度			2季度		
			月份 1月	2月	3月	4月	5月	6月
销售部	NED01	张三	12850	13500	12450	14150	14750	14550
	NED02	李四	12800	10100	12950	13550	10600	13350
财务部	NED03	王麻子	11800	11100	14250	14050	13950	12700
	NED04	小曾	13150	12800	10300	14700	13150	11050

图 8-6 导入后的 DataFrame 表格

分析一下关键代码,pd.read_excel('8-4-1.xlsx','工资表',header=[0,1],index_col=[0,1,2]),其中 header=[0,1]表示将 1 行和 2 行的数据设置为列分层索引,index_col=[0,1,2]表示将 1 列、2 列和 3 列的数据设置为行分层索引。

2. 导出 Excel 文件

如图 8-7(a)所示为 DataFrame 表格,要导出 DataFram 表格时,也可以设置行索引和列索引是否导出,同样以导出为 Excel 文件为例,使用 df.to_excel()函数,示例代码如下:

```
# chapter8\8 - 4\8 - 4 - 2.ipynb
import pandas as pd                                              # 导入 Pandas 库,并命名为 pd
df = pd.read_excel('8 - 4 - 2.xlsx','工资表',header = [0,1],index_col = [0,1,2])
                                                                # 读取 Excel 的工资表数据
df.to_excel('demo.xlsx',header = False,index = True)            # 导出为 Excel 文件时,设置行索引
                                                                # 和列索引
```

运行结果如图 8-7(b)所示。

部门	工号	姓名	季度 1季度			2季度		
			月份 1月	2月	3月	4月	5月	6月
销售部	NED01	张三	12850	13500	12450	14150	14750	14550
	NED02	李四	12800	10100	12950	13550	10600	13350
财务部	NED03	王麻子	11800	11100	14250	14050	13950	12700
	NED04	小曾	13150	12800	10300	14700	13150	11050

(a) DataFram表格

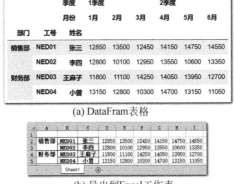

(b) 导出到Excel工作表

图 8-7 将 DataFrame 表格导出为 Excel 文件

分析一下关键代码,df. to_excel('demo. xlsx',header = False,index = True),其中header=False表示不导出列索引到文件中,index=True表示需要将行索引导出到文件中。实际上 header 和 index 两个参数的默认值都为 True,也就是说行索引和列索引默认都要导出。

8.5 行索引与列数据的相互转换

有时为了方便处理数据,需要将某列或某几列数据设置为行索引,使用 df. set_index()函数;也有可能处理后的行索引数据需要设置为列数据,使用 df. reset_index()函数。本节分别介绍这两个函数的使用方法。

8.5.1 列数据设置为行索引

如果需要将一个 DataFrame 表格的列数据设置为该表的行索引,则可以使用 df. set_index()函数,将单列或者多列设置为行索引。如果是多列设置为行索引,则自然就是分层索引,该函数参数说明如下所示。

df. set_index(keys,drop = True,append = False,inplace = False,verify_integrity = False)

keys:指定要设置为行索引的列,列的表现形式有列名、Series、序列、数组和迭代器。可以是单列,也可以是多列,如果是多列,则将多列放置在列表。

drop:是否要删除用作新索引的列,也就是设置为行索引后的列数据是否保留,默认为删除,即不保留。

append:是否将列添加到现有行索引,True 为添加,False 为完全替换,默认值为 False。

inplace:是否就地修改 DataFrame 表格,而不是创建新的 DataFrame 表格。

verify_integrity:检查新索引是否存在重复项,设置为 False 将提高此方法的性能。

接下来演示一下使用 df. set_index()函数设置分层索引的几种方式,如图 8-8(a)所示为原表格,可以将原表格的列设置为行索引,也可以将列处理后设置为行索引,还可以将与列无关联的数据设置为行索引,示例代码如下:

```
# chapter8\8 - 5\8 - 5 - 1. ipynb
import pandas as pd                                      # 导入 Pandas 库,命名为 pd
df = pd. read_excel('8 - 5 - 1. xlsx',sheet_name = '信息表')    # 读取 Excel 的信息表数据
df. set_index(['部门',                                     # 列名
                df. 籍贯. str[:2],                          # Series 数据
                pd. date_range('2021 - 1 - 1','2021 - 1 - 5'),   # 序列
                df. 编号. str[3:]. to_numpy(),               # 数组
                iter(range(101,106))                     # 迭代器
              ],drop = True)
```

运行结果如图 8-8(b)所示。

分析一下设置为行索引的各种类型数据['部门', df. 籍贯. str[:2], pd. date_range('2021-1-1','2021-1-5'),df. 编号. str[3:]. to_numpy(),iter(range(101,106))]。

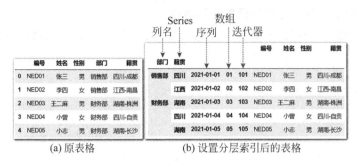

(a) 原表格　　　　　　　(b) 设置分层索引后的表格

图 8-8　将 DataFrame 表格中的列数据设置为行索引

行索引数据是列名,例如代码中的'部门'表示将表格中的列设置为行索引,并且可以看到行索引标题就是列的标题。

行索引数据是 Series,例如代码中的 df.籍贯.str[:2]处理结果是 Series 数据,表示从籍贯列提取省份作为行索引,由于处理的是表格中的列,返回的又是 Series 数据,所以行索引标题就是被处理列的标题。

行索引数据是序列,例如代码中的 pd.date_range('2021-1-1','2021-1-5')是一个时间戳序列,该序列数据与表格无任何关系,同样可以设置为行索引,但没有行索引标题。

行索引数据是数组,例如代码中的 df.编号.str[3:].to_numpy()处理结果是数组,表示从编号中提取数字作为行索引,虽然是处理表格中的列,但由于返回的是数组,而不是 Series 数据,无法保留列标题,所以行索引也没有标题。

行索引数据是迭代器,例如代码中的 iter(range(101,106))表示生成 101~106 等差序列数的迭代器,该迭代器的数据同样与表格无关,所以也没有行索引标题。

注意:将 df.set_index()函数的 drop 参数设置为 True,也就是要删除设置为行索引的列,在列名、Series、序列、数组和迭代器这几种表现形式中,只有列名对应的列能删除。

8.5.2　行索引设置为列数据

之前学习的 df.set_index()函数是将列数据设置为行索引,现在如果要做反向操作,将行索引设置为列数据,则可以使用 df.reset_index()函数。在实际工作中经常会将列数据设置为行索引,做完数据处理后再还原回来,关于 df.reset_index()函数参数说明如下所示。

df.reset_index(level=None, drop=False, inplace=False, col_level=0, col_fill='')

level:指定要设置为列数据的行索引级别。参数类型可以为数字、字符串、元组或者列表,例如该参数设置为 0 表示将分层索引中的第 1 层设置为列数据,也可以写行索引对应的标题名称。如果要将多个索引层级设置为列数据,则可以将多个索引层级的标题写入列表、元组中,默认情况下将所有级别设置为列数据。

drop:是否删除行索引。

inplace:是否就地修改。

col_level:如果列具有多个级别(分层索引),则可以插入指定列层级(指定层数)。默认情况下,会插入第 1 层中。

col_fill:如果列有多个层级,则确定其他层级的命名方式;如果没有,则索引名称是该参数指定的值。

1. 列为单层索引时将行索引设置为列数据

如图 8-9(a)所示为原表格,将分层索引的第 2 层(姓名)与部门层设置为表格的列数据,
示例代码如下:

```
#chapter8\8 - 5\8 - 5 - 2.ipynb
import pandas as pd                             # 导入 Pandas 库,并命名为 pd
df = pd.read_excel('8 - 5 - 2.xlsx',sheet_name = '工资表 1',index_col = [0,1,2])
                                               # 读取 Excel 的工资表 1 数据
df.reset_index([2,                             # 将指定级别数(按指定层数)设置为列数据
               '部门'                          # 将指定级别名称(按指定层名称)设置为列数据
               ])
```

运行结果如图 8-9(b)所示。

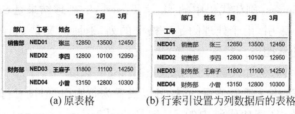

部门	工号	姓名	1月	2月	3月
销售部	NED01	张三	12850	13500	12450
	NED02	李四	12800	10100	12950
财务部	NED03	王麻子	11800	11100	14250
	NED04	小曾	13150	12800	10300

	部门	姓名	1月	2月	3月
工号					
NED01	销售部	张三	12850	13500	12450
NED02	销售部	李四	12800	10100	12950
NED03	财务部	王麻子	11800	11100	14250
NED04	财务部	小曾	13150	12800	10300

(a)原表格   (b)行索引设置为列数据后的表格

图 8-9   将 DataFrame 表格行索引设置为列数据

分析一下关键代码,df.reset_index([2, '部门']),代码本身比较简单无须说明,但要注
意的是在将行索引设置为列数据时,如果按数字来指定层级,则起始值为 0;如果行索引没
有标题,则只能以数字的方式来指定层级。

2. 列为分层索引时将行索引设置为列数据

如图 8-10 所示,行索引和列索引都是分层索引,现在主要关注列索引为分层索引时,将
行索引设置为列数据时,行索引标题存放在列索引指定位置的问题。

		季度	1季度			2季度		
		月份	1月	2月	3月	4月	5月	6月
姓名	最高	求和						
张三	14750	82250	12850	13500	12450	14150	14750	14550
李四	13550	73350	12800	10100	12950	13550	10600	13350
王麻子	14250	77850	11800	11100	14250	14050	13950	12700
小曾	14700	75150	13150	12800	10300	14700	13150	11050

图 8-10   行索引设置为列数据前的原表格

例如将最高、求和两层索引设置为列数据,并将行索引标题指定列的第 0 层,也就是季
度层,示例代码如下:

```
#chapter8\8 - 5\8 - 5 - 3.ipynb
import pandas as pd                                     # 导入 Pandas 库,并命名为 pd
df = pd.read_excel('8 - 5 - 3.xlsx','工资表 2',header = [0,1],index_col = [0,1,2])
                                                       # 读取 Excel 的工资表 2 数据
df.reset_index(['最高','求和'],col_level = 0,col_fill = '总计')
                                                       # 将行索引设置到列分层索引的第 0 层
```

运行结果如图 8-11 所示。

图 8-11 将行索引指定列索引层级位置(1)

分析一下关键代码,df.reset_index(['最高','求和'],col_level=0,col_fill='总计'),其中['最高','求和']表示将这两层行索引数据设置为列数据;col_level=0 表示将行索引的标题设置在列索引的第 0 层,也就是季度层,因此也可以写做 col_level='季度',可以看到'最高'与'求和'在季度那一行;col_fill='总计'表示转到列方向其他层级索引的填充值,在本示例中列索引只有季度和月份两层,季度层已经填充了'最高'与'求和',而月份层是空白,所以都填充为指定的'总计'。

但实际上将 col_level 设置为 1,也就是行索引标题设置在月份层更为科学,示例代码如下:

```
#chapter8\8-5\8-5-4.ipynb
import pandas as pd                               #导入 Pandas 库,并命名为 pd
df = pd.read_excel('8-5-4.xlsx','工资表 2',header=[0,1],index_col=[0,1,2])
                                                  #读取工作簿下的工资表 2 数据
df.reset_index(['最高','求和'],col_level=1,col_fill='总计')
                                                  #将行索引设置到列分层索引的第 1 层
```

运行结果如图 8-12 所示。

图 8-12 将行索引指定列索引层级位置(2)

8.6 分层索引切片

分层索引切片通过切片 DataFrame 或者 Series 的分层索引达到选择数据的目的。在 4.2 节中 DataFrame 表格的切片选择,本质就是通过对索引的切片达到选择表格数据的目的,只不过 4.2 节是单层索引切片,而本节是分层索引切片。分层索引的切片方式与单层索引的切片方式完全相同,只是单层索引标签一般是标量值,而分层索引标签由元组构成。

读取 Excel 工作表数据形成具有行和列分层索引的 DataFrame 表格,示例代码如下:

```
#chapter8\8-6\8-6-1.ipynb
import pandas as pd                                              # 导入 Pandas 库,并命名为 pd
df = pd.read_excel('8-6-1.xlsx','销售表',header = [0,1,2],index_col = [0,1,2])
                                                                 # 读取 Excel 的销售表数据
df.sort_index(level = [0,1,2],inplace = True)                    # 对第 0~2 层行索引排序
df                                                               # 返回 df 表数据
```

运行结果如图 8-13 所示。

地区	部门	大类 中类 小类 代号	硬件 整机 PC	笔记本	配件 CPU	主板	显卡	软件 办公 Excel	Word	编程 Python
上海	销售1部	A	5	5	3	5	8	1	7	3
		B	5	3	9	6	3	7	3	4
	销售2部	C	1	8	5	4	1	1	5	3
北京	销售1部	A	844	730	936	767	193	803	152	566
		B	789	293	561	162	961	424	596	190
	销售2部	C	136	115	781	546	840	505	822	887
		D	371	903	785	516	130	179	233	180
成都	销售1部	A	50	70	60	72	24	24	83	81
	销售2部	B	68	32	37	16	10	48	80	95

图 8-13　对分层索引做切片演示的 DataFrame 表格

分析一下关键代码,df.sort_index(level=[0,1,2],inplace=True),表示对行索引的第 0~2 层索引执行升序排列。无论行索引有多少层,每层都必须排序。这是非常关键的,如果不排序,在对索引做切片时很可能会失败。关于索引的排序,将在 8.7.3 节中详细讲解。接下来对图 8-13 所示的表格,使用 loc 切片法演示一下对分层索引的选择。

8.6.1　选择单行

单行选择直接将行分层索引的每层标签写入元组,返回结果是 Series 数据,示例代码如下:

```
#chapter8\8-6\8-6-2.ipynb
import pandas as pd                                              # 导入 Pandas 库,并命名为 pd
df = pd.read_excel('8-6-2.xlsx','销售表',header = [0,1,2],index_col = [0,1,2])
                                                                 # 读取 Excel 的销售表数据
df.sort_index(level = [0,1,2],inplace = True)                    # 对第 0~2 层行索引排序
df.loc[('上海','销售1部','B')]                                    # 选择单行
```

运行结果如下:

```
大类    中类    小类
硬件    整机    PC      5
              笔记本    3
        配件    CPU     9
              主板     6
              显卡     3
```

软件	办公	Excel	7
		Word	3
	编程	Python	4

Name: (上海, 销售1部, B), dtype: int64

8.6.2 选择单列

单列选择直接将列分层索引的每层标签写入元组,返回结果也是 Series 数据,示例代码如下:

```
#chapter8\8-6\8-6-3.ipynb
import pandas as pd                              #导入 Pandas 库,并命名为 pd
df = pd.read_excel('8-6-3.xlsx','销售表',header = [0,1,2],index_col = [0,1,2])
                                                 #读取 Excel 的销售表数据
df.sort_index(level = [0,1,2], inplace = True)   #对第0~2层行索引排序
df.loc[:,('软件','编程','Python')]                  #选择单列
```

运行结果如下:

地区	部门	代号	
上海	销售1部	A	3
		B	4
	销售2部	C	3
北京	销售1部	A	566
		B	190
	销售2部	C	887
		D	180
成都	销售1部	A	81
	销售2部	B	95

Name: (软件, 编程, Python), dtype: int64

8.6.3 选择单值

指定单行、单列的交叉点是一个单值,也就是在 loc 中指定单行分层索引标签与单列分层索引标签,示例代码如下:

```
#chapter8\8-6\8-6-4.ipynb
import pandas as pd                              #导入 Pandas 库,并命名为 pd
df = pd.read_excel('8-6-4.xlsx','销售表',header = [0,1,2],index_col = [0,1,2])
                                                 #读取 Excel 的销售表数据
df.sort_index(level = [0,1,2], inplace = True)   #对第0~2层行索引排序
df.loc[('上海','销售1部','B'),('软件','编程','Python')]  #选择单值
```

运行结果如下:

8.6.4 选择多行多列

在行索引方向指定多行标签,在列索引方向指定多列标签,交叉区域就是要选择的区域,返回的结果是 Data Frame 表格,示例代码如下:

```
#chapter8\8-6\8-6-5.ipynb
import pandas as pd                                      #导入 Pandas 库,并命名为 pd
df = pd.read_excel('8-6-5.xlsx','销售表',header=[0,1,2],index_col=[0,1,2])
                                                         #读取 Excel 的销售表数据
df.sort_index(level=[0,1,2],inplace=True)                #对第 0~2 层行索引排序
df.loc[
    ('上海','销售 2 部','C'):('北京','销售 2 部','C'),
    ('硬件','配件','主板'):('软件','办公','Word')
]                                                        #选择多行多列
```

运行结果如下:

		大类	硬件		软件	
		中类	配件		办公	
		小类	主板	显卡	Excel	Word
地区	部门	代号				
上海	销售 2 部	C	4	1	1	5
北京	销售 1 部	A	767	193	803	152
		B	162	961	424	596
	销售 2 部	C	546	840	505	822

8.6.5 选择指定级别数据

如果希望直接选择指定索引层级,则可以使用 df.xs()函数。该函数使用一个关键参数来选择分层索引特定级别的数据,该函数的参数说明如下所示。

df.xs(key,axis=0,level=None,drop_level=True)

key:指定索引标签,可以指定单级标签,也可以指定多级标签,多级标签需要放置在元组中。

axis:0 或 index 表示对行索引的操作,1 或 columns 表示对列索引的操作,默认值为 0。

level:对指定层级做索引选择,默认为前 n 层,级别可以通过标签或数字来引用。

drop_level:是否删除选择层级的数据,默认为 True。

同样以图 8-13 所示的分层索引为例,使用 df.xs()函数执行各种选择的演示。

1. 前 1 层索引标签切片

如果直接在 df.xs()函数的 key 参数中写入 1 个索引标签,则默认为对行索引的前 1 层级做切片选择,示例代码如下:

```
#chapter8\8-6\8-6-6.ipynb
import pandas as pd                                      #导入 Pandas 库,并命名为 pd
df = pd.read_excel('8-6-6.xlsx','销售表',header=[0,1,2],index_col=[0,1,2])
```

```
df.sort_index(level = [0,1,2],inplace = True)          #读取 Excel 的销售表数据
df.xs('上海',drop_level = False)                        #对第 0~2 层行索引排序
                                                        #选择行分层索引中的'上海'地区
```

运行结果如下:

地区	部门	大类 中类 小类 代号	硬件 整机 PC	笔记本	配件 CPU	主板	显卡	软件 办公 Excel	Word	编程 Python
上海	销售1部	A	5	5	3	5	8	1	7	3
		B	5	3	9	6	3	7	3	4
	销售2部	C	1	8	5	4	1	1	5	3

分析一下关键代码 df.xs(('上海'),drop_level＝False),在 key 参数中只有行索引'上海',单个标签可以不写在元组中。通过运行结果发现,最后只选择了'上海'地区的数据。

2. 前 2 层索引标签切片

在 df.xs()函数的 key 参数中写入 2 个索引标签,默认为对行索引的前 2 层级做切片选择,示例代码如下:

```
#chapter8\8－6\8－6－7.ipynb
import pandas as pd                                      #导入 Pandas 库,并命名为 pd
df = pd.read_excel('8－6－7.xlsx','销售表',header = [0,1,2],index_col = [0,1,2])
                                                         #读取 Excel 的销售表数据
df.sort_index(level = [0,1,2],inplace = True)            #对第 0~2 层行索引排序
df.xs(('上海','销售1部'),drop_level = False)              #选择行分层索引中的'上海,销售1部'
```

运行结果如下:

地区	部门	大类 中类 小类 代号	硬件 整机 PC	笔记本	配件 CPU	主板	显卡	软件 办公 Excel	Word	编程 Python
上海	销售1部	A	5	5	3	5	8	1	7	3
		B	5	3	9	6	3	7	3	4

分析一下关键代码 df.xs(('上海','销售1部'),drop_level＝False),在 key 参数中只有行索引'上海'和'销售1部'两个标签,表示选择上海地区下的销售1部,因为是两个索引标签,所以必须写在元组中。

3. 前 3 层索引标签切片

在 df.xs()函数的 key 参数中写入 3 个索引标签,默认为对行索引的前 3 层级做切片选择,示例代码如下:

```
#chapter8\8－6\8－6－8.ipynb
import pandas as pd                                      #导入 Pandas 库,并命名为 pd
df = pd.read_excel('8－6－8.xlsx','销售表',header = [0,1,2],index_col = [0,1,2])
```

```
df.sort_index(level = [0,1,2],inplace = True)              # 读取 Excel 的销售表数据
                                                           # 对第 0～2 层行索引排序
df.xs(('上海','销售 1 部','B'),drop_level = False)          # 选择行分层索引中的'上海,销售 1 部,B'
```

运行结果如下：

```
大类    中类     小类
硬件    整机     PC        5
               笔记本      3
       配件     CPU       9
               主板       6
               显卡       3
软件    办公     Excel     7
               Word      3
       编程     Python    4
Name: (上海, 销售 1 部, B), dtype: int64
```

分析一下关键代码,df.xs(('上海','销售 1 部','B'),drop_level＝False),在 key 参数中只有行索引'上海'、'销售 1 部'、'B'这 3 个标签,表示选择上海地区下的销售 1 部下的 B,由于表格的分层索引是 3 层,现在又有 3 个标签,所以最后的选择结果一定会是 Series 数据。

4. 自定义指定单层级切片

在对分层索引标签执行选择时,不一定会按照从大到小的层次顺序依次选择,有可能会直接对某个分层的标签执行选择,示例代码如下：

```
# chapter8\8 - 6\8 - 6 - 9.ipynb
import pandas as pd                                          # 导入 Pandas 库,并命名为 pd
df = pd.read_excel('8 - 6 - 9.xlsx','销售表',header = [0,1,2],index_col = [0,1,2])
                                                            # 读取 Excel 的销售表数据
df.sort_index(level = [0,1,2],inplace = True)               # 对第 0～2 层行索引排序
df.xs('销售 1 部',level = 1,drop_level = False)              # 指定单层级索引切片(方法 1)
df.xs('销售 1 部',level = '部门',drop_level = False)          # 指定单层级索引切片(方法 2)
```

运行结果如下：

			大类	硬件					软件		
			中类	整机		配件			办公		编程
			小类	PC	笔记本	CPU	主板	显卡	Excel	Word	Python
地区	部门	代号									
上海	销售 1 部	A		5	5	3	5	8	1	7	3
		B		5	3	9	6	3	7	3	4
北京	销售 1 部	A		844	730	936	767	193	803	152	566
		B		789	293	561	162	961	424	596	190
成都	销售 1 部	A		50	70	60	52	24	24	83	81

分析一下关键代码,df.xs('销售 1 部',level＝1,drop_level＝False)与 df.xs('销售 1 部',level＝'部门',drop_level＝False)的结果相同,只是在指定索引层级时指定方法不同,level＝1按照层级索引序号指定,level＝'部门'按照层级索引标题指定。

5. 自定义指定多层级切片

在自定义指定多层级切片时,可以任意指定层次,指定的多个层级标签放置在元组中,示例代码如下:

```
# chapter8\8 - 6\8 - 6 - 10.ipynb
import pandas as pd                                            # 导入 Pandas 库,并命名为 pd
df = pd.read_excel('8 - 6 - 10.xlsx','销售表',header = [0,1,2],index_col = [0,1,2])
                                                              # 读取 Excel 的销售表数据
df.sort_index(level = [0,1,2],inplace = True)                  # 对第 0～2 层行索引排序
df.xs(('销售 1 部','A'),level = [1,2],drop_level = False)      # 指定多层级索引切片(方法 1)
df.xs(('销售 1 部','A'),level = ['部门','代号'],drop_level = False)
                                                              # 指定多层级索引切片(方法 2)
```

运行结果如下:

		大类	硬件					软件		
		中类	整机		配件			办公		编程
		小类	PC	笔记本	CPU	主板	显卡	Excel	Word	Python
地区	部门	代号								
上海	销售 1 部	A	5	5	3	5	8	1	7	3
北京	销售 1 部	A	844	730	936	767	193	803	152	566
成都	销售 1 部	A	50	70	60	52	24	24	83	81

分析一下关键代码,同样 df.xs(('销售 1 部','A'),level=[1,2],drop_level=False)与 df.xs(('销售 1 部','A'),level=['部门','代号'],drop_level=False)的结果相同,只是在指定 level 参数的索引层级时表达方式不一样。

由于 key 参数的值是('销售 1 部','A'),如果不在 level 参数中指定层级为[1,2],则函数会默认为层级为前 2 级,也就是[0,1],这样显然是不对的。

6. 列分层索引

前面演示的都是行索引方向的切片选择,列索引方向的切片选择也是一样的,不过由于 axis 参数的默认值为 0,也就是在行方向做切片选择,所以需要将 axis 参数设置为 1,示例代码如下:

```
# chapter8\8 - 6\8 - 6 - 11.ipynb
import pandas as pd                                            # 导入 Pandas 库,并命名为 pd
df = pd.read_excel('8 - 6 - 11.xlsx','销售表',header = [0,1,2],index_col = [0,1,2])
                                                              # 读取 Excel 的销售表数据
df.sort_index(level = [0,1,2],inplace = True)                  # 对第 0～2 层行索引排序
df.xs('配件',axis = 1,level = 1,drop_level = False)           # 对列分层索引的切片
```

运行结果如下:

		大类	硬件		
		中类	配件		
		小类	CPU	主板	显卡
地区	部门	代号			
上海	销售 1 部	A	3	5	8
		B	9	6	3

	销售 2 部	C	5	4	1
北京	销售 1 部	A	936	767	193
		B	561	162	961
	销售 2 部	C	781	546	840
		D	785	516	130
成都	销售 1 部	A	60	52	24
	销售 2 部	B	37	16	10

由于列方向的分层索引选择与行方向的分层索引选择是相同的,所以在这里不再一一赘述,关键点就是将 axis 参数设置为 1,表示对列方向操作。

df.xs()函数是对 DataFrame 表格的操作,s.xs 是对 Series 数据的操作,也可以理解为只是对行分层索引的操作。

8.6.6　筛选索引

在 Pandas 中对 DataFrame 表格筛选时,不仅可以对数据进行筛选,也可以对索引执行筛选,从而达到选择数据的目的。df.filter()函数具有筛选索引的功能,该函数参数说明如下:

df.filter(items＝None，like＝None，regex＝None，axis＝None)

items:精确匹配,写入要保留的标签名称,标签名称存储在列表中。

like:模糊匹配,写入要在索引中搜索的关键字。

regex:正则匹配,写入要匹配索引的正则表达式。

axis:要筛选的索引方向,axis＝0 表示对行索引执行筛选;axis＝1 表示对列索引执行筛选。

如图 8-14 所示,为了方便演示 df.filter()函数的筛选,行索引和列索引均使用单层索引。如果是分层索引,则设置筛选条件后会对每个层级做筛选。

	云南	山西	山东	河南	湖南	黑龙江
推杆	42	15	37	31	21	44
活塞环	36	25	26	23	45	13
凸轮轴	43	25	13	38	41	37
空气滤芯	11	27	37	8	30	12
活塞	12	19	15	32	43	43
摇臂轴	22	22	6	14	20	46
曲轴	41	45	40	12	43	33
进气歧管	20	32	15	11	50	25

图 8-14　准备好做索引筛选的 DataFrame 表格

1. 精确筛选

精确筛选在 items 参数中设置,将要保留的索引标签写入列表中即可,示例代码如下:

```
# chapter8\8 - 6\8 - 6 - 12. ipynb
import pandas as pd                                    # 导入 Pandas 库,并命名为 pd
df = pd. read_excel('8 - 6 - 12. xlsx','销量表', index_col = 0)   # 读取 Excel 的销量表数据
df.filter(items = ['活塞','推杆'], axis = 0)              # 精确选择要保留的行索引标签
```

运行结果如下：

	云南	山西	山东	河南	湖南	黑龙江
活塞	12	19	15	32	43	43
推杆	42	15	37	31	21	44

分析一下关键代码，df.filter(items＝['活塞','推杆'],axis＝0)，其中['活塞','推杆']表示要保留的索引标签，axis＝0表示在行索引执行筛选。

2. 模糊筛选

模糊筛选在like参数中设置，写入要查找的关键字，包含关键字的索引标签都会保留下来，示例代码如下：

```
#chapter8\8－6\8－6－13.ipynb
import pandas as pd                              #导入Pandas库,并命名为pd
df = pd.read_excel('8－6－13.xlsx','销量表',index_col = 0)  #读取Excel的销量表数据
df.filter(like = '轴',axis = 0)     #模糊筛选包含指定关键字的行索引标签
```

运行结果如下：

	云南	山西	山东	河南	湖南	黑龙江
凸轮轴	43	25	13	38	41	37
摇臂轴	22	22	6	14	20	46
曲轴	41	45	40	12	43	33

3. 正则筛选

正则筛选在regex参数中设置，写入要匹配索引标签的正则表达式，匹配成功的索引标签将保留下来，示例代码如下：

```
#chapter8\8－6\8－6－14.ipynb
import pandas as pd                              #导入Pandas库,并命名为pd
df = pd.read_excel('8－6－14.xlsx','销量表',index_col = 0)  #读取Excel的销量表数据
df.filter(regex = '^.{4}$',axis = 0)            #用正则表达式匹配行索引标签
```

运行结果如下：

	云南	山西	山东	河南	湖南	黑龙江
空气滤芯	11	27	37	8	30	12
进气歧管	20	32	15	11	50	25

4. 列索引筛选

之前演示的都是对行索引标签的筛选，如果是在列方向筛选，则只需将axis设置为1，筛选的3种方式完全一样，这里以模糊筛选为例，示例代码如下：

```
#chapter8\8－6\8－6－15.ipynb
import pandas as pd                              #导入Pandas库,并命名为pd
df = pd.read_excel('8－6－15.xlsx','销量表',index_col = 0)  #读取Excel的销量表数据
df.filter(like = '南',axis = 1)                 #对列索引标签做筛选
```

运行结果如下：

	云南	河南	湖南
推杆	42	31	21
活塞环	36	23	45
凸轮轴	43	38	41
空气滤芯	11	8	30
活塞	12	32	43
摇臂轴	22	14	20
曲轴	41	12	43
进气歧管	20	11	50

同样，Series 的索引标签也可以用 s.filter()函数执行筛选，由于 Series 数据没有方向，所以不需要指定筛选方向。

8.7　索引的修改

前面讲解了对索引的切片，从而达到对数据的选择。本节讲解关于索引的重命名、重置、排序、层级交换和删除等操作。

8.7.1　索引重命名

DataFrame 表格都有行索引和列索引，如果要修改其中某些索引标签，可以使用 df.rename()函数，该函数参数说明如下所示。

df.rename(mapper = None, index = None, columns = None, axis = None, copy = True, inplace=False, level=None, errors='ignore')

mapper：指定要修改索引标签的数据，可以是字典方式，也可以是函数方式。

index：如果 axis＝0，则可以使用 index＝ mapper 的形式修改行索引标签。

columns：如果 axis＝1，则可以使用 columns＝ mapper 的形式修改列索引标签。

axis：指定修改索引的方式，修改行方向索引为 0，修改列方向索引为 1。

copy：如果值为 True，则复制基础数据。

inplace：如果值为 True，则在原始 DataFrame 中进行更改。

level：用于在具有分层索引的情况下指定层级。

errors：对不存在标签名的处理方式，有 ignore 和 raise 两个值，默认为 ignore（忽略）。

1. 单层索引标签的重命名

演示一下 df.rename()函数对单层索引标签的重命名，原表格如图 8-15(a)所示，它的列是单层索引，现在将列索引中的"实操"修改为"实训"，示例代码如下：

```
#chapter8\8-7\8-7-1.ipynb
import pandas as pd                                          #导入 Pandas 库,并命名为 pd
df = pd.read_excel('8-7-1.xlsx','考核表',index_col=[0,1])    #读取 Excel 的考核表数据
df.rename({'实操':'实训'},axis=1)                           #单层索引标签的重命名(方法1)
df.rename(columns={'实操':'实训'})                          #单层索引标签的重命名(方法2)
```

运行结果如图 8-15(b)所示。

(a)原表格　　　(b)索引标签重命名后的表格

图 8-15　DataFrame 表格索引标签修改前后对比

首先分析一下第 1 种修改方法的代码 df. rename({'实操':'实训'},axis＝1),在 mapper 参数中以字典方式写入{'实操':'实训'},axis＝1 表示修改列方向的索引标签。

再分析一下第 2 种修改方法的代码 df. rename(columns＝{'实操':'实训'}),直接在 columns 参数中以字典的方式修改,因为已经在 columns 参数中修改了列索引标签,所以不用将 axis 参数设置为 1。

修改行索引标签也可以写成 df. rename({'旧标签名 ':'新标签名',…},axis＝0)或者 df. rename(index＝{'旧标签名 ':'新标签名',…})。

2．分层索引标签的重命名

如果要修改分层索引标签,则不但要指定方向,还要指定修改的层级,如图 8-16(a)所示为原表格,将行索引中的“小新”修改为“小新新”,示例代码如下:

```
#chapter8\8－7\8－7－2.ipynb
import pandas as pd                                        #导入 Pandas 库,并命名为 pd
df = pd. read_excel('8－7－2.xlsx','考核表',index_col = [0,1])  #读取 Excel 的考核表数据
df. rename({'小新':'小新新'},axis = 0,level = '姓名')            #分层索引标签的重命名(方法 1)
df. rename(index = {'小新':'小新新'},level = '姓名')            #分层索引标签的重命名(方法 2)
```

运行结果如图 8-16(b)所示。

(a)原表格　　　(b)索引标签重命名后的表格

图 8-16　DataFrame 表格分层索引标签修改前后对比

首先分析一下第 1 种修改方法的代码 df. rename({'小新':'小新新'},axis＝0,level＝'姓名'),在 mapper 参数中以字典方式写入{'小新':'小新新'},axis＝0 表示修改行方向的索引标签,level＝'姓名'表示修改行索引的姓名,也可以写作 level＝1。

再分析一下第 2 种修改方法的代码 df. rename(index＝{'小新':'小新新'},level＝'姓名'),直接在 index 参数中以字典的方式修改。因为已经在 index 参数中设置了值,所以不用将 axis 参数设置为 0,但 level＝'姓名'是不能省略的。

假如要将班别下的 B 班修改为 C 班，代码为 df.rename({'B 班':'C 班'},axis＝0,level＝'班别')或者 df.rename(index＝{'B 班':'C 班'},level＝'班别')，最关键的是指定索引层级。

3. 用函数对索引标签重命名

df.rename()函数的 mapper 参数不但可以是字典，也可以是函数，如图 8-17(a)所示为原表格，在行索引的姓名标签后连接上姓名的字符长度，示例代码如下：

```
#chapter8\8－7\8－7－3.ipynb
import pandas as pd                                          #导入 Pandas 库,并命名为 pd
df = pd.read_excel('8－7－3.xlsx','考核表',index_col＝[0,1])   #读取 Excel 的考核表数据
df.rename(lambda v:v＋str(len(v)),axis＝0,level＝'姓名')
                                                            #使用函数对索引标签重命名(方法 1)
df.rename(index＝lambda v:v＋str(len(v)),level＝'姓名')
                                                            #使用函数对索引标签重命名(方法 2)
```

运行结果如图 8-17(b)所示。

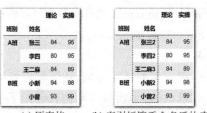

(a)原表格　　(b)索引标签重命名后的表格

图 8-17　用函数修改索引标签前后对比

重点分析一下匿名函数部分 lambda v:v＋str(len(v))，其中 v 变量是字符串类型，存储的是每个姓名标签；len(v)表示提取姓名的字符个数，再使用 str()函数将提取的数字转换为字符串类型，最后连接到姓名后面。

如果对 Series 的索引标签重命名，则使用 s.rename()函数，由于不区分行索引和列索引，所以应用起来更简单。

8.7.2　索引重置

索引重置就是对索引标签的位置重新排列。对 DataFrame 表格索引重置使用 df.reindex()函数，该函数参数说明如下所示。

df.reindex(labels＝None,index＝None,columns＝None,axis＝None,method＝None,copy＝True,level＝None,fill_value＝nan,limit＝None,tolerance＝None)

labels：指定要重置的标签序列，可以是列表、数组等可迭代对象。

index：如果 axis＝0，则可以用 index＝ labels 的形式重置行索引。

columns：如果 axis＝1，则可以用 columns＝ labels 的形式重置列索引。

axis：指定重置索引的方向。axis＝0 表示行方向，axis＝1 表示列方向。

method：重置索引后，DataFrame 中缺失值的填充，有以下 4 种填充方式。

- **None（default）**：不填补空白，默认值。

- **pad/ffill**：将上一个有效观察值向前传播到下一个有效值。
- **backfill/bfill**：使用后一个有效观察值填充空白。
- **nearest**：使用最近的有效观察值来填补空白。注意，仅适用于具有单调递增/递减索引的 DataFrames/Series。

copy：返回一个新对象，即使传递的索引相同。

level：如果是分层索引，则指定重置索引的层级。

fill_value：指定填充缺失值的值。

limit：要向前或向后填充的最大连续元素数。

tolerance：不精确匹配的原始标签和新标签之间的最大距离，是一个标量值。

使用 df.reindex()函数重置索引有以下 3 个特点。

（1）重置的索引标签可以重复出现。

（2）存在的索引标签也可以不参与重置。

（3）不存在的索引标签会自动创建。

1. 行索引重置

如图 8-18(a)所示为原表格，表格的行索引标签是姓名，现在对其索引重置，示例代码如下：

```
#chapter8\8-7\8-7-4.ipynb
import pandas as pd                                    #导入 Pandas 库,命名为 pd
df = pd.read_excel('8-7-4.xlsx','分数表',index_col=0)   #读取 Excel 的考核表数据
df.reindex(['张三','title','王二麻','张三'],axis=0)     #对行索引重置(方法1)
df.reindex(index=['张三','title','王二麻','张三'])       #对行索引重置(方法2)
```

运行结果如图 8-18(b)所示。

(a)原表格　(b)重置行索引后的表格

图 8-18　行索引重置前后对比

上面的代码使用了 df.reindex(['张三','title','王二麻','张三'],axis=0)和 df.reindex (index=['张三','title','王二麻','张三'])这两种方法，运行结果相同。分析一下关键代码 ['张三','title','王二麻','张三']，不论这些索引标签是否存在，都被重新调整了位置，这就是索引重置。

'张三'是存在的索引标签，可以重复出现；'李四'是在原表格中存在的索引标签，但重置时没有写在列表中。'title'是不存在的索引标签，不存在则创建为新标签，其对应的默认值是缺失值。

2. 列索引重置

上面讲解的是行索引重置的特性，在重置列索引时也是一样的，示例代码如下：

```
#chapter8\8－7\8－7－5.ipynb
import pandas as pd                                    #导入Pandas库,并命名为pd
df = pd.read_excel('8－7－5.xlsx','分数表',index_col＝0)   #读取Excel的考核表数据
df.reindex(['语文','英语','数学'],axis＝1)                 #对列索引重置(方法1)
df.reindex(columns＝['语文','英语','数学'])               #对列索引重置(方法2)
```

如图 8-19(a)所示为原表格,运行结果如图 8-19(b)所示。

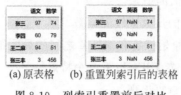

(a) 原表格　　(b) 重置列索引后的表格

图 8-19　列索引重置前后对比

3. 索引重置后的缺失值填充

在索引重置后,如果索引标签不存在,则会创建为新标签,新索引标签对应的数据默认为缺失值,但 df.reindex()函数的 method 参数也提供了其他不同的填充方式。

1) 取相同值填充

如图 8-20(a)所示为原表格,在新索引标签对应的数据没有填充之前都是缺失值,可以使用 fill_value 参数填充为 5000,示例代码如下:

```
#chapter8\8－7\8－7－6.ipynb
import pandas as pd                                    #导入Pandas库,命名为pd
df = pd.read_excel('8－7－6.xlsx','工资表')               #读取Excel的工资表数据
df.reindex(index＝[0,0.1,0.6,0.9,1],fill_value＝5000)    #对缺失值填充相同值
```

运行结果如图 8-20(b)所示。

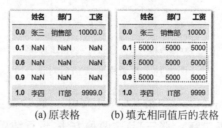

(a) 原表格　　(b) 填充相同值后的表格

图 8-20　取相同值填充缺失值前后对比

这里的关键代码是 df.reindex(index＝[0,0.1,0.6,0.9,1],fill_value＝5000),比较简单。需要提醒的是这种填充方式是不科学的,因为姓名和部门两列应该填充字符串,而不是数字,这里仅起演示作用。

2) 取前一个有效值填充

如图 8-21(a)所示为原表格,这些缺失值前面的第 1 条有效值索引标签是 0.0,所以取其对应的数据来填充,示例代码如下:

```
#chapter8\8-7\8-7-7.ipynb
import pandas as pd                                      #导入 Pandas 库,并命名为 pd
df = pd.read_excel('8-7-7.xlsx','工资表')                #读取 Excel 的工资表数据
df.reindex(index=[0,0.1,0.6,0.9,1],method='pad')          #取前一个有效值填充缺失值
```

运行结果如图 8-21(b)所示。

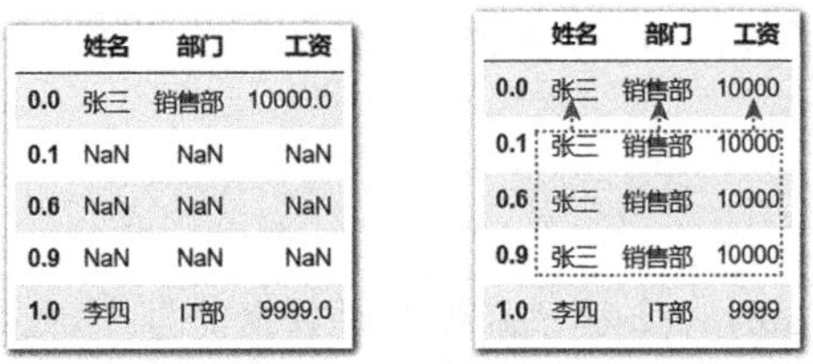

	姓名	部门	工资
0.0	张三	销售部	10000.0
0.1	NaN	NaN	NaN
0.6	NaN	NaN	NaN
0.9	NaN	NaN	NaN
1.0	李四	IT部	9999.0

	姓名	部门	工资
0.0	张三	销售部	10000
0.1	张三	销售部	10000
0.6	张三	销售部	10000
0.9	张三	销售部	10000
1.0	李四	IT部	9999

(a) 原表格　　(b) 取前一个有效值填充后的表格

图 8-21　取前一个有效值填充缺失值前后对比

3) 取后一个有效值填充

如图 8-22(a)所示为原表格,这些缺失值后面的第 1 条有效值索引标签是 1.0,所以取其对应的数据来填充,示例代码如下:

```
#chapter8\8-7\8-7-8.ipynb
import pandas as pd                                      #导入 Pandas 库,并命名为 pd
df = pd.read_excel('8-7-8.xlsx','工资表')                #读取 Excel 的工资表数据
df.reindex(index=[0,0.1,0.6,0.9,1],method='bfill')        #取后一个有效值填充缺失值
```

运行结果如图 8-22(b)所示。

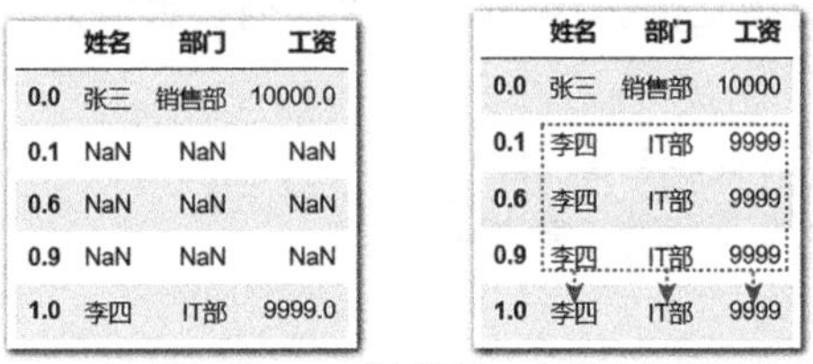

	姓名	部门	工资
0.0	张三	销售部	10000.0
0.1	NaN	NaN	NaN
0.6	NaN	NaN	NaN
0.9	NaN	NaN	NaN
1.0	李四	IT部	9999.0

	姓名	部门	工资
0.0	张三	销售部	10000
0.1	李四	IT部	9999
0.6	李四	IT部	9999
0.9	李四	IT部	9999
1.0	李四	IT部	9999

(a) 原表格　　(b) 取后一个有效值填充后的表格

图 8-22　取后一个有效值填充缺失值前后对比

4) 取最近有效值填充

如图 8-23(a)所示为原表格,在这些缺失值对应的索引标签中,0.1 与 0.0 的差值更小,所以 0.1 取 0.0 的数据填充;而 0.6、0.9 与 1.0 的差值更小,所以 0.6 和 0.9 取 1.0 的数据填充,示例代码如下:

```
#chapter8\8-7\8-7-9.ipynb
import pandas as pd                                      #导入 Pandas 库,并命名为 pd
df = pd.read_excel('8-7-9.xlsx','工资表')                #读取 Excel 的工资表数据
df.reindex(index=[0,0.1,0.6,0.9,1],method='nearest')      #取最近有效值填充缺失值
```

运行结果如图 8-23(b)所示。

(a) 原表格　　　(b) 取最近有效值填充后的表格

图 8-23　取最近有效值填充缺失值前后对比

8.7.3　索引排序

在 6.7 节中,学习的 df_sort_values()函数是对数据的排序,如果需要对索引排序,则使用 df.sort_index()函数。它们的排序法则相同,只是参数上略有不同,该函数参数说明如下所示。

df.sort_index(axis＝0,level＝None,ascending＝True,inplace＝False,kind＝'quicksort',
na_position＝'last',sort_remaining＝True,ignore_index＝False,key＝None)

axis:索引排序的方向,axis＝0 表示对行索引排序,axis＝1 表示对列索引排序。

level:指定排序的索引层,如果未指定,则按层级从高到低的顺序排序。

ascending:指定排序方式是升序还是降序,默认为升序排列。

inplace:是否就地修改。

kind:排序算法(一般忽略不关注)。

na_position:设定缺失值的显示位置。显示在最前用 first,显示在最后用 last。

sort_remaining:在对有多个级别的分层索引排序时,如果为 True,则在对指定级别排序后,剩余的其他级别按之前指定的排序方式继续排列;如果为 False,则剩余的其他级别不做任何排列。

ignore_index:是否重新设置表格索引。

key:使用函数对索引自定义排序(重点关注)。

1. 指定索引方向排序

如图 8-24(a)所示为原表格,对 DataFrame 表格的列索引执行降序排列,示例代码如下:

```
#chapter8\8－7\8－7－10.ipynb
import pandas as pd                                    #导入 Pandas 库,并命名为 pd
df = pd.read_excel('8－7－10.xlsx','销售表',index_col＝[0,1])   #读取 Excel 的销售表数据
df.sort_index(axis＝1,ascending＝False)                  #按列降序排列
```

运行结果如图 8-24(b)所示。

分析一下关键代码,df.sort_index(axis＝1,ascending＝False),代码中 axis＝1 指定列方向;ascending＝False 表示降序。这里没有指定排序的索引层级,如果没有指定,则按从高到低的索引层级排序,这里的列方向是单层索引,也没有必要指定。

2. 指定分层索引排序

如图 8-25(a)所示为原表格,对 DataFrame 表格的行索引排序,地区层为第 1 关键字做

(a) 原表格　　　　　　(b) 对指定索引方向排序后的表格

图 8-24　对列索引排序前后对比

降序排列,类型层为第 2 关键字做升序排列,示例代码如下:

```
#chapter8\8-7\8-7-11.ipynb
import pandas as pd                                    #导入 Pandas 库,并命名为 pd
df = pd.read_excel('8-7-11.xlsx','销售表',index_col=[0,1]) #读取 Excel 的销售表数据
df.sort_index(
    axis=0,
    level=['地区','类型'],
    ascending=[False,True]
)                                                      #指定索引层级的不同排序方式
```

运行结果如图 8-25(b)所示。

(a) 原表格　　　　　　(b) 对分层索引排序后的表格

图 8-25　对指定分层索引排序前后对比

分析一下关键代码,df.sort_index(axis=0,level=['地区','类型'],ascending=[False,True]),代码中 axis=0 指定行方向;level=['地区','类型']指定排序的层级,也可以写作level=[0,1];ascending=[False,True]指定排序方式,此参数要与 level 参数一一对应。

3. 自定义索引排序

如图 8-26(a)所示为原表格,对 DataFrame 表格行索引中的类型层级排序,要求以类型中后两个字为排序依据,示例代码如下:

```
#chapter8\8-7\8-7-12.ipynb
import pandas as pd                                    #导入 Pandas 库,并命名为 pd
df = pd.read_excel('8-7-12.xlsx','销售表',index_col=[0,1]) #读取 Excel 的销售表数据
df.sort_index(axis=0,key=lambda s:s.str[-3:],level='类型') #自定义索引排序
```

运行结果如图 8-26(b)所示。

地区	类型	1季度	2季度	3季度	4季度
上海	Maya-动画	82	93	93	74
	keynote-办公	73	116	75	69
成都	AI-设计	73	81	80	114
	PS-设计	118	63	52	69
北京	PPT-办公	86	105	61	103
	Excel-办公	76	83	69	77
	3DS MAX-动画	86	59	95	97

地区	类型	1季度	2季度	3季度	4季度
上海	keynote-办公	73	116	75	69
北京	PPT-办公	86	105	61	103
	Excel-办公	76	83	69	77
上海	Maya-动画	82	93	93	74
北京	3DS MAX-动画	86	59	95	97
成都	AI-设计	73	81	80	114
	PS-设计	118	63	52	69

(a)原表格　　　　　　(b)对索引自定义排序后的表格

图 8-26　对索引使用函数排序前后对比

分析一下关键代码,df.sort_index(axis=0,key=lambda s:s.str[-3:],level='类型'),其中最关键的是自定义函数 lambda s:s.str[-3:],s 是类型层级的索引,然后提取最后两个字符作为排序依据,所以在排序完成后,可以看到相同类型的软件会排列在一起。

s.sort_index()函数对 Series 的索引执行排序,使用方法与 df.sort_index()相同,只是没有索引方向的选择。

8.7.4　索引层级交换

如果 DataFrame 表格有分层索引,而各层级之间需要交换位置,则可以使用 df.swaplevel()函数实现,该函数参数说明如下所示。

df.swaplevel(i=-2, j=-1, axis=0)

i, j：要交换的索引层级。可以是层级整数位置,或者是层级的名称。

axis：要交换层级的方向,0 为行方向,1 为列方向。

1. 行方向的层级交换

如图 8-27(a)所示为原表格,在行索引中,地区索引为第 0 层,类型索引为第 1 层,现在将其位置交换,示例代码如下：

```
#chapter8\8-7\8-7-13.ipynb
import pandas as pd                              #导入 Pandas 库,并命名为 pd
df = pd.read_excel('8-7-13.xlsx','销售表',header=[0,1],index_col=[0,1])
                                                #读取 Excel 的销售表数据
df.swaplevel('地区','类型',axis=0)              #行方向的类型索引标签与地区索引标签交换(方法 1)
df.swaplevel(0,1,axis=0)                        #行方向的第 0 层级与第 1 层级交换(方法 2)
```

运行结果如图 8-27(b)所示。

分析一下关键代码,df.swaplevel('地区','类型',axis=0)与 df.swaplevel(1,0,axis=0),它们的运行结果相同,区别在于方法 1 用层级标签名称交换,方法 2 用层级位置数字交换。因为 axis=0 是默认值,所以可以忽略不写。

2. 列方向的层级交换

如图 8-28(a)所示为原表格,在列索引中,半年索引为第 0 层,季度索引为第 1 层,现在将其位置交换,示例代码如下：

```
#chapter8\8-7\8-7-14.ipynb
import pandas as pd                        #导入Pandas库,并命名为pd
df = pd.read_excel('8-7-14.xlsx','销售表',header=[0,1],index_col=[0,1])
                                           #读取Excel的销售表数据
df.swaplevel('季度','半年',axis=1)          #列方向季度索引标签与半年索引标签交换(方法1)
df.swaplevel(1,0,axis=1)                   #列方向的第0层级与第1层级交换(方法2)
```

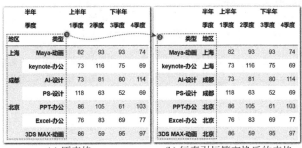

(a) 原表格　　　　　　(b) 行索引标签交换后的表格

图 8-27　行索引位置交换前后对比

运行结果如图 8-28(b)所示。

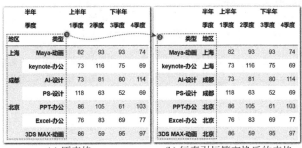

(a) 原表格　　　　　　(b) 列索引标签交换后的表格

图 8-28　列索引位置交换前后对比

分析一下关键代码,df. swaplevel('季度','半年',axis=1)与 df. swaplevel(1,0,axis=1),它们的运行结果相同,区别在于方法 1 用层级标签名称交换,方法 2 用层级位置数字交换。其中 axis=1 表示列方向的索引层级交换,不能忽略不写。

Series 中的分层索引使用 s. swaplevel()函数,其操作方法与 df. swaplevel()函数相同,只是没有行和列方向的设置。

8.7.5　索引删除

如果 DataFrame 表格的索引是分层索引,并且有些索引层级需要删除,则可以使用 df. droplevel()函数,该函数参数说明如下所示。

df. droplevel(level，axis=0)

level：指定要删除的索引层级。可以指定索引层级的标题,也可以指定索引层级的位置。如果要指定多个层级,则将多个层级放置在列表中。

axis：指定删除索引的方向。0 或 index 表示删除行方向的索引层级；1 或 columns 表示删除列方向的索引层级。

虽然可以删除指定索引层级，但不能删除所有的索引层级。接下来演示一下 DataFrame 表格行和列方向的索引层级删除，以及删除多个索引层级的操作。在演示中分别使用指定索引标题和指定索引位置两种方法删除。

1. 删除行索引层级

如图 8-29(a)所示为原表格，对行方向的类型层级执行删除，示例代码如下：

```
＃chapter8\8－7\8－7－15.ipynb
import pandas as pd                                          ＃导入 Pandas 库，并命名为 pd
df = pd.read_excel('8－7－15.xlsx','销售表',header = [0,1],index_col = [0,1,2])
                                                              ＃读取 Excel 的销售表数据
df.droplevel(level = '类型',axis = 0)                          ＃删除行方向指定标题的索引层级(方法 1)
df.droplevel(level = 1,axis = 0)                              ＃删除行方向指定序号的索引层级(方法 2)
```

运行结果如图 8-29(b)所示。

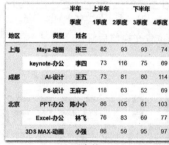

(a) 原表格   (b) 删除行方向指定的索引层级后

图 8-29　删除指定行索引层级前后对比

2. 删除列索引层级

如图 8-30(a)所示为原表格，对列方向的半年层级执行删除，示例代码如下：

```
＃chapter8\8－7\8－7－16.ipynb
import pandas as pd                                          ＃导入 Pandas 库，并命名为 pd
df = pd.read_excel('8－7－16.xlsx','销售表',header = [0,1],index_col = [0,1,2])
                                                              ＃读取 Excel 的销售表数据
df.droplevel(level = '半年',axis = 1)                          ＃删除列方向指定标题的索引层级(方法 1)
df.droplevel(level = 0,axis = 1)                              ＃删除列方向指定序号的索引层级(方法 2)
```

运行结果如图 8-30(b)所示。

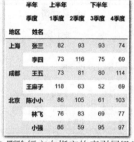

(a) 原表格   (b) 删除列方向指定的索引层级后

图 8-30　删除指定列索引层级前后对比

3. 删除多个索引层级

也可以删除指定的多个索引层级。如图 8-31(a)所示为原表格,对行方向的地区、姓名两个层级执行删除,示例代码如下:

```
#chapter8\8-7\8-7-17.ipynb
import pandas as pd                                    #导入 Pandas 库,并命名为 pd
df = pd.read_excel('8-7-17.xlsx','销售表',header = [0,1],index_col = [0,1,2])
                                                       #读取 Excel 的销售表数据
df.droplevel(level = ['地区','姓名'],axis = 0)        #删除指定标题的多个索引层级(方法 1)
df.droplevel(level = [0,2],axis = 0)                  #删除指定序号的多个索引层级(方法 2)
```

运行结果如图 8-31(b)所示。

半年		上半年		下半年	
季度		1季度	2季度	3季度	4季度
地区	类型 / 姓名				
上海	Maya-动画 张三	82	93	93	74
	keynote-办公 李四	73	116	75	69
成都	AI-设计 王五	73	81	80	114
	PS-设计 王麻子	118	63	52	69
北京	PPT-办公 陈小小	86	105	61	103
	Excel-办公 林飞	76	83	69	77
	3DS MAX-动画 小强	86	59	95	97

半年	上半年		下半年	
季度	1季度	2季度	3季度	4季度
类型				
Maya-动画	82	93	93	74
keynote-办公	73	116	75	69
AI-设计	73	81	80	114
PS-设计	118	63	52	69
PPT-办公	86	105	61	103
Excel-办公	76	83	69	77
3DS MAX-动画	86	59	95	97

(a)原表格　　　　　　(b)删除指定的多个索引层级后

图 8-31　删除指定多个索引层级前后对比

8.8　巩固案例

8.8.1　筛选出下半年总销量大于上半年的记录

如图 8-32(a)所示为原表格,表格的列是分层索引,第 1 层是上半年和下半年,第 2 层是月份。现在要求筛选出每个人下半年销量总数大于上半年销量总数的记录,示例代码如下:

```
#chapter8\8-8\8-8-1.ipynb
import pandas as pd                                    #导入 Pandas 库,并命名为 pd
df = pd.read_excel('8-8-1.xlsx','销售表',header = [0,1],index_col = 0)
                                                       #读取 Excel 的销售表数据
df[df['下半年'].sum(axis = 1)> df['上半年'].sum(axis = 1)]
                                                       #筛选下半年总销量大于上半年的记录
```

运行结果如图 8-32(b)所示。

分析一下关键代码,首先将每个人下半年的销售总数计算出来,代码为 df['下半年'].sum(axis=1),结果如下:

张三	214
李四	203
王二麻	168

小明	188
大志	193
dtype: int64	

（a）原表格

（b）筛选之后的表格

图 8-32　筛选前后对比

同时要统计每个人上半年的销售总数，代码为df['上半年'].sum(axis=1)，结果如下：

张三	192
李四	176
王二麻	179
小明	180
大志	208
dtype: int64	

然后将上半年和下半年的统计结果作比较，代码为df['下半年'].sum(axis=1)>df['上半年'].sum(axis=1)，比较结果如下：

张三	True
李四	True
王二麻	False
小明	True
大志	False
dtype: bool	

最后将这个比较结果放置在df表中，便可以将布尔值为True的记录保留。筛选出的结果便是下半年总销量大于上半年总销量的记录。

8.8.2　对文本型数字月份排序

如图8-33（a）所示为原表格，需要对表格的索引排序，但直接使用df.sort_index()排序后，月份顺序并不正确，因为月份中既有数字，又有文本，默认为按照文本方式排序，但我们需要按照月份数字大小排序，所以需要使用索引的自定义排序，示例代码如下：

```
#chapter8\8-8\8-8-2.ipynb
import pandas as pd                                      #导入 Pandas 库,并命名为 pd
df = pd. read_excel('8-8-2.xlsx','业绩表',index_col = 0)      #读取 Excel 的业绩表数据
df. sort_index(key = lambda s:s. str. findall('\d + '). str[0]. astype(int))   #对月份排序
```

运行结果如图 8-33(b)所示。

月份	上海	北京	成都
3月	57802	130955	62996
2月	130934	102633	144223
5月	119927	100461	60890
9月	53619	83953	106695
4月	145719	82883	136498
6月	71215	65917	56262
7月	67098	113889	133884
12月	123473	74716	101818
8月	113581	114123	149623
1月	124242	149921	131967
10月	119720	135486	102449
11月	94556	53177	114992

月份	上海	北京	成都
1月	124242	149921	131967
2月	130934	102633	144223
3月	57802	130955	62996
4月	145719	82883	136498
5月	119927	100461	60890
6月	71215	65917	56262
7月	67098	113889	133884
8月	113581	114123	149623
9月	53619	83953	106695
10月	119720	135486	102449
11月	94556	53177	114992
12月	123473	74716	101818

(a)原表格　　　　　(b)索引排序后的表格

图 8-33　排序前后对比

分析一下关键代码,df. sort_index(key=lambda s:s. str. findall('\d+'). str[0]. astype(int)),其中 s 表示 df 表的行索引,使用 s. str. findall('\d+')将月份数字提取出来,结果如下:

```
Index([['3'],['2'],['5'],['9'],['4'],['6'],['7'],['12'],['8'],['1'],['10'],['11']],dtype = 'object', name = '月份')
```

再使用 str[0]提取列表中的数字,结果如下:

```
Index(['3','2','5','9','4','6','7','12','8','1','10','11'],dtype = 'object', name = '月份')
```

之后再使用 astype(int)转换为标准型数字,结果如下:

```
Int64Index([3,2,5,9,4,6,7,12,8,1,10,11], dtype = 'int64', name = '月份')
```

此结果便是真正的排序依据,默认为升序排列,所以最后能正确返回排序结果。

8.8.3　根据分数返回等级设置索引

如图 8-34(a)所示为原表格,对分数列的数字进行判断,大于或等于 90 返回"优",大于或等于 70 返回"中",否则返回"差"。将返回的等级作为索引添加到行索引中,并且作为行索引中的第 1 层级,示例代码如下:

```
#chapter8\8 - 8\8 - 8 - 3.ipynb
import pandas as pd                                          #导入 Pandas 库,命名为 pd
def levels(n):                                               #自定义函数
    if n > = 90:
        return '优'
    elif n > = 70:
        return '中'
    else:
        return '差'
df = pd.read_excel('8 - 8 - 3.xlsx','分数表',index_col = 0)     #读取 Excel 的分数表数据
df = df.set_index('分数',append = True,drop = False).rename(index = levels,level = '分数').sort
_index(level = '分数').swaplevel('分数','工号')                  #添加索引设置
df.index.names = ['等级','工号']                               #修改行索引标题
df                                                          #返回 df 表
```

运行结果如图 8-34 所示。

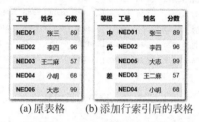

(a) 原表格   (b) 添加行索引后的表格

图 8-34　添加行索引前后对比

分析一下关键代码,df.set_index('分数',append＝True,drop＝False).rename(index＝levels,level＝'分数').sort_index(level＝'分数').swaplevel('分数','工号')。

首先,df.set_index('分数',append＝True,drop＝False)表示将分数列设置为行索引,结果如下:

		姓名	分数
工号	分数		
NED01	89	张三	89
NED02	96	李四	96
NED03	57	王二麻	57
NED04	68	小明	68
NED05	99	大志	99

其次,rename(index＝levels,level＝'分数')表示使用自定义函数 levels()对分数索引中的数字做等级判断,结果如下:

		姓名	分数
工号	分数		
NED01	中	张三	89
NED02	优	李四	96
NED03	差	王二麻	57
NED04	差	小明	68
NED05	优	大志	99

然后，sort_index(level='分数')表示对分数层做排序，本质就是将相同的等级排列在相邻位置，结果如下：

		姓名	分数
工号	分数		
NED01	中	张三	89
NED02	优	李四	96
NED05	优	大志	99
NED03	差	王二麻	57
NED04	差	小明	68

之后，swaplevel('分数','工号')表示将分数和工号两个层级交换位置，使分数层级处于第1层级，结果如下：

		姓名	分数
分数	工号		
中	NED01	张三	89
优	NED02	李四	96
	NED05	大志	99
差	NED03	王二麻	57
	NED04	小明	68

最后，df.index.names=['等级','工号']表示将行索引标题重新修改，修完成后便是最后需要的结果。

第9章

数据汇总技术

数据聚合处理是任何数据分析工具中都有的功能。Excel 提供了合并计算、分类汇总、数据透视表功能,也可以使用 Excel 工作表的统计函数来完成。本章主要讲解 Pandas 中的分组与数据透视表两个功能。

9.1 分组处理

分组是将数据按某种特定的方式进行拆分,再对拆分出来的每组数据做处理,可以做聚合、转换、过滤等用户希望的操作。Series 和 DataFrame 这两种数据也可以做分组,操作方式基本类似,本节以讲解 DataFrame 为例,对应的是 df. groupby()函数,该函数参数说明如下所示。

df. groupby(by=None, axis=0, level=None, as_index=True, sort=True, group_keys=True, observed=False, dropna=True)

by:分组依据,数据形式可以是映射、函数、标签或标签列表。

axis:分组方向,0 或 index 表示在行方向分组,1 或 columns 表示在列方向分组,默认值为 0。

level:如果 DataFrame 表是分层索引,则按一个或多个特定层级分组。

as_index:对于聚合输出,返回以组标签作为索引的对象。仅与 DataFrame 输入相关,因为 as_index=False 实际上是 SQL 风格的分组输出。

sort:对组键排序。关闭此选项可获得更好的性能。注意,这并不影响各组内观察的顺序。df. groupby()保留每组中行的顺序。

group_keys:调用 apply()函数时,将组键添加到索引以标识片段。

observed:布尔型。只适用于任何分类分组,如果设置为 True,则只显示分类分组的观测值。

dropna:如果值为 True,并且组键包含 NA 值,则将删除 NA 值及行/列;如果值为 False,则 NA 值也将被视为组中的键。

通过上面对 df. groupby()函数参数的说明,知道了分组可以在行或列方向完成,但在行方向的分组比较常见,所以后续所做演示基本是关于行方向的分组。

9.1.1 分组

在讲解 DataFrame 表格各种方式的分组之前,首先了解一下分组的一些特点,如图 9-1

所示,以该表格为例,讲解一下分组的原理。

	公司	部门	姓名	工资
0	A公司	销售部	张三	4444
1	A公司	销售部	李四	5555
2	A公司	财务部	王二麻	6666
3	B公司	开发部	小曾	7777
4	B公司	销售部	孙大圣	8888
5	B公司	开发部	小林	9999

图 9-1 做分组演示的 DataFrame 表格

先做一个演示,如图 9-1 所示,以部门列为依据执行分组,示例代码如下:

```
#chapter9\9-1\9-1-1.ipynb
import pandas as pd                         #导入 Pandas 库,并命名为 pd
df = pd.read_excel('9-1-1.xlsx','工资表')    #读取 Excel 的工资表数据
df.groupby(by='部门')                        #分组后返回的对象
```

运行结果如下:

```
<pandas.core.groupby.generic.DataFrameGroupBy object at 0x0000025EC69C10A0>
```

运行结果是一个 DataFrameGroupBy object,什么是 DataFrameGroupBy? 这个对象中到底存储了什么? 以什么样的方式存储? 使用循环语句将其打印出来,便可以一窥究竟,示例代码如下:

```
#chapter9\9-1\9-1-2.ipynb
import pandas as pd                         #导入 Pandas 库,并命名为 pd
df = pd.read_excel('9-1-2.xlsx','工资表')    #读取 Excel 的工资表数据
for g in df.groupby(by='部门'):              #对分组对象执行循环
    print(g)                                #循环打印分组对象中的数据
    print('--------------------- ')
```

运行结果如下:

```
('开发部',
      公司      部门      姓名      工资
3    B公司    开发部     小曾     7777
5    B公司    开发部     小林     9999)
---------------------
('财务部',
      公司      部门      姓名      工资
2    A公司    财务部    王二麻    6666)
---------------------
('销售部',
      公司      部门      姓名      工资
0    A公司    销售部     张三     4444
1    A公司    销售部     李四     5555
4    B公司    销售部    孙大圣    8888)
```

分析一下运行结果,因为部门列总共有 3 个不同部门,所以循环了 3 次,循环时 g 变量打印出的是一个元组,元组第 1 个元素是部门名称,第 2 个元素是部门对应的 DataFrame 表格。在循环时也可以表示为 for t,d in df.groupby(by='部门'):,t 与 g[0]相同,表示部门名称;d 与 g[1]相同,表示部门对应的 DataFrame 表格。

这里只讲解了关于分组的标签写法,后面将讲解更多的分组方式。

1. 常规分组

接下来讲解按多列分组、按序列分组,以及手动分组等常规分组方式。同样以图 9-1 所示的数据为例。

1) 按多列标签分组

对图 9-1 所示的表格按公司和部门执行分组,示例代码如下:

```
#chapter9\9-1\9-1-3.ipynb
import pandas as pd                          # 导入 Pandas 库,并命名为 pd
df = pd.read_excel('9-1-3.xlsx','工资表')     # 读取 Excel 的工资表数据
for g in df.groupby(by=['公司','部门']):      # 多标签分组
    print(g)                                 # 循环打印分组对象中的数据
    print('--------------------- ')
```

运行结果如下:

```
(('A公司', '财务部'),
     公司      部门      姓名      工资
2    A公司     财务部     王二麻    6666)
---------------------

(('A公司', '销售部'),
     公司      部门      姓名      工资
0    A公司     销售部     张三      4444
1    A公司     销售部     李四      5555)
---------------------

(('B公司', '开发部'),
     公司      部门      姓名      工资
3    B公司     开发部     小曾      7777
5    B公司     开发部     小林      9999)
---------------------

(('B公司', '销售部'),
     公司      部门      姓名      工资
4    B公司     销售部     孙大圣    8888)
---------------------
```

分析一下关键代码,df.groupby(by=['公司','部门']),实际上这里的['公司','部门']是[df.公司,df.部门]的简化写法,也就是说本质是两个 Series 数据。如果有更多的分组依据,可以写在列表中。

2) 按序列分组

如果感觉对指定列标签分组不够灵活,则可以对指定列做进一步处理再分组,例如对图 9-1 所示的数据,按姓名列的字符数分组,示例代码如下:

```
#chapter9\9-1\9-1-4.ipynb
import pandas as pd                              #导入 Pandas 库,并命名为 pd
df = pd.read_excel('9-1-4.xlsx','工资表')         #读取 Excel 的工资表数据
for g in df.groupby(by=df.姓名.str.len()):        #对 Series 处理后分组
    print(g)                                      #循环打印分组对象中的数据
    print('---------------------- ')
```

运行结果如下:

```
(2,
      公司        部门        姓名        工资
0     A公司       销售部       张三        4444
1     A公司       销售部       李四        5555
3     B公司       开发部       小曾        7777
5     B公司       开发部       小林        9999)
----------------------
(3,
      公司        部门        姓名        工资
2     A公司       财务部       王二麻      6666
4     B公司       销售部       孙大圣      8888)
----------------------
```

分析一下关键代码,df.groupby(by=df.姓名.str.len()),这里的 df.姓名.str.len()运行结果如下:

```
0    2
1    2
2    3
3    2
4    3
5    2
Name: 姓名, dtype: int64
```

其实处理结果不是必须为 Series 数据,也可以是列表、数组等序列对象。

3) 按手动分组

如果用户的分组没有任何规律可言,只希望通过手动实现分组,则直接在 by 参数构建一个与 DataFrame 表格行记录数相同的序列对象即可,示例代码如下:

```
#chapter9\9-1\9-1-5.ipynb
import pandas as pd                              #导入 Pandas 库,并命名为 pd
df = pd.read_excel('9-1-5.xlsx','工资表')         #读取 Excel 的工资表数据
for g in df.groupby(by=[1,2,1,2,1,3]):            #手动分组
    print(g)                                      #循环打印分组对象中的数据
    print('---------------------- ')
```

运行结果如下：

```
(1,
       公司        部门        姓名        工资
0    A公司       销售部      张三        4444
2    A公司       财务部      王二麻     6666
4    B公司       销售部      孙大圣     8888)
---------------------
(2,
       公司        部门        姓名        工资
1    A公司       销售部      李四        5555
3    B公司       开发部      小曾        7777)
---------------------
(3,
       公司        部门        姓名        工资
5    B公司       开发部      小林        9999)
---------------------
```

分析一下关键代码，df.groupby(by=[1,2,1,2,1,3])，分组时会将[1,2,1,2,1,3]列表中相同元素归并到一个分组中，所以最后有3个分组。

2. 分层索引分组

df.groupby()函数不但可以对指定列实现分组，也可以对分层索引做分组，接下来以图9-2所示的数据为例，演示与分层索引相关的分组。

地区	软件	全年		等级		
		上半年	下半年	上半年	下半年	全年
上海	Maya-动画	82	93	中	中	中
	keynote-办公	73	116	差	优	优
石家庄	AI-设计	73	81	差	中	差
	PS-设计	118	63	优	差	优
北京	PPT-办公	86	105	中	优	优
	Excel-办公	76	83	差	中	差
	3DS MAX-动画	86	59	中	差	差

图 9-2　做分层索引分组演示的 DataFrame 表格

1) 按分层索引标签分组

在具有分层索引的表格中，如果以指定的某列数据为分组依据执行分组，则需将分层索引标签写入元组中，以图9-2所示的数据为例，以'等级'下'全年'列为分组依据，示例代码如下：

```
# chapter9\9-1\9-1-6.ipynb
import pandas as pd                                      # 导入 Pandas 库，并命名为 pd
df = pd.read_excel('9-1-6.xlsx','销售表',header=[0,1],index_col=[0,1])
                                                          # 读取 Excel 的销售表数据
for g in df.groupby(by=('等级','全年')):                  # 分层标签分组
    print(g)                                              # 循环打印分组对象中的数据
    print('--------------------------------------------------- ')
```

运行结果如下：

```
('中',
                    全年                等级
            上半年    下半年    上半年    下半年    全年
 地区       软件
 上海       Maya - 动画   82      93       中       中       中)
------------------------------------------------------------

('优',
                    全年                等级
            上半年    下半年    上半年    下半年    全年
 地区       软件
 上海       keynote - 办公  73     116      差       优       优
 石家庄     PS - 设计       118    63       优       差       优
 北京       PPT - 办公      86     105      中       优       优)
------------------------------------------------------------

('差',
                    全年                等级
            上半年    下半年    上半年    下半年    全年
 地区       软件
 石家庄     AI - 设计       73      81       差       中       差
 北京       Excel - 办公    76      83       差       中       差
            3DS MAX - 动画  86      59       中       差       差)
------------------------------------------------------------
```

分析一下关键代码,df.groupby(by=('等级','全年')),直接指定分层索引标签('等级', '全年')对应的列,也可以写作 df[('等级','全年')]。

2) 索引层级不处理分组

如果按指定索引层级分组,则在 level 参数写入分层索引的标题即可。以图 9-2 所示的数据为例,以行分层索引中的地区层为分组依据,示例代码如下:

```
#chapter9\9 - 1\9 - 1 - 7.ipynb
import pandas as pd                                  #导入 Pandas 库,并命名为 pd
df = pd.read_excel('9 - 1 - 7.xlsx','销售表',header = [0,1],index_col = [0,1])
                                                     #读取 Excel 的销售表数据
for g in df.groupby(level = '地区'):                  #索引层级不处理分组(方法1)
# for g in df.groupby(by = lambda t:t[0]):            #索引层级不处理分组(方法2)
    print(g)                                          #循环打印分组对象中的数据
    print('------------------------------------------------ ')
```

运行结果如下：

```
('上海',
                    全年                等级
            上半年    下半年    上半年    下半年    全年
 地区       软件
 上海       Maya - 动画     82      93       中       中       中
            keynote - 办公  73     116      差       优       优)
------------------------------------------------------------
```

```
('北京',
                       全年              等级
                       上半年   下半年   上半年   下半年   全年
     地区     软件
     北京     PPT - 办公      86     105    中     优     优
            Excel - 办公    76     83     差     中     差
            3DS MAX - 动画  86     59     中     差     差)
------------------------------------------------------------
('石家庄',
                       全年              等级
                       上半年   下半年   上半年   下半年   全年
     地区     软件
     石家庄   AI - 设计       73     81     差     中     差
            PS - 设计       118    63     优     差     优)
------------------------------------------------------------
```

分析一下关键代码，df.groupby(level='地区')，其中level='地区'也可以写作level=0。可以不使用level参数，在by参数中设置，代码为df.groupby(by=lambda t:t[0])，这时by是一个自定义函数，调用行分层索引。t变量是元组，存储的是行分层索引的每个值，t[0]表示以地区层级为分组依据，t[1]表示以软件层级为分组依据。

3) 索引层级处理后分组

如果对指定层级的值处理后再分组，则可以在level参数中指定索引层级，然后在by参数中以函数方式处理层级，其处理结果就是分组的依据。以图9-2所示的数据为例，以提取行分层索引中软件后两个字符的结果为分组依据，示例代码如下：

```
# chapter9\9 - 1\9 - 1 - 8.ipynb
import pandas as pd                          # 导入 Pandas 库,并命名为 pd
df = pd.read_excel('9 - 1 - 8.xlsx','销售表',header = [0,1],index_col = [0,1])
                                             # 读取 Excel 的销售表数据
for g in df.groupby(by = lambda v:v[ - 2:],level = '软件'):
# for g in df.groupby(by = lambda t:t[1][ - 2:]):   # 索引层级处理后分组(方法 2)
    print(g)                                 # 循环打印分组对象中的数据
    print('------------------------------------------------- ')
```

运行结果如下：

```
('办公',
                       全年              等级
                       上半年   下半年   上半年   下半年   全年
     地区     软件
     上海     keynote - 办公  73     116    差     优     优
     北京     PPT - 办公      86     105    中     优     优
            Excel - 办公    76     83     差     中     差)
------------------------------------------------------------
```

```
('动画',
                        全年              等级
                        上半年   下半年    上半年   下半年   全年
        地区    软件
        上海    Maya - 动画      82      93      中      中      中
        北京    3DS MAX - 动画   86      59      中      差      差)

        ---------------------------------------------------

('设计',
                        全年              等级
                        上半年   下半年    上半年   下半年   全年
        地区    软件
        石家庄   AI - 设计       73      81      差      中      差
                PS - 设计       118     63      优      差      优)

        ---------------------------------------------------
```

分析一下关键代码,df. groupby(by＝lambda v:v[－2:],level＝'软件'),其中 v 变量代表软件层级中每个软件的名称,[－2:]表示提取后两个字符。

同样也可以不使用 level 参数,直接在 by 参数中完成,代码为 df. groupby(by＝lambda t:t[1][－2:])。

4) 列数据与指定层级共存分组

如果将列数据处理结果与分层索引数据处理的结果共同作为分组依据,则在 by 参数中完成即可。以图 9-2 所示的数据为例,要求以上半年和下半年的总和是否大于或等于 170,以及行分层索引中的地区层数据长度这两者为分组依据执行分组,示例代码如下:

```
#chapter9\9 - 1\9 - 1 - 9. ipynb
import pandas as pd                          #导入 Pandas 库,并命名为 pd
df = pd. read_excel('9 - 1 - 9. xlsx','销售表',header = [0,1],index_col = [0,1])
                                             #读取 Excel 的销售表数据
for g in df. groupby(by = [df. iloc[:,:2]. sum(axis = 1)> = 170,lambda t:len(t[0])]):
                                             #列数据与指定层级共存分组
    print(g)                                 #循环打印分组对象中的数据
    print('--------------------------------------------- ')
```

运行结果如下:

```
((False, 2),
                        全年              等级
                        上半年   下半年    上半年   下半年   全年
        地区    软件
        北京    Excel - 办公     76      83      差      中      差
                3DS MAX - 动画   86      59      中      差      差)

        ---------------------------------------------------

((False, 3),
                        全年              等级
                        上半年   下半年    上半年   下半年   全年
        地区    软件
        石家庄   AI - 设计       73      81      差      中      差

        ---------------------------------------------------
```

```
((True, 2),
                        全年              等级
                 上半年   下半年   上半年   下半年   全年
   地区    软件
   上海    Maya - 动画      82     93     中      中      中
           keynote - 办公   73    116     差      优      优
   北京    PPT - 办公       86    105     中      优      优)
-------------------------------------------------------
((True, 3),
                        全年              等级
                 上半年   下半年   上半年   下半年   全年
   地区    软件
   石家庄  PS - 设计       118     63     优      差      优)
-------------------------------------------------------
```

分析一下关键代码,df. groupby(by=[df. iloc[:,:2]. sum(axis=1)>=170,lambda t: len(t[0])]),由于该示例稍显复杂,所以我们做了更详细的解析。

首先,看 df. iloc[:,:2]. sum(axis=1)>=170 部分,这是将 DataFrame 表格中上半年和下半年的数据执行求和,求和结果如下:

```
   地区    软件
   上海    Maya - 动画      175
           keynote - 办公   189
   石家庄  AI - 设计        154
           PS - 设计        181
   北京    PPT - 办公       191
           Excel - 办公     159
           3DS MAX - 动画   145
dtype: int64
```

求和结果是 Series 数据,然后判断这些数据是否大于或等于 170,判断结果的布尔值就是最后的分组依据,结果如下:

```
   地区    软件
   上海    Maya - 动画      True
           keynote - 办公   True
   石家庄  AI - 设计        False
           PS - 设计        True
   北京    PPT - 办公       True
           Excel - 办公     False
           3DS MAX - 动画   False
dtype: bool
```

其次,分析 lambda t:len(t[0]) 部分,其中 t 变量是元组,存储了分层索引每个层级的标签,相当于以下数据:

```
('上海',     'Maya - 动画'),
('上海',     'keynote - 办公'),
```

```
('石家庄',      'AI - 设计'),
('石家庄',      'PS - 设计'),
('北京',       'PPT - 办公'),
('北京',       'Excel - 办公'),
('北京',       '3DS MAX - 动画')
```

而 t[0]取地区层级数据,结果相当于以下数据:

```
'上海',
'上海',
'石家庄'
'石家庄'
'北京',
'北京',
'北京',
```

最后,计算地区字符串的长度 len(t[0]),字符串长度就是最后的分组依据,结果如下:

```
2,
2,
3
3
2,
2,
2,
```

3. 分段分组

如果要分组的数据是数字,并且希望按照指定数字范围进行分组,则需要使用 pd.cut()函数配合。接下来以图 9-3 所示的数据为例,演示关于分段分组的操作。

	姓名	分数
0	张三	96
1	李四	57
2	王二麻	82
3	小曾	60
4	小林	91
5	小志	51

图 9-3 做分段分组演示的 DataFrame 表格

要求对分数列的数字按指定范围执行分组,并且返回每个分数范围的等级,分数范围及对应等级见表 9-1。

表 9-1 分数范围及对应等级

等　　级	分　数　范　围
差	≥0,并且<60
中	≥60,并且<80
优	≥80,并且<101

要做分段分组，关键是使用 pd. cut()函数做分组处理，然后将处理结果写入 df. groupby()函数即可，示例代码如下：

```
#chapter9\9-1\9-1-10.ipynb
import pandas as pd                                    #导入 Pandas 库,并命名为 pd
df = pd.read_excel('9-1-10.xlsx',sheet_name = '分数表')   #读取 Excel 的分数表数据
s = pd.cut(
    x = df.分数,                                        #被分段的序列数字
    bins = [0,60,80,101],                              #分数范围设置
    right = False,                                     #是否取左开右闭区间
    labels = ['差','中','优']                           #分数范围对应返回的等级标签
)
for g in df.groupby(s):
    print(g)                                           #循环打印分组对象中的数据
    print('------------------------------------------ ')
```

运行结果如下：

```
('差',
    姓名      分数
1   李四      57
5   小志      51)
------------------------------------------
('中',
    姓名      分数
3   小曾      60)
------------------------------------------
('优',
    姓名      分数
0   张三      96
2   王二麻     82
4   小林      91)
```

分析一下关键代码，pd. cut(x=df. 分数, bins=[0,60,80,101],right=False,labels=['差', '中','优'])，重点说明一下 pd. cut()函数中使用到的几个参数：

x=df. 分数，表示被执行分组判断的数字。

bins=[0,60,80,101]表示每个分组的临界点，可以对照表 9-1 中的分数范围理解。

right=False 表示每段分组是否包括右边的边缘值，这里是不包括。例如 0,60 表示 0~60 这个范围，但不包括 60 在内。如果是 True，则包括 60，这时读者就能理解 bins 参数中为什么要写作 80,101，而不是 80,100。因为 right 参数的值是 False，如果写为 80,100，分数 100 将不会被包括在内。

labels=['差','中','优']则是对应每个分组返回的等级标签，如果不写，则返回数字的分组范围，结果如下：

```
0    [80, 101)
1    [0, 60)
```

```
2        [80, 101)
3        [60, 80)
4        [80, 101)
5        [0, 60)
Name: 分数, dtype: category
```

当前示例是要返回对应的等级标签,执行结果如下:

```
0 优
1 差
2 优
3 中
4 优
5 差
Name: 分数, dtype: category
```

最后将分组的判断结果赋值给 s 变量,再将 s 变量放在 df. groupby()函数中即可。

4. 时间戳分组

如果分组的数据是时间戳,同时也希望按照指定的时间戳频率做分组(时间戳频率详细见表 7-1),需要使用 pd. Grouper()函数配合,接下来以图 9-4 所示的数据为例,演示关于按时间戳分组的操作。

	日期	产品	购买金额
0	2021-05-01 17:52:12	A	100
1	2021-05-01 19:12:14	B	200
2	2021-05-02 07:14:33	A	300
3	2021-05-03 11:18:34	C	400
4	2021-05-03 18:04:59	A	500
5	2021-05-03 23:26:25	C	600

图 9-4 做时间戳分组演示的 DataFrame 表格

要求对日期列的时间戳按指定的天频率执行分组,关键是在 pd. Grouper()函数的 key 参数中指定列索引标签,在 freq 参数中指定时间戳频率,示例代码如下:

```
# chapter9\9 - 1\9 - 1 - 11. ipynb
import pandas as pd                                      # 导入 Pandas 库,并命名为 pd
df = pd. read_excel('9 - 1 - 11. xlsx','销售表')          # 读取 Excel 的销售表数据
for g in df. groupby(pd. Grouper(key = '日期',freq = 'D')): # 对时间戳按指定频率分组
    print(g)                                              # 循环打印分组对象中的数据
    print('-------------------------------------------- ')
```

运行结果如下:

```
(Timestamp('2021 - 05 - 01 00:00:00', freq = 'D'),
      日期                    产品    购买金额
0     2021 - 05 - 01 17:52:12    A     100
1     2021 - 05 - 01 19:12:14    B     200)
      --------------------------------------------
```

```
(Timestamp('2021 - 05 - 02 00:00:00', freq = 'D'),
        日期                产品      购买金额
2     2021 - 05 - 02 07:14:33      A       300)
------------------------------------------------
(Timestamp('2021 - 05 - 03 00:00:00', freq = 'D'),
        日期                产品      购买金额
3     2021 - 05 - 03 11:18:34      C       400
4     2021 - 05 - 03 18:04:59      A       500
5     2021 - 05 - 03 23:26:25      C       600)
------------------------------------------------
```

9.1.2 聚合

9.1.1节讲解了各种方式的数据分组,分组的最终目的是对分组数据的处理,例如聚合、转换、过滤等。本节以图9-5所示的数据为例,首先讲解关于聚合的处理。

	公司	业务员	A	B	C
0	成都分公司	张三	221	214	267
1	成都分公司	李四	260	192	283
2	成都分公司	王五	162	102	149
3	上海分公司	王麻子	51	232	72
4	上海分公司	小明	60	268	120
5	北京总公司	小新	244	231	220
6	北京总公司	大飞	205	69	109
7	北京总公司	小舟舟	236	267	114
8	北京总公司	小林	272	129	138

图 9-5 做分组聚合演示的 DataFrame 表格

1. 所有列执行聚合处理

表5-2罗列出了常用的聚合函数,这些函数同样可以对分组数据进行聚合处理。以图9-5中公司为分组依据,对每列数据做最大值处理,示例代码如下:

```
#chapter9\9 - 1\9 - 1 - 12.ipynb
import pandas as pd                                      #导入 Pandas 库,并命名为 pd
df = pd.read_excel('9 - 1 - 12.xlsx','销售表')          #读取 Excel 的销售表数据
df.groupby('公司').max()                                 #对分组数据做聚合处理
```

运行结果如下:

```
              业务员      A        B        C
公司
上海分公司     王麻子    60       268      120
北京总公司     小舟舟    272      267      220
成都分公司     王五     260      214      283
```

分析一下关键代码,df.groupby('公司').max(),此时max()函数会对分组中的每列数据执行最大值处理,所以运行后,将分组依据列的值作为行索引标签,其他列则是做最大值处理的结果。

2. 指定列执行聚合处理

直接对分组对象使用聚合函数虽然操作简单,但它对所有列都执行聚合处理,很多时候用户希望自己定义聚合的列,聚合方式也不需要统一,那么可以使用 agg()函数,该函数的参数说明如下所示。

agg(func, * args, ** kwargs)

func:指定聚合方式,可以是函数、字符串函数、列表、字典。

* args:要传递给 func 的位置参数。

** kwargs:要传递给 func 的关键字参数。

将 agg()函数与聚合函数结合,能将分组对象的聚合能力最大化。下面同样以图 9-5 所示的数据为例,解讲 agg()函数与聚合函数的结合应用。

1) 所有列执行多种聚合方式

对分组对象的所有列执行多种聚合方式,示例代码如下:

```
#chapter9\9-1\9-1-13.ipynb
import pandas as pd                       #导入 Pandas 库,并命名为 pd
df = pd.read_excel('9-1-13.xlsx','销售表')  #读取 Excel 的销售表数据
df.groupby('公司').agg([sum,max])           #对所有列执行多种聚合方式
```

运行结果如下:

| | 业务员 | | A | | B | | C | |
	Sum	max	sum	max	sum	max	sum	max
公司								
上海分公司	王麻子小明	王麻子	111	60	500	268	192	120
北京总公司	小新大飞小舟舟小林	小舟舟	957	272	696	267	581	220
成都分公司	张三李四王五	王五	643	260	508	214	699	283

分析一下关键代码,df.groupby('公司').agg([sum,max]),在 agg()函数中的 func 参数以列表方式存储多个聚合函数,[sum,max]也可以写作['sum', 'max'],也就是以字符串的形式写入函数,还可以使用 NumPy 中的聚合函数。

2) 不同列设置不同聚合方式

其实在对分组做聚合时,大多数时候不会对所有列执行同一种聚合方式,更多的是对指定列做指定的聚合方式,示例代码如下:

```
#chapter9\9-1\9-1-14.ipynb
import pandas as pd                       #导入 Pandas 库,并命名为 pd
df = pd.read_excel('9-1-14.xlsx','销售表')  #读取 Excel 的销售表数据
df.groupby('公司').agg({
    'B':sum,
    'A':[sum,min],
    'C':max
})                                        #对不同列设置不同聚合方式
```

运行结果如下：

	B	A		C
	sum	sum	min	max
公司				
上海分公司	500	111	51	120
北京总公司	696	957	205	220
成都分公司	508	643	162	283

分析一下关键代码，df. groupby('公司'). agg({'B':sum,'A':[sum,min],'C':max})，在 agg()函数的 func 参数中以字典方式对指定列做指定聚合方式，如'B':sum，表示对 B 列求和；如果同一列有多种聚合方式，则以列表形式写入聚合函数，如'A':[sum,min]，表示对 A 列做求和与最小值。

3）自定义命名聚合方式

前面演示了在 agg()函数的 func 参数中使用列表、字典的聚合方式，但不能修改聚合后想要的列名，如果希望聚合后的列名可以改变，则需使用命名聚合方式，示例代码如下：

```
#chapter9\9-1\9-1-15.ipynb
import pandas as pd                          #导入 Pandas 库，并命名为 pd
df = pd.read_excel('9-1-15.xlsx','销售表')   #读取 Excel 的销售表数据
df.groupby('公司').agg(
    C 产品总计 = ('C',sum),
    C 产品平均 = ('C','mean')
)                                            #自定义列名的聚合方式
```

运行结果如下：

	C 产品总计	C 产品平均
公司		
上海分公司	192	96.00
北京总公司	581	145.25
成都分公司	699	233.00

分析一下关键代码，df. groupby('公司'). agg(C 产品总计＝('C',sum),C 产品平均＝('C','mean'))，命名聚合的书写方式为聚合后的列名＝('要被聚合的列名',聚合函数)，例如 C 产品总计＝('C',sum)表示对 C 列求和，聚合后的列名为 C 产品总计。

4）无效 Python 关键字命名

上面讲解的命名聚合方式在命名时，可能有些字符是无效的，也就是说无法命名成功，可以换一种方式，以构建字典并解压缩关键字参数的方式完成，示例代码如下：

```
#chapter9\9-1\9-1-16.ipynb
import pandas as pd                          #导入 Pandas 库，并命名为 pd
df = pd.read_excel('9-1-16.xlsx','销售表')   #读取 Excel 的销售表数据
df.groupby('公司').agg(
    **{
        '1～3月 C 产品总计':('C',sum),        #列名首字符是数字
```

```
                'C 产品平均':('C','mean')              #列名中包含空白字符
        }
    )                                                   #无效 Python 关键字命名
```

运行结果如下：

	1～3 月 C 产品总计	C 产品平均
公司		
上海分公司	192	96.00
北京总公司	581	145.25
成都分公司	699	233.00

分析一下关键代码，df.groupby('公司').agg(** {'1～3 月 C 产品总计':('C',sum)，'C 产品平均':('C','mean') })，如果以命名聚合方式来写代码 df.groupby('公司').agg(1～3 月 C 产品总计=('C',sum)，C 产品平均=('C','mean'))，结果一定会出错，原因在于1～3 月 C 产品总计是以数字开头，不支持这种写法；C 产品平均中间有空白字符，也不支持。

3. 自定义函数聚合方式

前面在 agg()函数与聚合函数配合使用时，聚合函数都是内置的，其实也可以自定义聚合处理方式，叫作自定义聚合函数，例如要合并每个部门下的姓名，示例代码如下：

```
#chapter9\9-1\9-1-17.ipynb
import pandas as pd                                     #导入 Pandas 库,并命名为 pd
df = pd.read_excel('9-1-17.xlsx','销售表')              #读取 Excel 的销售表数据
df.groupby('公司').agg(名单=('业务员',lambda s:s.str.cat(sep='、')))   #自定义函数聚合方式
```

运行结果如下：

	名单
公司	
上海分公司	王麻子、小明
北京总公司	小新、大飞、小舟舟、小林
成都分公司	张三、李四、王五

分析一下关键代码，df.groupby('公司').agg(名单=('业务员',lambda s:s.str.cat(sep='、')))，这里使用的是匿名函数 lambda s:s.str.cat(sep='、')，如果聚合处理比较复杂，也可以单独自定义函数，然后引用。

9.1.3　转换

分组转换不像分组聚合会将数据收拢，分组转换保持原来的数据结构，相当于对每组数据区域做转换设置，要完成这类数据处理，需要使用 transform()函数，该函数参数说明如下所示。

transform(func，* args， kwargs)**

func：执行转换的函数。

* args：传递给 func 的位置参数。

＊＊kwargs：传递给 func 的关键字参数。

接下来以图 9-6 所示的数据为例，使用 transform()函数做数据的转换处理。

	组别	成员	语文	数学
0	A组	张三	74	91
1	A组	李四	90	80
2	B组	王五	79	78
3	B组	小朱	88	99
4	C组	王麻子	93	75
5	C组	小明	74	93
6	C组	小新	89	91

图 9-6　做分组转换演示的 DataFrame 表格

1. 所有列执行转换处理

以图 9-6 所示的组别为分组依据，对每组下面的每个科目执行求和计算，示例代码如下：

```
#chapter9\9-1\9-1-18.ipynb
import pandas as pd                              #导入 Pandas 库,并命名为 pd
df = pd.read_excel('9-1-18.xlsx','分数表')       #读取 Excel 的分数表数据
df.groupby('组别').transform(sum)                #对分组对象的每列执行求和
```

运行结果如下：

	成员	语文	数学
0	张三李四	164	171
1	张三李四	164	171
2	王五小朱	167	177
3	王五小朱	167	177
4	王麻子小明小新	256	259
5	王麻子小明小新	256	259
6	王麻子小明小新	256	259

分析一下关键代码，df.groupby('组别').transform(sum)，虽然以组别为分组依据，但是使用 transform()函数转换后，其结果并没有像聚合函数那样将每个分组的数据收拢，而是保持原来表格的结构不变，并且除组别以外的所有列都执行了求和。

重点说明一下在转换时，是如何执行求和分布的。以 C 组中的语文为例进行说明，以下是 C 组的所有数据：

	组别	成员	语文	数学
4	C组	王麻子	93	75
5	C组	小明	74	93
6	C组	小新	89	91

其中语文列的分数是 93、74、89 3 个值，对这组值执行求和，本质是 sum(pd.Series([93,74,89]))，求和结果为 256，再将这个值重新分布回去，也就是说原来的 93、74、89 都写入求和后的值 256，最后变成了 256、256、256。其他列的数据处理也是这种规则。

2. 指定列执行转换处理

由于transform()函数无法像agg()函数一样可以在func参数中对指定列处理,所以只能对分组后的对象做切片选择,例如要对语文和数学做求和转换,示例代码如下:

```
#chapter9\9-1\9-1-19.ipynb
import pandas as pd                          #导入Pandas库,并命名为pd
df = pd.read_excel('9-1-19.xlsx','分数表')    #读取Excel的分数表数据
df.groupby('组别')[['语文','数学']].transform(sum)  #对指定列求和
```

运行结果如下:

	语文	数学
0	164	171
1	164	171
2	167	177
3	167	177
4	256	259
5	256	259
6	256	259

分析一下关键代码,df.groupby('组别')[['语文','数学']].transform(sum),最关键是在分组后做切片,[['语文','数学']]表示在分组后对选择列做转换,如果只有1列,例如语文,则写法为df.groupby('组别')['语文'].transform(sum),返回的不再是DataFrame表格,而是Series数据,相当于如下结果:

```
0    164
1    164
2    167
3    167
4    256
5    256
6    256
Name: 语文, dtype: int64
```

实际上,分组后无论是聚合处理,还是转换处理,或是其他处理方式,都可以使用这种切片方式。

3. 自定义函数转换方式

除了使用内置函数,用户也可以自定义函数来做转换处理,例如语文和数学两列的分数如果大于或等于80,则将求和结果显示在原来的值上,否则显示为None,示例代码如下:

```
#chapter9\9-1\9-1-20.ipynb
import pandas as pd,numpy as np              #导入Pandas库和NumPy库,并命名为pd和np
df = pd.read_excel('9-1-20.xlsx','分数表')    #读取Excel的分数表数据
df.groupby('组别')[['语文','数学']].transform(lambda s:np.where(s>80,sum(s),None))
                                             #用自定义函数做转换
```

运行结果如下：

	语文	数学
0	None	171
1	164	None
2	None	None
3	167	177
4	256	None
5	None	259
6	256	259

分析一下关键代码，transform(lambda s：np. where(s > 80，sum(s)，None))，这里的 s 变量是 Series 数据，指每个分组下的每列数据。

接下来做一个更有意义的案例，统计每个人的分数占所在组所在科目总分的百分比，示例代码如下：

```
#chapter9\9-1\9-1-21.ipynb
import pandas as pd                                     #导入 Pandas 库，并命名为 pd
df = pd.read_excel('9-1-21.xlsx','分数表')              #读取 Excel 的分数表数据
df.iloc[:,2:] = df.groupby('组别')[['语文','数学']].transform(lambda s:(s/sum(s) * 100).map
(lambda v:f'{v:.2f}%'))                                 #每组成员各科目分数占比
df                                                      #返回处理后的 df 表
```

运行结果如下：

	组别	成员	语文	数学
0	A组	张三	45.12%	53.22%
1	A组	李四	54.88%	46.78%
2	B组	王五	47.31%	44.07%
3	B组	小朱	52.69%	55.93%
4	C组	王麻子	36.33%	28.96%
5	C组	小明	28.91%	35.91%
6	C组	小新	34.77%	35.14%

分析一下关键代码，df. groupby('组别')[['语文','数学']]. transform(lambda s：(s/sum(s) * 100). map(lambda v:f'{v:. 2f}%'))，以 A 组语文科目 pd. Series([74,90]) 为例，假设 s 表示 pd. Series([74,90])。

首先 s/sum(s) * 100，在 transform 函数环境中就相当于 pd. Series([74,90])/164 * 100，运行结果如下：

```
0    45.121951
1    54.878049
dtype: float64
```

后面的代码 map(lambda v:f'{v:.2f}%')，只是对这个 Sereis 数据的格式化设置，运行结果如下：

```
0      45.12%
1      54.88%
dtype: object
```

对应其他分组其他科目的数据也是这种思路。由于是对语文和数学这两个科目做转换,返回的也是两列 DataFrame 表格,将这个数据赋值给 df.iloc[:,2:],本质就是对语文和数学两列执行修改。

9.1.4 过滤

分组中的过滤,是以组为单位,而不是过滤分组中的某条记录。分组的过滤可以使用 filter()函数,该函数参数说明如下所示。

filter(func, dropna=True, * args, ** kwargs)

func:应用于每个 DataFrame 子表的函数。应该返回布尔值 True 或 False。

dropna:删除未通过筛选器的组。默认值为 True。

* args:要传递给 func 的位置参数。

** kwargs:要传递给 func 的关键字参数。

接下以图 9-7 所示的数据为例,使用 filter()函数做分组的过滤处理演示。

	日期	成员	A产品	B产品
0	2021-05-01	张三	9	8
1	2021-05-01	李四	10	5
2	2021-05-02	王麻子	4	9
3	2021-05-02	李四	5	13
4	2021-05-03	王麻子	4	9
5	2021-05-03	张三	6	7
6	2021-05-03	李四	13	4

图 9-7 做分组过滤演示的 DataFrame 表格

1. 简单分组过滤

以图 9-7 所示的日期为分组依据,对每组日期下的 A 产品数量做平均计算,然后判断平均值是否大于 7。如果条件成立,则将对应的日期分组保留,否则删除,示例代码如下:

```
#chapter9\9-1\9-1-22.ipynb
import pandas as pd                                      #导入 Pandas 库,并命名为 pd
df = pd.read_excel('9-1-22.xlsx','销量表')              #读取 Excel 的销量表数据
df.groupby('日期').filter(lambda d:d.A产品.mean()>7)   #筛选出 A 产品平均值大于 7 的日期
```

运行结果如下:

	日期	成员	A 产品	B 产品
0	2021-05-01	张三	9	8
1	2021-05-01	李四	10	5
4	2021-05-03	王麻子	4	9
5	2021-05-03	张三	6	7
6	2021-05-03	李四	13	4

分析一下关键代码,filter(lambda d:d. A 产品. mean()> 7),如图 9-8 所示,其中 d 变量是每个分组的 DataFrame 子表,d. A 产品. mean()表示对每个 DataFrame 子表的 A 产品列做平均计算,3 组日期的平均结果分别为[9,10]的平均值为 9.5,[4,5]的平均值为 4.5,[4,6,13]的平均值为 7.6,满足大于 7 的是 2021-05-01 的 9.5 和 2021-05-03 的 7.6,所以最后把这两组日期的记录保留。

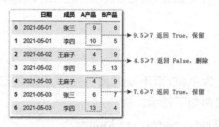

图 9-8　分组过滤原理演示

2. 进阶分组过滤

以图 9-7 中的日期为分组依据,对每组日期下的 A、B 产品数量做求和计算,然后判断求和的值是否大于或等于 15。如果条件成立,则将对应的日期分组保留,否则删除,示例代码如下:

```
#chapter9\9－1\9－1－23. ipynb
import pandas as pd, numpy as np                    #导入 Pandas 库和 NumPy 库,并命名为 pd 和 np
df = pd. read_excel('9－1－23. xlsx','销量表')      #读取 Excel 的销量表数据
df. groupby('日期'). filter(lambda d:np. all(d. iloc[:,2:]. apply(lambda s:s. sum() >= 15,
axis = 1)))                                         #筛选出 A、B 产品总数大于或等于 15 的日期
```

运行结果如下:

	日期	成员	A 产品	B 产品
0	2021－05－01	张三	9	8
1	2021－05－01	李四	10	5

分析一下关键代码,filter(lambda d:np. all(d. iloc[:,2:]. apply(lambda s:s. sum()>= 15,axis=1))),如图 9-9 所示,d. iloc[:,2:]是切片选择出的 A、B 产品的数量区域,对该区域使用 apply()函数按行求和,再用求和的值与 15 做比较判断,是否大于或等于 15。比较结果是一个由布尔值组成的 Series 数据,使用 np. all()判断该 Series,全部为 True 才返回 True,表示对应的分组要保留,否则删除。

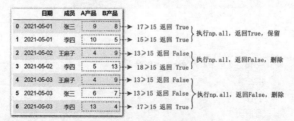

图 9-9　进阶分组过滤原理演示

9.1.5　高级分组

对数据完成分组后,可以执行不同的数据处理,例如前面的聚合、转换、过滤就是常见的分组处理方式,不同的处理方式可能会使用不同的处理函数,但本节讲解一个"万金油"函数apply(),该函数之前讲过可以遍历 Series 中的每个元素,也可以遍历 DataFrame 表格的每行或每列数据,在分组下遍历的是每个分组的 DataFrame 子表。

接下来以图 9-10 所示的数据为例,列举两个分组后用 apply()函数来处理的示例,让读者感受一下 apply()函数的魅力。

	班别	姓名	语文	数学
0	1班	张三	90	83
1	1班	小曾	100	87
2	1班	王麻子	95	88
3	2班	小陈	81	97
4	2班	小李	92	89
5	3班	李四	89	88
6	3班	小飞侠	84	84
7	3班	梁山	87	94

图 9-10　做高级分组演示的 DataFrame 表格

1. 分组排名

前面在学习排名时,使用的是 rank()函数,但如果需要进阶一点,做分组排名,也就是每个分组各自排名,则需使用 apply()函数。如图 9-10 所示,求每个人的总分在各自班别的排名,示例代码如下:

```
#chapter9\9-1\9-1-24.ipynb
import pandas as pd                                  #导入 Pandas 库,并命名为 pd
df = pd.read_excel('9-1-24.xlsx','分数表')           #读取 Excel 的分数表数据
df.groupby('班别').apply(lambda d:d.assign(排名=(d.语文+d.数学).rank(ascending=False).
astype(int)))                                         #分组排名处理
```

运行结果如下:

		班别	姓名	语文	数学	排名
班别						
1班	0	1班	张三	90	83	3
	1	1班	小曾	100	87	1
	2	1班	王麻子	95	88	2
2班	3	2班	小陈	81	97	2
	4	2班	小李	92	89	1
3班	5	3班	李四	89	88	2
	6	3班	小飞侠	84	84	3
	7	3班	梁山	87	94	1

分析一下关键代码,df.groupby('班别').apply(lambda d:d.assign(排名=(d.语文+d.数学).rank(ascending=False).astype(int)))。其中 d 变量是每个分组的 DataFrame 子表。

首先将两个科目求和 d. 语文＋d. 数学,结果为 Series 数据:

```
0    173
1    187
2    183
3    178
4    181
5    177
6    168
7    181
dtype: int64
```

然后使用 rank(ascending＝False). astype(int),对求和结果执行排名处理,结果如下:

```
0    3
1    1
2    2
3    2
4    1
5    2
6    3
7    1
dtype: int32
```

最后 d. assign(排名＝……)将处理好的排名写入新建列。

2. 分组聚合

使用 agg()函数做分组聚合非常简单直观,用 apply()可能稍显复杂,但胜在灵活。如图 9-10 所示,以班别为分组依据,合并姓名,并且求语文和数学的均值,示例代码如下:

```
#chapter9\9-1\9-1-25.ipynb
import pandas as pd                              #导入 Pandas 库,并命名为 pd
df = pd. read_excel('9-1-25.xlsx','分数表')      #读取 Excel 的分数表数据
pd. DataFrame(df. groupby('班别'). apply(lambda d:{
    '名单':d. 姓名. str. cat(sep = '、'),          #合并姓名
    '语文均值':d. 语文. mean(),                     #求语文均值
    '数学均值':d. 数学. mean()                      #求数学均值
}). to_dict()). T                                 #聚合处理
```

运行结果如下:

	名单	语文均值	数学均值
1班	张三、小曾、王麻子	95	86
2班	小陈、小李	86.5	93
3班	李四、小飞侠、梁山	86.6667	88.6667

分析一下关键代码,pd. DataFrame(df. groupby('班别'). apply(lambda d:{'名单':d. 姓名. str. cat(sep＝'、'),'语文均值':d. 语文. mean(),'数学均值':d. 数学. mean()}). to_dict()). T。

首先,运行 df. groupby('班别'). apply(lambda d:{'名单':d. 姓名. str. cat(sep＝'、'),

'语文均值':d.语文.mean(),'数学均值':d.数学.mean()})部分,运行结果是 Series 数据,结果如下:

```
班别
1 班    {'名单': '张三、小曾、王麻子', '语文均值': 95.0, '数学均值': 86.0}
2 班    {'名单': '小陈、小李', '语文均值': 86.5, '数学均值': 93.0}
3 班    {'名单': '李四、小飞侠、梁山', '语文均值': 86.66666666666667,...
dtype: object
```

然后使用 to_dict()函数将 Series 数据转换为字典类型的数据,结果如下:

```
{'1 班': {'名单': '张三、小曾、王麻子', '语文均值': 95.0, '数学均值': 86.0},
 '2 班': {'名单': '小陈、小李', '语文均值': 86.5, '数学均值': 93.0},
 '3 班': {'名单': '李四、小飞侠、梁山', '语文均值': 86.6667, '数学均值': 88.6667}}
```

最后,使用 pd.DataFrame()函数将字典数据创建为 DataFrame 表格,结果如下:

	1 班	2 班	3 班
名单	张三、小曾、王麻子	小陈、小李	李四、小飞侠、梁山
语文均值	95	86.5	86.6667
数学均值	86	93	88.6667

这时 DataFrame 表格的方向需要转置一下,使用 T 转换后,便是最后的处理效果。

注意:虽然使用 apply()函数处理分组数据更灵活,但其效率没有专用的处理函数快,例如分组聚合既可用 agg()函数,也可以用 apply()函数,但在数据处理速度上 agg()函数更快。

9.2　数据透视表

Excel 中有个叫数据透视表的强大工具,在 Pandas 中同样也提供了一个电子表格样式的数据透视表函数,pivot_table()函数的功能也具有强大的数据汇总能力,该函数有 pd.pivot_table()和 df.pivot_table()两种表现形式,区别在于 pd.pivot_table()函数需要在函数中提供 data 参数,也就是数据源;而 df.pivot_table()函数中的 df 已经提供数据源,所以不用在参数中提供 data 参数,其他参数均相同,这两个函数的参数说明如下所示。

写法 1:

pd.pivot_table(data,values=None,index=None,columns=None,aggfunc='mean',fill_value=None, margins=False, dropna=True, margins_name='All', observed=False)

写法 2:

df.pivot_table(values=None,index=None,columns=None,aggfunc='mean',fill_value=None,margins=False, dropna=True, margins_name='All', observed=False)

data:提供用于做数据透视表的数据源表格。

values:提供要进行汇总的列名,如果是多列名,则写在列表中。

index:在数据透视表行索引上进行分组的列名。如果是多个列名,则写在列表中;如果传递数组,则其长度必须与 data 参数提供的表格数据长度相同。该列表可以包含任何其他类型(列表除外)。

columns：在数据透视表列索引上进行分组的列名,该参数特性与 index 参数相同。

aggfunc：提供做聚合的方式,可以是函数、列表、字典,默认为 numpy.mean(平均)。

fill_value：替换缺失值的值(数据透视表缺失值的处理)。

margins：添加所有行/列(例如,小计/总计)。

dropna：将所有条目均为 NaN 的列删除。

margins_name：当 margins 为 True 时,将包含总计的行/列的名称。

observed：布尔型。适用于任何分类分组,如果设置为 True,则只显示分类分组的观测值。

接下来以图 9-11 所示的数据为例,对数据透视表的各种布局汇总方式分别做演示,让读者了解 pivot_table() 函数灵活的布局及汇总方式,数据透视表的最终结果也是一个 DataFrame 表格。

	订单日期	车间	客户订单号	产品名称	类型	子类	数量	价格	金额
0	2020-03-10	3车间	NED0011	阿伦德尔150圆餐桌-自然橡木色	木制	餐桌	10.0	53487.10	534871.00
1	2020-03-17	1车间	NED0274	彭布罗克650样品抽屉插板-天空灰	木制	备品备件	10.0	676.30	6763.00
2	2020-03-17	3车间	NED0306	色板-爱丁堡-中度拉丝线仿古 75x100	木制	备品备件	10.0	78.60	786.00
3	2020-03-26	3车间	NED0307	色板-爱丁堡-中度拉丝线仿古 75x100	木制	备品备件	10.0	78.60	786.00
4	2020-04-08	3车间	NED0213	亨利5尺上柜-LED	木制	橱柜	9.0	36317.79	326860.11
...	...	...	...	...	...	...	...	...	...
3579	2020-11-24	3车间	NED0090	色板-阿伦德尔-重拉丝自然橡木 75x100	木制	备品备件	20.0	157.20	3144.00
3580	2020-12-01	2车间	NED0227	贾罗560单门壁柜照明套件包括传感器	其他	备品备件	1.0	119.06	119.06
3581	2020-12-01	3车间	NED0324	雅斯科巴特勒折叠桌腿-自然色	木制	基地	4.0	0.00	0.00
3582	2020-12-01	3车间	NED0324	雅斯科巴特勒折叠桌腿-自然色	木制	基地	12.0	0.00	0.00
3583	2020-12-10	3车间	NED0316	沃德利餐椅-自然色橡木	木制	主桌	34.0	23478.70	798275.80

3584 rows × 9 columns

图 9-11 做数据透视表演示的 DataFrame 表格

9.2.1 指定索引方向分组聚合

如图 9-11 所示,要求统计每个车间的数量。其实就是以车间列为分组依据,然后对数量进行求和,示例代码如下:

```
# chapter9\9 - 2\9 - 2 - 1.ipynb
import pandas as pd, numpy as np          # 导入 Pandas 库和 NumPy 库,并命名为 pd 和 np
df = pd. read_excel('9 - 2 - 1.xlsx','销售表')   # 读取 Excel 的销售表数据
df.pivot_table(
    values = '数量',                        # 指定汇总的列
    index = '车间',                         # 指定数据透视表行索引上进行分组的列
    aggfunc = np.sum                       # 指定聚合的方式
)                                          # 返回数据透视表
```

运行结果如下:

	数量
车间	
1 车间	4492.0

2 车间	23854.5	
3 车间	4902.0	
4 车间	5166.0	
5 车间	7172.0	
6 车间	347.0	

分析一下关键代码,df. pivot_table(values = '数量', index = '车间', aggfunc = np.sum),其中 index = '车间'指在行索引方向分组。也可以指定到列索引方向分组,写作 columns = '车间'。aggfunc = np.sum 使用 NumPy 中的聚合函数,也可以写作 sum 或'sum'。

9.2.2 多列执行单种聚合

如图 9-11 所示,以车间列为分组依据放置在行索引方向,然后对数量和金额两列数据执行求和计算,示例代码如下:

```
# chapter9\9 - 2\9 - 2 - 2. ipynb
import pandas as pd,numpy as np          # 导入 Pandas 库和 NumPy 库,并命名为 pd 和 np
df = pd. read_excel('9 - 2 - 2.xlsx','销售表')   # 读取 Excel 的销售表数据
df.pivot_table(
    values = ['数量','金额'],              # 指定汇总的多列
    index = '车间',                        # 指定数据透视表行索引上进行分组的列
    aggfunc = np. sum                      # 指定聚合的方式
)                                          # 返回数据透视表
```

运行结果如下:

	数量	金额
车间		
1 车间	4492.0	4.285239e + 07
2 车间	23854.5	2.093843e + 08
3 车间	4902.0	8.162817e + 07
4 车间	5166.0	2.077352e + 07
5 车间	7172.0	1.238053e + 08
6 车间	347.0	3.135240e + 06

分析一下关键代码,df. pivot_table(values = ['数量','金额'], index = '车间', aggfunc = np.sum),其中 values = ['数量','金额']表明了被聚合的不同列,做何种方式的聚合要看 aggfunc = np.sum,这里只做了求和 1 种聚合方式。

9.2.3 单列执行多种聚合

如图 9-11 所示,以车间列为分组依据放置在行索引方向,然后对数量列执行求和与求平均两种聚合方式,示例代码如下:

```
# chapter9\9 - 2\9 - 2 - 3. ipynb
import pandas as pd,numpy as np          # 导入 Pandas 库和 NumPy 库,并命名为 pd 和 np
```

```
df = pd.read_excel('9 - 2 - 3.xlsx','销售表')        #读取 Excel 的销售表数据
df.pivot_table(
    values = '数量',                                #指定汇总的列
    index = '车间',                                 #指定数据透视表行索引上进行分组的列
    aggfunc = [np.sum,np.mean]                      #指定多种聚合方式
)                                                  #返回数据透视表
```

运行结果如下：

	sum	mean
	数量	数量
车间		
1 车间	4492.0	8.167273
2 车间	23854.5	182.095420
3 车间	4902.0	10.341772
4 车间	5166.0	2.398329
5 车间	7172.0	30.649573
6 车间	347.0	8.463415

分析一下关键代码，df.pivot_table(values = '数量'，index = '车间'，aggfunc = [np.sum,np.mean])，其中 values = '数量'表明了被聚合的是单列，做何种方式的聚合要看 aggfunc = [np.sum,np.mean]，这里执行了两种聚合方式。

9.2.4 多列执行多种聚合

如图 9-11 所示，以车间列为分组依据放置在行索引方向，然后对数量和金额两列分别执行求和与求平均两种聚合方式，示例代码如下：

```
#chapter9\9 - 2\9 - 2 - 4.ipynb
import pandas as pd,numpy as np                      #导入 Pandas 库和 NumPy 库,并命名为 pd 和 np
df = pd.read_excel('9 - 2 - 4.xlsx','销售表')        #读取 Excel 的销售表数据
df.pivot_table(
    values = ['数量','金额'],                        #指定汇总的多列
    index = '车间',                                 #指定数据透视表行索引上进行分组的列
    aggfunc = [np.sum,np.mean]                      #指定多种聚合方式
)                                                  #返回数据透视表
```

运行结果如下：

	sum		mean	
	数量	金额	数量	金额
车间				
1 车间	4492.0	4.285239e + 07	8.167273	7.791344e + 04
2 车间	23854.5	2.093843e + 08	182.095420	1.598354e + 06
3 车间	4902.0	8.162817e + 07	10.341772	1.722113e + 05
4 车间	5166.0	2.077352e + 07	2.398329	9.644160e + 03
5 车间	7172.0	1.238053e + 08	30.649573	5.290823e + 05
6 车间	347.0	3.135240e + 06	8.463415	7.646926e + 04

分析一下关键代码,df.pivot_table(values=['数量','金额'],index='车间',aggfunc=[np.sum,np.mean]),其中values=['数量','金额']表明了被聚合的是多列,做何种方式的聚合要看aggfunc=[np.sum,np.mean],这里执行了两种聚合方式,会有4种聚合结果。

9.2.5　指定列做指定聚合

如图9-11所示,以车间列为分组依据放置在行索引方向,然后对数量列执行求和与平均聚合,对金额列执行最大值聚合,对价格列执行最小值与最大值聚合,示例代码如下:

```
# chapter9\9-2\9-2-5.ipynb
import pandas as pd,numpy as np          # 导入Pandas库和NumPy库,并命名为pd和np
df = pd.read_excel('9-2-5.xlsx','销售表')  # 读取Excel的销售表数据
df.pivot_table(
    index = '车间',                        # 指定数据透视表索引上进行分组的列
    aggfunc = {
        '价格':[np.min,np.max],            # 对价格列执行最小值与最大值聚合
        '数量':[np.sum,np.mean],           # 对数量列执行求和与平均聚合
        '金额':np.max                      # 对金额列执行最大值聚合
    }                                      # 对指定列做指定的聚合方式
)                                          # 返回数据透视表
```

运行结果如下:

	价格		数量		金额
	max	min	mean	sum	max
车间					
1车间	63026.88	0.00	8.167273	4492.0	1512645.12
2车间	26880.00	15.21	182.095420	23854.5	20160000.00
3车间	105435.12	0.00	10.341772	4902.0	2998261.00
4车间	46277.12	0.00	2.398329	5166.0	421539.84
5车间	72180.80	41.45	30.649573	7172.0	11548928.00
6车间	13157.20	5374.72	8.463415	347.0	131572.00

分析一下关键代码,df.pivot_table(index='车间',aggfunc={'价格':[np.min,np.max],'数量':[np.sum,np.mean],'金额':np.max}),aggfunc参数采用字典形式,字典中写入要聚合的列名,值写入要聚合的方式,values参数不需要传入任何值,这种聚合方式更灵活。

9.2.6　行索引和列索引分组聚合

如图9-11所示,以车间列为分组依据放置在行索引方向,以类型列为分组依据放置在列索引方向,对数量列做求和聚合,示例代码如下:

```
# chapter9\9-2\9-2-6.ipynb
import pandas as pd,numpy as np          # 导入Pandas库和NumPy库,并命名为pd和np
df = pd.read_excel('9-2-6.xlsx','销售表')  # 读取Excel的销售表数据
df.pivot_table(
    values = '数量',                      # 指定汇总的列
```

```
       index = '车间',                          # 指定数据透视表行索引上进行分组的列
       columns = '类型',                        # 指定数据透视表列索引上进行分组的列
       aggfunc = np.sum                        # 指定聚合方式
)                                              # 返回数据透视表
```

运行结果如下：

类型 车间	其他	备品备件	床幔	木制	照明	硬件	装潢	钢
1 车间	NaN	NaN	NaN	4492.0	NaN	NaN	NaN	NaN
2 车间	248.0	100.0	NaN	1.0	NaN	23136.0	367.5	2.0
3 车间	NaN	NaN	NaN	4902.0	NaN	NaN	NaN	NaN
4 车间	NaN	NaN	4.0	210.0	NaN	NaN	4952.0	NaN
6 车间	NaN	NaN	NaN	NaN	7172.0	NaN	NaN	NaN
6 车间	NaN	NaN	NaN	NaN	NaN	NaN	NaN	347.0

分析一下关键代码，df. pivot_table(values＝'数量'，index＝'车间'，columns＝'类型'，aggfunc＝np. sum)，其中 index＝'车间'表示车间列分组结果放置在行索引方向，columns＝'类型'表示类型列分组结果放置在列索引方向。index 和 columns 参数如果是多列，则均可以放置在列表中。

9.2.7　跟列数据长度相同的数组做分组

如图 9-11 所示，以车间列和订单日期列中的上半年和下半年为分组依据放置在行索引方向，以类型列为分组依据放置在列索引方向，对数量列做求和聚合，示例代码如下：

```
# chapter9\9 - 2\9 - 2 - 7. ipynb
import pandas as pd, numpy as np                    # 导入 Pandas 库和 NumPy 库，并命名为 pd 和 np
df = pd. read_excel('9 - 2 - 7. xlsx', '销售表')      # 读取 Excel 的销售表数据
df.pivot_table(
       values = '数量',                              # 指定汇总的列
       index = ['车间', np. where(df. 订单日期. dt. month > 6, '下半年', '上半年')],
       columns = '类型',                             # 指定数据透视表列索引上进行分组的列
       aggfunc = np. sum,                           # 指定聚合方式
)                                                   # 返回数据透视表
```

运行结果如下：

车间	类型	其他	备品备件	床幔	木制	照明	硬件	装潢	钢
1 车间	上半年	NaN	NaN	NaN	116.0	NaN	NaN	NaN	NaN
	下半年	NaN	NaN	NaN	4376.0	NaN	NaN	NaN	NaN
2 车间	上半年	1.0	NaN	NaN	NaN	NaN	2320.0	6.5	2.0
	下半年	247.0	100.0	NaN	1.0	NaN	20816.0	361.0	NaN
3 车间	上半年	NaN	NaN	NaN	414.0	NaN	NaN	NaN	NaN
	下半年	NaN	NaN	NaN	4488.0	NaN	NaN	NaN	NaN

4 车间	上半年	NaN	NaN	NaN	NaN	NaN	NaN	6.0	NaN
	下半年	NaN	NaN	4.0	210.0	NaN	NaN	4946.0	NaN
5 车间	上半年	NaN	NaN	NaN	NaN	1403.0	NaN	NaN	NaN
	下半年	NaN	NaN	NaN	NaN	5769.0	NaN	NaN	NaN
6 车间	下半年	NaN	NaN	NaN	NaN	NaN	NaN	NaN	347.0

分析一下关键代码,index＝['车间',np.where(df.订单日期.dt.month＞6,'下半年','上半年')],重点讲解一下 index 参数中对上半年和下半年的判断,df.订单日期.dt.month 提取订单日期中的月份,然后判断是否大于或等于 6,条件成立为下半年,不成立为上半年。返回结果是一个与订单日期列长度相同的数组,这种形式的数据均能放置在行索引和列索引方向。

9.2.8　数据透视表缺失值处理

如果数据透视表中有缺失值,则用户可以对 fill_value 参数指定缺失值的填充值,如图 9-11 所示,以车间列为分组依据放置在行索引方向,以类型列为分组依据放置在列索引方向,对数量列做求和聚合,缺失值用 0 填充,示例代码如下:

```
#chapter9\9-2\9-2-8.ipynb
import pandas as pd,numpy as np              #导入 Pandas 库和 NumPy 库,并命名为 pd 和 np
df = pd.read_excel('9-2-8.xlsx','销售表')      #读取 Excel 的销售表数据
df.pivot_table(
    values = '数量',                         #指定汇总的列
    index = '车间',                          #指定数据透视表行索引上进行分组的列
    columns = '类型',                        #指定数据透视表列索引上进行分组的列
    aggfunc = np.sum,                        #指定聚合方式
    fill_value = 0,                          #将缺失值设置为 0
)                                            #返回数据透视表
```

运行结果如下:

类型	其他	备品备件	床幔	木制	照明	硬件	装潢	钢
车间								
1 车间	0	0	0	4492	0	0	0.0	0
2 车间	248	100	0	1	0	23136	367.5	2
3 车间	0	0	0	4902	0	0	0.0	0
4 车间	0	0	4	210	0	0	4952.0	0
5 车间	0	0	0	0	7172	0	0.0	0
6 车间	0	0	0	0	0	0	0.0	347

9.2.9　数据透视表的行和列总计设置

在 Excel 的数据透视表中,可以做行和列总计,pivot_table()函数同样具备该功能,如图 9-11 所示,以车间列为分组依据放置在行索引方向,以类型列为分组依据放置在列索引方向,对数量列做求和聚合,最后对各行各列做小计,示例代码如下:

```
#chapter9\9-2\9-2-9.ipynb
import pandas as pd,numpy as np              #导入 Pandas 库和 NumPy 库,并命名为 pd 和 np
```

```
df = pd.read_excel('9 - 2 - 9.xlsx','销售表')          # 读取 Excel 的销售表数据
df.pivot_table(
    values = '数量',                                  # 指定汇总的列
    index = '车间',                                   # 指定数据透视表行索引上进行分组的列
    columns = '类型',                                 # 指定数据透视表列索引上进行分组的列
    aggfunc = np.sum,                                # 指定聚合汇总的方式
    margins = True,                                  # 设置为显示行和列总计信息
    margins_name = '小计'                            # 将行和列总计名称改为小计
)                                                   # 返回数据透视表
```

运行结果如下：

类型 车间	其他	备品备件	床幔	木制	照明	硬件	装潢	钢	小计
1 车间	NaN	NaN	NaN	4492.0	NaN	NaN	NaN	NaN	4492.0
2 车间	248.0	100.0	NaN	1.0	NaN	23136.0	367.5	2.0	23854.5
3 车间	NaN	NaN	NaN	4902.0	NaN	NaN	NaN	NaN	4902.0
4 车间	NaN	NaN	4.0	210.0	NaN	NaN	4952.0	NaN	5166.0
5 车间	NaN	NaN	NaN	NaN	7172.0	NaN	NaN	NaN	7172.0
6 车间	NaN	NaN	NaN	NaN	NaN	NaN	NaN	347.0	347.0
小计	248.0	100.0	4.0	9605.0	7172.0	23136.0	5319.5	349.0	45933.5

对行和列做总计时，关键参数有两个，margins＝True 表示行和列需要做总计，默认名称是 All，如果用户希望自行修改，例如希望修改为'小计'，则设置 margins_name＝'小计'。

9.3 巩固案例

9.3.1 提取各分组的前两名记录

如图 9-12(a)所示为原表格，提取每个班总分前两名的记录，示例代码如下：

```
# chapter9\9 - 3\9 - 3 - 1.ipynb
import pandas as pd                                                      # 导入 Pandas 库,并命名为 pd
df = pd.read_excel('9 - 3 - 1.xlsx','分数表')                            # 读取 Excel 的分数表数据
df.groupby('班别').apply(lambda d:d.nlargest(2,'总分',keep = 'all'))      # 提取每个班别总分前两名
```

运行结果如图 9-12(b)所示。

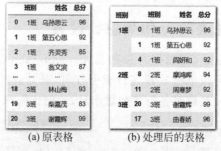

(a) 原表格   (b) 处理后的表格

图 9-12　提取各班前两名记录的前后对比

分析一下关键代码,df. groupby('班别'). apply(lambda d:d. nlargest(2,'总分',keep＝
'all')),1 班有 3 条记录,是由于 nlargest()函数的 keep 参数是'all',后两条记录的分数是相
同的。

9.3.2　按条件筛选各分组的记录

如图 9-13(a)所示为原表格,筛选出大于或等于各自班别平均总分的记录,首先对各班
别的总分做平均计算,然后将各班别的总分与对应的平均值做比较,将对应条件成立的记录
保留,示例代码如下:

```
#chapter9\9－3\9－3－2.ipynb
import pandas as pd                              #导入 Pandas 库,并命名为 pd
df = pd. read_excel('9－3－2.xlsx','分数表')       #读取 Excel 的分数表数据
df.groupby('班别'). apply(lambda d:d[d. 总分> d. 总分. mean()])
```

运行结果如图 9-13(b)所示。

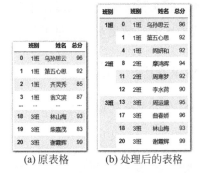

(a)原表格　　　(b)处理后的表格

图 9-13　筛选大于或等于各自班别平均分结果的前后对比

分析一下关键代码,df. groupby('班别'). apply(lambda d:d[d. 总分> d. 总分. mean()]),首
先 d. 总分. mean()计算出每个班别的总分平均值,结果如下:

```
班别
1 班     89.000000
2 班     88.666667
3 班     90.000000
dtype: float64
```

完成平均值计算之后,再将总分列的数据与平均值做比较,代码为 d. 总分> d. 总分.
mean(),结果如下:

```
班别
1 班     0     True
        1     True
        2     False
        3     False
```

	4	True
	5	False
	6	False
2班	7	False
	8	True
	9	False
	10	False
	11	True
	12	True
3班	13	True
	14	False
	15	False
	16	False
	17	True
	18	True
	19	False
	20	True

Name: 总分, dtype: bool

最后将这组由布尔值组成的Series数据对d变量中的DataFrame进行筛选。

9.3.3 提取各分组下的唯一值

如图9-14(a)所示为原表格,对类型列执行分组,并且罗列出各类型下的子类,示例代码如下:

```
#chapter9\9-3\9-3-3.ipynb
import pandas as pd                                    #导入Pandas库,并命名为pd
df = pd.read_excel('9-3-3.xlsx','销售表')              #读取Excel的销售表数据
df.groupby('类型').agg({'子类':lambda s:s.unique()})  #统计出每种类型下的子类
```

运行结果如图9-14(b)所示。

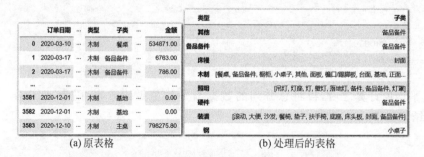

(a) 原表格   (b) 处理后的表格

图9-14 提取各类型下子类唯一值的前后效果对比

分析一下关键代码,df.groupby('类型').agg({'子类':lambda s:s.unique()}),其中s.unique()对类型分组下子类做唯一值处理。

9.3.4　分组批量拆分表格到 Excel 文件

如图 9-15(a)所示为原表格,对类型列执行分组,并且将每个分组下的 DataFrame 子表保存为 Excel 文件,示例代码如下:

```
# chapter9\9 - 3\9 - 3 - 4. ipynb
import pandas as pd                                # 导入 Pandas 库,并命名为 pd
df = pd. read_excel('9 - 3 - 4. xlsx','销售表')     # 读取 Excel 的销售表数据
for n,d in df. groupby('类型'):                      # 按类型对销售表分组
    d.to_excel('demo1/' + n + '.xlsx',index = False)  # 将分组的数据保存为 Excel 文件
```

运行结果如图 9-15(b)所示。

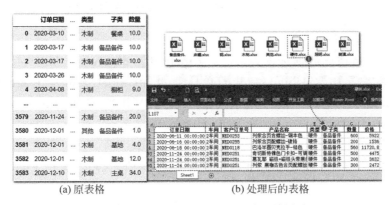

(a)原表格　　　　　　　　　　　(b)处理后的表格

图 9-15　批量拆分表格到 Excel 的前后效果对比

分析一下关键代码,d. to_excel('demo1/'+n+'. xlsx',index＝False),其中 d 变量表示从分组对象中循环出来的每个 DataFrame 子表,n 变量表示从分组对象中循环出来的类型名称,该名称作为另存为 Excel 文件时的文件名。

9.3.5　将数据透视表拆分为 Excel 文件

如图 9-16(a)所示为原表格,首先将该表做成数据透视表,然后以数据透视表行索引中的类型为分组依据,并将每个分组下的 DataFrame 子表保存为 Excel 文件,示例代码如下:

```
# chapter9\9 - 3\9 - 3 - 5. ipynb
import pandas as pd                                # 导入 Pandas 库,并命名为 pd
df = pd. read_excel('9 - 3 - 5. xlsx','销售表')     # 读取 Excel 的销售表数据
total_df = df.pivot_table(
    values = '数量',                                # 对数量列求和
    index = ['类型','子类'],                         # 将类型与子类列分组在行索引上
    columns = df.订单日期.dt.strftime('%m 月'),       # 将月份分组在列索引上
    aggfunc = sum                                    # 执行求和聚合运算
)                                                    # 数据透视表
for n,d in total_df.groupby(level = '类型'):          # 对行索引中的类型索引执行分组
    d.to_excel('demo2/' + n + '.xlsx')                # 将分组的数据保存为 Excel 文件
```

运行结果如图 9-16(b)所示。

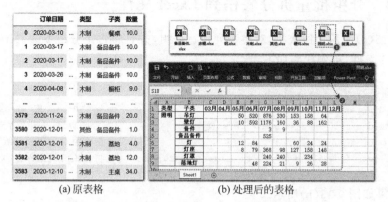

(a)原表格　　　　　　　　　(b)处理后的表格

图 9-16　拆分数据透视表到各 Excel 的前后效果对比

分析一下关键代码。

首先将原表格做成数据透视表,代码为 total_df = df.pivot_table(values = '数量',index = ['类型','子类'], columns = df.订单日期.dt.strftime('%m 月'), aggfunc = sum)。

然后对数据透视表按类型索引层执行分组并且循环出来,代码为 for n,d in total_df.groupby(level = '类型'), n 是循环出来的类型名称, d 变量是循环出来的每个 DataFrame 子表。

最后将循环出来的 DataFrame 子表保存为 Excel 文件,代码为 d.to_excel('demo2/'+n+'.xlsx')。

第 10 章

表格转换技术

Excel 的 Power Query 工具提供了透视列、逆透视列、合并查询、多表合并等关于表格的转换操作。Pandas 也提供了数据方向转换、多表格的横纵向拼接、对多 Excel 文件的存取等操作函数。虽然在 Excel 中操作起来更简单,但灵活度没有 Pandas 高。

10.1 表格方向转换

在做数据分析前,表格的数据结构有可能不符合要求,需要对其转换。例如将二维交叉表转换为一维表,因此,表格的数据结构转换是非常重要的技能,应用场景也比较多。

10.1.1 列索引数据转换成行索引数据

列索引数据转换成行索引数据列,是指将分布在列方向展示的数据转换到行方向来展示。可以使用 df.stack() 和 df.melt() 两个函数完成,最后的转换结果可以是 DataFrame 表格,也可以是 Series 数据。

1. 将列层级数据转换到行方向

无论表格的列方向是单层索引,还是分层索引,都可以对整个层级执行转换,可以使用 df.stack() 函数来完成,该函数的参数说明如下所示。

df. stack(level=−1, dropna=True)

level:指定转换到行方向的列索引层级,可以是索引号或标签,默认转换最后层级。

dropna:是否删除转换后有缺失值的行,默认为删除。

1)单层索引数据转换

如图 10-1 所示,此图提供了列是单层索引的表格。接下来使用 df.stack() 函数对其进行转换,如果列是单层索引,则该表会转换为具有分层索引的 Series 数据。

科目	语文	数学	英语
姓名			
张三	61	61.0	87
李四	93	NaN	83
王麻子	87	95.0	92

图 10-1　要做数据转换的单层索引 DataFrame 表格

直接对表格使用 df. stack()函数,不用任何参数,示例代码如下:

```
# chapter10\10 - 1\10 - 1 - 1. ipynb
import pandas as pd                                      # 导入 Pandas 库,并命名为 pd
df = pd. read_excel('10 - 1 - 1. xlsx', '成绩表', index_col = 0)    # 读取 Excel 的成绩表数据
df. columns. names = ['科目']                              # 对列索引设置标题
df. stack()                      # 将单层列索引表格转换为 Series 数据
```

运行结果如下:

```
姓名      科目
张三      语文    61.0
        数学    61.0
        英语    87.0
李四      语文    93.0
        英语    83.0
王麻子    语文    87.0
        数学    95.0
        英语    92.0
dtype: float64
```

分析一下关键代码,df. stack(),该行代码也可以写作 df. stack(level=0)。运行的结果是一个 Series 数据,不是 DataFrame 表格。如果需要转换为表格,则代码为 df. stack(). reset_index(name='分数')。

观察转换后的结果会发现,李四的数学科目并没有显示,原因在于李四的数学没有分数,是缺失值,因为 df. stack()函数的 dropna 参数的默认设置为 True,也就是删除有缺失值的记录。如果不希望删除,则可将 dropna 参数设置为 False,示例代码如下:

```
# chapter10\10 - 1\10 - 1 - 2. ipynb
import pandas as pd                                      # 导入 Pandas 库,并命名为 pd
df = pd. read_excel('10 - 1 - 2. xlsx', '成绩表', index_col = 0)    # 读取 Excel 的成绩表数据
df. columns. names = ['科目']                              # 给列索引设置标题
df. stack(dropna = False)      # 将单层列索引表格转换为 Series 数据,并且显示缺失值记录
```

运行结果如下:

```
姓名      科目
张三      语文    61.0
        数学    61.0
        英语    87.0
李四      语文    93.0
        数学    NaN
        英语    83.0
王麻子    语文    87.0
        数学    95.0
        英语    92.0
dtype: float64
```

2）分层索引数据转换

如图 10-2 所示，此图提供了列是分层索引的表格。接下来使用 df.stack()函数演示如何对这种具有分层索引的列进行转换。

年份	2018年		2019年	
半年	上半年	下半年	上半年	下半年
姓名				
张三	559	512	803	812
李四	1076	709	858	822
王麻子	717	791	1124	987

图 10-2　要做数据转换的分层索引 DataFrame 表格

当前表格的列索引具有两层索引，用户可以在 level 参数中指定层级序号或者标题，示例代码如下：

```
# chapter10\10 - 1\10 - 1 - 3.ipynb
import pandas as pd                              # 导入 Pandas 库,并命名为 pd
df = pd.read_excel('10 - 1 - 3.xlsx','销量表',header = [0,1],index_col = 0)
                                                 # 读取 Excel 的销量表数据
df.stack(level = '年份')                          # 将列分层索引中的年份层级转换到行方向
```

运行结果如下：

姓名	半年 年份	上半年	下半年
张三	2018 年	559	512
	2019 年	803	812
李四	2018 年	1076	709
	2019 年	858	822
王麻子	2018 年	717	791
	2019 年	1124	987

分析一下关键代码，df.stack(level＝'年份')，其中 level＝'年份'表示对年份层级转换，也可以写作 level＝0，最后返回的结果是 DataFrame 表格。

如果希望对列索引方向的多个层级做转换，则可在 level 参数中以列表的形式出现，示例代码如下：

```
# chapter10\10 - 1\10 - 1 - 4.ipynb
import pandas as pd                              # 导入 Pandas 库,并命名为 pd
df = pd.read_excel('10 - 1 - 4.xlsx','销量表',header = [0,1],index_col = 0)
                                                 # 读取 Excel 的销量表数据
df.stack(level = ['半年','年份'])                 # 将多个层级转换到行方向
```

运行结果如下：

姓名	半年	年份	
张三	上半年	2018 年	559
		2019 年	803

	下半年	**2018 年**	512
		2019 年	812
李四	上半年	**2018 年**	1076
		2019 年	858
	下半年	**2018 年**	709
		2019 年	822
王麻子	上半年	**2018 年**	717
		2019 年	1124
	下半年	**2018 年**	791
		2019 年	987

dtype: int64

分析一下关键代码，df. stack(level=['半年','年份'])，其中 level=['半年','年份']表示对半年和年份两个层级转换，也可以写作 level=[1,0]，也就是说指定的层级可以不按顺序写入。

注意：如果列索引的所有层级都参与了转换，则最后转换的结果是 Series 数据，而不是 DataFrame 表格。

2. 将列数据转换到行方向

前面学习的 df. stack()函数可将整个列索引层级的数据转换到行方向，这种方式十分局限，不够灵活，因此 Pandas 提供了一种可对具体列做转换的函数，分别是 pd. melt()和 df. melt()函数，这两个函数的用法相同，pd. melt()函数只多了一个 frame 参数，该参数要求提供被转换的表格，而 df. melt()函数中的 df 相当于 frame 参数，函数的参数说明如下所示。

函数 1：

pd. melt(frame, id_vars＝None, value_vars＝'variable', var_name＝variable, value_name＝'value', col_level＝None, ignore_index＝True)

函数 2：

df. melt(id_vars＝None, value_vars＝None, var_name＝'variable', value_name＝'value', col_level＝None, ignore_index＝True)

id_vars：指定固定在列方向的列标签，可以是字符串、元组、列表、数组。

value_vars：指定要转换到行方向的列标签。如果未指定，则全部转换。

var_name：对列标签转换成数据的列命名，默认名称是 variable。

value_name：对被转换的列数据转换成数据的列命名，默认名称是 value。

col_level：如果列是分层索引，则可以对指定层级标签的列进行转换，此标签必须保持唯一性。

ignore_index：行索引序号是否重新编号，默认值为 True，表示需要重新编号。

1）单层列索引数据转换

以图 10-3 所示数据为例，用 df. melt()函数做应用演示，将指定列索引的数据转换到行方向显示。

如图 10-3 所示，要求将表格中显示在列方向的科目转换后显示在行方向，也就是除姓名和性别以外的所有列数据都转换到行方向显示，示例代码如下：

	姓名	性别	语文	数学
0	张三	男	61	61
1	李四	女	93	98
2	王麻子	男	87	95

图 10-3 要做列数据转换的单层索引 DataFrame 表格

```
#chapter10\10-1\10-1-5.ipynb
import pandas as pd                          #导入 Pandas 库,并命名为 pd
df = pd.read_excel('10-1-5.xlsx','成绩表')    #读取 Excel 的成绩表数据
df.melt(id_vars=['姓名','性别'])              #将姓名和性别以外的其他列数据转换到行方向
```

运行结果如下:

	姓名	性别	variable	value
0	张三	男	语文	61
1	李四	女	语文	93
2	王麻子	男	语文	87
3	张三	男	数学	61
4	李四	女	数学	98
5	王麻子	男	数学	95

分析一下关键代码,df.melt(id_vars=['姓名','性别']),其中 id_vars=['姓名','性别']是指定固定在列方向的列标签,余下的所有列均要做转换。观察运行后的表格会发现,被转换的列索引标签会形成一列,并且默认列标签为 variable;被转换的列索引数据会形成另一列,默认列标签为 value。

如果用户希望将指定的列数据转换到行方向,则可以使用 value_vars 参数,例如只转换表格中的语文科目,示例代码如下:

```
#chapter10\10-1\10-1-6.ipynb
import pandas as pd                          #导入 Pandas 库,并命名为 pd
df = pd.read_excel('10-1-6.xlsx','成绩表')    #读取 Excel 的成绩表数据
df.melt(
    id_vars=['姓名','性别'],                  #指定固定在列方向的列
    value_vars='语文',                       #指定转换到行方向的列
    var_name='科目',                         #被转换列索引标签形成数据后的列名称
    value_name='分数'                        #列数据转换后的列名称
)
```

运行结果如下:

	姓名	性别	科目	分数
0	张三	男	语文	61
1	李四	女	语文	93
2	王麻子	男	语文	87

分析一下关键代码,df.melt(id_vars=['姓名','性别'],value_vars='语文',var_name='科

目',value_name='分数'),其中 id_vars=['姓名','性别']用于指定固定在列方向的列标签,而 value_vars='语文'用于指定需要转换到行方向的列标签。如果指定的是多列,则将对应的列标签放置在列表中,var_name='科目'表示对被转换的列标签形成的列重命名,value_name='分数'表示对被转换的列数据形成的列重命名。

通过观察转换后的结果会发现,除了语文之外其他科目没有转换,因为 value_vars 参数只指定了语文。

2) 分层列索引数据转换

如图 10-4 所示,该表格的列是分层索引,如果要将列索引转换到行方向,需要用元组的方式,例如要转换籍贯列就不能只写籍贯这个标签,因为籍贯的上层为信息,所以完整表达应该是('信息','籍贯')。

| 信息 | | 2018年 | | 2019年 | |
姓名	籍贯	上半年	下半年	上半年	下半年
0 姓名	四川	1111	1111	9652	3408
1 张三	湖北	3333	4444	4943	4868
2 李四	广东	5555	6666	4607	3745
3 王麻子	湖南	7777	8888	7393	7496

图 10-4　要做列数据转换的分层索引 DataFrame 表格

如图 10-4 所示,将信息下的姓名和籍贯两列固定在列方向,然后将 2018 年的上半年和 2019 年的下半年两列数据进行转换,示例代码如下:

```
# chapter10\10 − 1\10 − 1 − 7. ipynb
import pandas as pd                                        # 导入 Pandas 库,并命名为 pd
df = pd. read_excel('10 − 1 − 7. xlsx','销量表',header = [0,1])   # 读取 Excel 的销量表数据
df. melt(
    id_vars = [('信息','姓名'),('信息','籍贯')],            # 指定固定在列方向的列
    value_vars = [('2018 年','上半年'),('2019 年','下半年')],
    var_name = ['年份','半年'],                            # 指定列索引标签转换为数据后的列名称
    value_name = '数量',                                   # 指定列数据转换后的列名称
)
```

运行结果如下:

	(信息，姓名)	(信息，籍贯)	年份	半年	数量
0	姓名	四川	2018 年	上半年	1111
1	张三	湖北	2018 年	上半年	3333
2	李四	广东	2018 年	上半年	5555
3	王麻子	湖南	2018 年	上半年	7777
4	姓名	四川	2019 年	下半年	3408
5	张三	湖北	2019 年	下半年	4868
6	李四	广东	2019 年	下半年	3745
7	王麻子	湖南	2019 年	下半年	7496

观察 df. melt()函数的各参数会发现,将分层索引列的数据转换到行方向与在单层索引列中的操作是一样的,只不过在列标签的表达上不一样,所以按分层索引的表达方式指定列

标签就可以了。

10.1.2　将行索引数据转换成列索引数据

将行索引数据转换成列索引数据,是指将分布在行方向展示的数据转换到列方向来展示。可以使用 df.unstack()和 df.pivot()两个函数完成,最后的转换结果可以是 DataFrame 表格,也可以是 Series 数据。

1. 将行层级数据转换到列方向

前面学习的 df.stack()函数可将指定列层级的数据转到行方向,现在要实现与它相反的操作,可使用 df.unstack()函数,该函数的参数说明如下所示。

df.unstack(level＝－1, fill_value＝None)

level:指定要转换到列方向的索引层级,可以是索引或标签。如果指定多个索引层级,则可放置在列表中。

fill_value:如果在转换时产生了缺失值,则可以设置为替换值。

1)单层索引数据转换

如图 10-5 所示,此图提供了一个单层行索引的表格。接下来使用 df.unstack()函数对其转换,如果行是单层索引,则转换结果是具有分层索引的 Series 数据。

科目	语文	数学
姓名		
张三	61	61
李四	93	98
王麻子	87	95

图 10-5　要做单层索引数据转换的 DataFrame 表格

对行索引中的姓名索引进行转换,示例代码如下:

```
#chapter10\10－1\10－1－8.ipynb
import pandas as pd                                    #导入 Pandas 库,并命名为 pd
df＝pd.read_excel('10－1－8.xlsx','成绩表',index_col＝0)    #读取 Excel 的成绩表数据
df.columns.names＝['科目']                              #对列索引设置标题
df.unstack()              #将单层行索引转换为 Series 数据
```

运行结果如下:

```
科目  姓名
语文  张三     61
     李四     93
     王麻子    87
数学  张三     61
     李四     98
     王麻子    95
dtype: int64
```

分析一下关键代码,df.unstack(),因为行是单层索引,所以采用 df.unstack(level＝－1)、df.unstack(level＝0)、df.unstack(level＝'姓名')这 3 种表达方式的结果与 df.

unstack()的结果是一样的。

2）分层索引数据转换

如图 10-6 所示，此图提供了一个行是分层索引的表格。接下来使用 df. unstack()函数对其进行转换，如果行的所有层级均参与转换，则转换结果为具有分层索引的 Series 数据。

年份	半年	张三	李四	王麻子
2018年	上半年	1111	3333	5555
	下半年	2222	4444	6666
2019年	上半年	9652	4943	4607
	下半年	3408	4868	3745

图 10-6　要做分层索引数据转换的 DataFrame 表格

将行分层索引中的半年层级转换到列方向，示例代码如下：

```
#chapter10\10-1\10-1-9.ipynb
import pandas as pd                                    #导入 Pandas 库,并命名为 pd
df = pd.read_excel('10-1-9.xlsx','销量表',index_col = [0,1])   #读取 Excel 的销量表数据
df.unstack()                                           #默认将最后一个索引层级转换到列方向
```

运行结果如下：

	张三		李四		王麻子	
半年	上半年	下半年	上半年	下半年	上半年	下半年
年份						
2018 年	1111	2222	3333	4444	5555	6666
2019 年	9652	3408	4943	4868	4607	3745

分析一下关键代码，df. unstack()，df. unstack()函数的 level 参数的默认值是−1，所以写作 df. unstack(level=−1)、df. unstack(level=1)或者 df. unstack(level='半年')均可。此时，表格的行由分层索引变成了单层索引，而列由单层索引变成了分层索引。

将行分层索引中的年份索引转换到列方向，示例代码如下：

```
#chapter10\10-1\10-1-10.ipynb
import pandas as pd                                    #导入 Pandas 库,并命名为 pd
df = pd.read_excel('10-1-10.xlsx','销量表',index_col = [0,1])   #读取 Excel 的销量表数据
df.unstack(level = '年份')                             #将行索引层级转换到列方向
```

运行结果如下：

	张三		李四		王麻子	
年份	2018 年	2019 年	2018 年	2019 年	2018 年	2019 年
半年						
上半年	1111	9652	3333	4943	5555	4607
下半年	2222	3408	4444	4868	6666	3745

分析一下关键代码，df. unstack(level='年份')，也可以写作 df. unstack(level=0)。

如果将行分层索引中的所有层级转换到列方向,则转换后不再是 DataFrame 表格,而是具有分层索引的 Series 数据,示例代码如下:

```
#chapter10\10-1\10-1-11.ipynb
import pandas as pd                                    #导入 Pandas 库,并命名为 pd
df = pd.read_excel('10-1-11.xlsx','销量表',index_col = [0,1])   #读取 Excel 的销量表数据
df.unstack(level = ['年份','半年'])                        #对所有行索引层级转换
```

运行结果如下:

```
         年份        半年
张三       2018 年    上半年      1111
                   下半年      2222
         2019 年    上半年      9652
                   下半年      3408
李四       2018 年    上半年      3333
                   下半年      4444
         2019 年    上半年      4943
                   下半年      4868
王麻子     2018 年    上半年      5555
                   下半年      6666
         2019 年    上半年      4607
                   下半年      3745
dtype: int64
```

分析一下关键代码,df.unstack(level=['年份','半年']),该代码也可以写作 df.unstack(level=[0,1])或者 df.unstack(level=[-2,-1])。注意索引层级的位置可以自定义,所以不用按照顺序排列。

2. 将行索引数据转换到列方向

前面学习的 df.melt()函数可将指定的列数据转换到行方向,要实现与它相反的操作,没有与之对应的函数,不过 Pandas 提供了一个 df.pivot()函数,此函数可以将行方向的数据调整到列方向显示,转换结果类似数据透视表,不过此函数不支持数据聚合,该函数的参数说明如下所示。

df.pivot(index=None,columns=None,values=None)

index: 指定用于创建 DataFrame 表格行索引的列。

columns: 指定用于创建 DataFrame 表格列索引的列。

values: 用于填充新 DataFrame 表格值的列。如果未指定,则将使用所有剩余的列,结果将是分层索引。

1) 将单列数据布局到不同方向

如图 10-7 所示,将表格中的姓名指定到行方向,将科目指定到列方向,分数列作为生成新表格区域的值。

示例代码如下:

```
#chapter10\10-1\10-1-12.ipynb
import pandas as pd                          #导入 Pandas 库,并命名为 pd
```

	姓名	科目	分数
0	李四	数学	98
1	李四	语文	93
2	李四	英语	87
3	王麻子	数学	95
4	王麻子	语文	87
5	王麻子	英语	100
6	张三	数学	61
7	张三	语文	61
8	张三	英语	99

图 10-7　要做透视列转换的 DataFrame 表格(1)

```
df = pd.read_excel('10 - 1 - 12.xlsx','分数表')        ♯读取 Excel 的分数表数据
df.pivot(
    index = '姓名',                                   ♯显示在行索引方向的字段
    columns = '科目',                                 ♯显示在列索引方向的字段
    values = '分数'                                   ♯显示在值区域的字段
        )
```

运行结果如下：

科目	数学	英语	语文
姓名			
张三	61	99	61
李四	98	87	93
王麻子	95	100	87

分析一下关键代码,df.pivot(index='姓名', columns='科目', values='分数'),该行代码比较简单,对应填写各参数即可。运行结果相当于将一维表转换成了交叉二维表。

2) 将多列数据布局到不同方向

如图 10-8 所示,将表格中的姓名指定到行方向,将年份和半年两列指定到列方向,数量 1 和数量 2 两列作为生成新表格区域的值。

	姓名	年份	半年	数量1	数量2
0	张三	2018年	上半年	6369	2439
1	张三	2018年	下半年	7341	5135
2	张三	2019年	上半年	6796	5731
3	张三	2019年	下半年	3083	8367
4	李四	2018年	上半年	1891	2893
5	李四	2018年	下半年	8968	2095
6	李四	2019年	上半年	9073	5814
7	李四	2019年	下半年	5981	7653
8	王麻子	2018年	上半年	1403	1877
9	王麻子	2018年	下半年	1453	5105
10	王麻子	2019年	上半年	8009	3161
11	王麻子	2019年	下半年	5392	4127

图 10-8　要做透视列转换的 DataFrame 表格(2)

示例代码如下:

```
#chapter10\10-1\10-1-13.ipynb
import pandas as pd                           #导入 Pandas 库,并命名为 pd
df = pd.read_excel('10-1-13.xlsx','销量表')    #读取 Excel 的销量表数据
df.pivot(
    index = '姓名',                           #显示在行索引方向的单个字段
    columns = ['年份','半年'],                 #显示在列索引方向的多个字段
    values = ['数量1','数量2']                 #显示在值区域的多个字段
)
```

运行结果如下:

	数量1				数量2			
年份	2018 年		2019 年		2018 年		2019 年	
半年	上半年	下半年	上半年	下半年	上半年	下半年	上半年	下半年
姓名								
张三	6369	7341	6796	3083	2439	5135	5731	8367
李四	1891	8968	9073	5981	2893	2095	5814	7653
王麻子	1403	1453	8009	5392	1877	5105	3161	4127

分析一下关键代码,df.pivot(index='姓名', columns=['年份','半年'], values=['数量1','数量2']),在 index、columns、values 这3个参数中只要有一个参数填写了两个及以上列标签,就会生成具有分层索引的 DataFrame 表格。

3) 待转换的列有重复值需要处理

如图10-9所示,将表格中的日期指定到行方向,将产品指定到列方向,金额列作为生成新表格区域的值,由于在同一个日期中有重复的产品销售,所以金额在值区域不是唯一的,由于 df.pivot()函数不支持数据的聚合,所以只能改用 df.pivot_table()函数,使用该函数的 aggfunc 参数可以进行聚合处理,这里需要求和处理。

	日期	产品	金额
0	2021-05-01	A	98
1	2021-05-01	A	93
2	2021-05-01	B	87
3	2021-05-02	A	95
4	2021-05-02	B	87
5	2021-05-02	B	100
6	2021-05-02	A	61
7	2021-05-03	A	61
8	2021-05-03	C	99

图 10-9 要做数据透视表转换的 DataFrame 表格(3)

示例代码如下:

```
#chapter10\10-1\10-1-14.ipynb
import pandas as pd                           #导入 Pandas 库,并命名为 pd
df = pd.read_excel('10-1-14.xlsx','销售表')    #读取 Excel 的销售表数据
```

```
df.pivot_table(
    index = '日期',                    # 显示在行索引方向的字段
    columns = '产品',                  # 显示在列索引方向的字段
    values = '金额',                   # 显示在值区域的字段
    aggfunc = sum                     # 指定对值区域字段的聚合方式
)
```

运行结果如下：

```
产品           A          B          C
日期
2021 - 05 - 01    191.0      87.0       NaN
2021 - 05 - 02    156.0      187.0      NaN
2021 - 05 - 03    61.0       NaN        99.0
```

这里不分析代码，但要提醒读者，如果使用 df. pivot() 函数进行转换，必须保证被转换到行、列方向字段值的唯一性，否则将转换不成功。如果有重复值，则只能用 df. pivot_table() 函数处理。

10.2　表格纵横拼接

工作中会经常遇到将多个表格的数据合并到一个表格，这种操作叫拼接。拼接分为纵向拼接与横向拼接，本节将讲解 df. append()、df. concat()、df. join()、df. merge()这 4 种表格拼接函数，不同函数支持不同的拼接方式，见表 10-1。

表 10-1　拼接函数横、纵向支持

拼接方式	df. append()	df. concat()	df. join()	df. merge()
纵向拼接	√	√	×	×
横向拼接	×	√	√	√

10.2.1　表格纵向拼接（初级）

要将两个表格或者更新表格的记录拼接合并，可以使用 df. append() 函数，该函数在 4.3.1 节中讲解过，在这里将做更详细的说明。该函数的参数说明如下所示。

df. append(other，ignore_index＝False，verify_integrity＝False，sort＝False)

other：被合并的对象，可以是 Series、字典、DataFrame，如果需添加多个对象，则可以将这些对象放置在列表中。

ignore_index：是否重新编号，默认值为 False。

verify_integrity：检测合并后行索引是否有重复值，默认值为 False。

sort：是否对合并后的列索引排序，默认值为 False。

1. 添加对象为 Series

如图 10-10(a)所示为原表格，对该表格添加一行记录，可以添加 Series 数据。对于行的索引标签，也可以使用 name 属性来添加，示例代码如下：

```
#chapter10\10 - 2\10 - 2 - 1.ipynb
import pandas as pd                              #导入Pandas库,并命名为pd
df = pd.read_excel('10 - 2 - 1.xlsx','销售部')   #读取Excel的销售部数据
df.append(
    other = pd.Series({'姓名':'小曾','工资':10000},name = 'new')   #添加Series数据到
                                                                  #DataFrame表格的行
)
```

运行结果如图10-10(b)所示。

(a) 原表格　(b) 处理后的表格

图 10-10　以 Series 方式给 DataFrame 表格添加单行数据的前后效果对比

2. 添加对象为字典

如图 10-11(a)所示为原表格,对该表格添加一行记录,可以添加字典数据,但无法在添加记录时设置行的索引标签,并且索引标签必须重新编号,也就是 ignore_index 参数必须被设置为 True,示例代码如下:

```
#chapter10\10 - 2\10 - 2 - 2.ipynb
import pandas as pd                              #导入Pandas库,并命名为pd
df = pd.read_excel('10 - 2 - 2.xlsx','销售部')   #读取Excel的销售部数据
df.append(
    other = {'姓名':'小曾','工资':10000},        #将字典添加到DataFrame表格的行
    ignore_index = True                          #将自动重新编号设置为True
)
```

运行结果如图10-11(b)所示。

(a) 原表格　(b) 处理后的表格

图 10-11　以字典方式给 DataFrame 表格添加单行数据的前后效果对比

3. 添加对象为 DataFrame

如图 10-12(a)所示为原表格,在 df1 表格的基础上,添加 df2 表格,示例代码如下:

```
#chapter10\10 - 2\10 - 2 - 3.ipynb
import pandas as pd                              #导入Pandas库,并命名为pd
df1 = pd.read_excel('10 - 2 - 3.xlsx','销售部')  #读取Excel的销售部数据
df2 = pd.read_excel('10 - 2 - 3.xlsx','财务部')  #读取Excel的财务部数据
```

```
df1.append(
    other = df2                                    #在df1表格的基础上合并df2表格
)
```

运行结果如图10-12(b)所示。

(a)原表格   (b)处理后的表格

图10-12   以 DataFrame 方式给 DataFrame 表格添加多行数据的前后效果对比

4. 添加对象为列表

前面使用 df.append()函数演示了单行记录的添加连接,以及单个表格的添加连接,如需要连接多行记录,或者连接多个单表格,则可以将数据写在列表中。

1)添加多行记录

如图 10-13(a)所示为原表格,对该表格添加多条记录,多条记录可以是 Series 数据,也可以是字典数据,例如将多条字典数据添加到列表中,然后写入 df.append()函数的 other 参数,示例代码如下:

```
#chapter10\10 - 2\10 - 2 - 4.ipynb
import pandas as pd                                #导入 Pandas 库,并命名为 pd
df = pd.read_excel('10 - 2 - 4.xlsx','销售部')     #读取 Excel 的销售部数据
l = [
    {'姓名':'小曾','工资':8888},
    {'姓名':'小王','工资':9999},
]
df.append(
    other = l                                      #对 DataFrame 表格添加多行记录
)
```

运行结果如图10-13(b)所示。

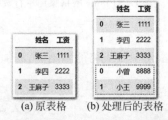

(a)原表格   (b)处理后的表格

图10-13   以列表方式给 DataFrame 表格添加多行数据的前后效果对比

2）添加多个表格

如图 10-14(a)所示为原表格，以 xs 表格为基础，将 cw、xz 这两个表格拼接，示例代码如下：

```
#chapter10\10-2\10-2-5.ipynb
import pandas as pd                          #导入 Pandas 库,并命名为 pd
xs = pd.read_excel('10-2-5.xlsx','销售部')    #读取 Excel 的销售部数据
cw = pd.read_excel('10-2-5.xlsx','财务部')    #读取 Excel 的财务部数据
xz = pd.read_excel('10-2-5.xlsx','行政部')    #读取 Excel 的行政部数据
xs.append(other = [cw,xz])                   #多 DataFrame 表格数据合并(方法 1)
pd.DataFrame().append(other = [xs,cw,xz])    #多 DataFrame 表格数据合并(方法 2)
```

运行结果如图 10-14(b)所示。

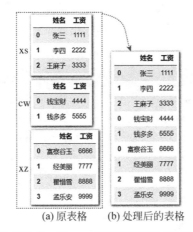

(a)原表格　　(b)处理后的表格

图 10-14　以列表方式给 DataFrame 表格添加多个表格数据的前后效果对比

分析一下拼接表格时使用 df.append()函数的两种写法。

（1）xs.append(other=[cw,xz])以 xs 表格为基础，去合并另外两个表格。

（2）pd.DataFrame().append(other=[xs,cw,xz])，pd.DataFrame()表示创建一个空 DataFrame 表格，other 参数是列表，列表中的每个元素是要拼接的表格，这种方式看起来更统一。

10.2.2　表格纵向拼接（进阶）

要执行多表格的纵向拼接，不但可以使用 df.append()函数，还可以使用 pd.concat()函数，该函数不但可以做纵向拼接，还可以做横向拼接。该函数的参数说明如下所示。

pd.concat(objs,axis=0,join='outer',ignore_index=False,keys=None,levels=None,names=None,verify_integrity=False,sort=False,copy=True)

objs：提供要拼接的多个 Series 或者多个 DataFrame。存储在列表、元组、字典对象中。

axis：设置拼接方向，0 为纵向拼接，1 为横向拼接，默认值为 0。

join：横向拼接时，以行索引为拼接依据，inner 为内连接方式，outer 为外连接方式。

ignore_index：是否重新编号，默认值为 False。

keys：添加索引标签名称。

levels：用于构造分层索引的特定层级（唯一值）。

names：分层索引标题。

verify_integrity：检查新连接的轴是否包含重复项，默认值为 False。

sort：是否对拼接后的列索引排序。如果连接为 outer 时未对齐，则对非连接轴进行排序，默认值为 False。

copy：如果值为 False，则不要复制不必要的数据。

1．多表纵向拼接

多表纵向拼接时，拼接后的行索引可以是单层索引，也可以是分层索引。pd.concat()函数具有列索引对齐的功能，也就是说列索引标签相同的列数据会合并到一列。

1）单层索引表格拼接

如图 10-14(a)所示为原表格，将 3 个表格合并成一个表格，只需要在 pd.concat()函数的 objs 参数中用列表方式写入多个表格，示例代码如下：

```
#chapter10\10-2\10-2-6.ipynb
import pandas as pd                              #导入 Pandas 库,并命名为 pd
xs = pd.read_excel('10-2-6.xlsx','销售部')        #读取 Excel 的销售部数据
cw = pd.read_excel('10-2-6.xlsx','财务部')        #读取 Excel 的财务部数据
xz = pd.read_excel('10-2-6.xlsx','行政部')        #读取 Excel 的行政部数据
pd.concat(
    objs = [xs,cw,xz]                            #在列表中写入要拼接的多个表格
)
```

运行结果如图 10-14(b)所示。

2）分层索引表格拼接

观察图 10-14(b)所示表格，无法区分出记录来自于哪个表，所以需要在拼接表格时，再加一层索引，以区分拼接的表格属于哪个表格，示例代码如下：

```
#chapter10\10-2\10-2-7.ipynb
import pandas as pd                              #导入 Pandas 库,并命名为 pd
xs = pd.read_excel('10-2-7.xlsx','销售部')        #读取 Excel 的销售部数据
cw = pd.read_excel('10-2-7.xlsx','财务部')        #读取 Excel 的财务部数据
xz = pd.read_excel('10-2-7.xlsx','行政部')        #读取 Excel 的行政部数据
pd.concat(
    objs = [xs,cw,xz],                           #在列表中写入要拼接的多个表格
    keys = ['销售部','财务部','行政部'],           #对应写入每个索引的标签
    names = ['部门','序号'],                       #向索引标签写入对应标题
        )                                        #多表合并(方法 1)
pd.concat(
    objs = {'销售部':xs,'财务部':cw,'行政部':xz},  #在字典中写入拼接的表,键为索引标签
#值为要拼接的表格数据
    names = ['部门','序号'],                       #向索引标签写入对应标题
        )                                        #多表合并(方法 2)
```

如图 10-15(a)所示为原表格,运行结果如图 10-15(b)所示。

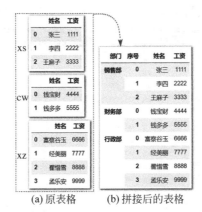

(a)原表格   (b)拼接后的表格

图 10-15 分层索引表格拼接的前后效果对比

第 1 种方法代码 pd.concat(objs=[xs,cw,xz], keys=['销售部','财务部','行政部'], names=['部门','序号']),在拼接多表时,可以在 keys 参数中写入对应的索引标签。

第 2 种方法代码 pd.concat(objs={'销售部':xs,'财务部':cw,'行政部':xz}, names=['部门','序号']),在拼接多表时,也可以直接在 objs 参数中以字典方式写入要拼接的表格,字典中的键就是索引标签,字典中的值就是要拼接的表格。

2. 多表横向拼接

表格的横向拼接与纵向拼接基本相同,但是横向拼接要以每个表格的行索引为拼接依据,也就是将行索引标签相同的数据合并到一行中。这里主要讲解一下横向拼接时外连接与内连接两种不同的方式。

1) 多表横向外连接

如图 10-16(a)所示为原表格,原表格的 3 张表结构相同,现在对这 3 张表格做横向外连接拼接,示例代码如下:

```
# chapter10\10 - 2\10 - 2 - 8.ipynb
import pandas as pd                                    # 导入 Pandas 库,命名为 pd
y18 = pd.read_excel('10 - 2 - 8.xlsx','2018 年',index_col = 0)   # 读取 Excel 的 2018 年数据
y19 = pd.read_excel('10 - 2 - 8.xlsx','2019 年',index_col = 0)   # 读取 Excel 的 2019 年数据
y20 = pd.read_excel('10 - 2 - 8.xlsx','2020 年',index_col = 0)   # 读取 Excel 的 2020 年数据
pd.concat(
    objs = [y18,y19,y20],                              # 要拼接的多个表格
    axis = 1,                                          # 指定横向拼接
    join = 'outer',                                    # 外连接
    keys = ['2018 年','2019 年','2020 年']              # 列索引标签
)
```

运行结果如图 10-16(b)所示。

通过观察合并前后的表格发现,如果有的表格对应的月份不存在,则显示为缺失值。例如 2019 年没有 5 月份数据,而 2018 年和 2020 年有 5 月份数据,所以整行记录中 2019 年5 月份是缺失值。

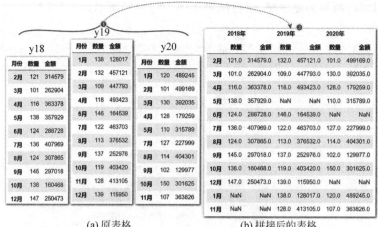

(a)原表格　　　　　　　(b)拼接后的表格

图 10-16　多表横向外连接并拼接的前后效果对比

2) 多表横向内连接

在图 10-16 中,合并之后的表格显示了 3 个表所有对应月份的数据,如果希望 3 个表的月份同时存在才拼接数据,则需要做横向内连接拼接,将 join 参数修改为 inner,示例代码如下:

```
#chapter10\10-2\10-2-9.ipynb
import pandas as pd                                          #导入 Pandas 库,并命名为 pd
y18 = pd.read_excel('10-2-9.xlsx','2018 年',index_col = 0)    #读取 Excel 的 2018 年数据
y19 = pd.read_excel('10-2-9.xlsx','2019 年',index_col = 0)    #读取 Excel 的 2019 年数据
y20 = pd.read_excel('10-2-9.xlsx','2020 年',index_col = 0)    #读取 Excel 的 2020 年数据
pd.concat(
    objs = [y18,y19,y20],                                    #要拼接的多个表格
    axis = 1,                                                #指定横向拼接
    join = 'inner',                                          #内连接
    keys = ['2018 年','2019 年','2020 年']                     #列索引标签
)
```

如图 10-17(a)所示为原表格,运行结果如图 10-17(b)所示。

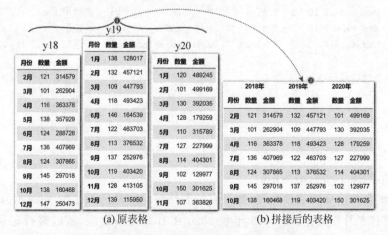

(a)原表格　　　　　　　(b)拼接后的表格

图 10-17　多表横向内连接并拼接的前后效果对比

10.2.3 表格横向拼接（初级）

虽然前面学习的 pd.concat()函数既可以做纵向拼接，也可以做横向拼接，但横向拼接功能比较简单。本节讲解的 df.join()函数也可以以表格的行索引为连接键做横向拼接，但连接键设置和拼接方式更为灵活。该函数的参数说明如下所示。

df.join(other，on＝None，how＝'left'，lsuffix＝''，rsuffix＝''，sort＝False)

other：df.join()函数中的 df 可以视为拼接的左表，other 参数可以视为拼接的右表，该参数可以是单个 DataFrame 或单个 Series，如果是多个，则组织在列表中。

on：指定 df 表（左表）中设置为索引行的列，相当于指定做关联的列，可以是多列。

how：左表和右表的连接方式，分为 left(左连接)、right(右连接)、outer(外连接)、inner(内连接)，默认为 left(左连接)。

lsuffix：左表列名后缀。

rsuffix：右表列名后缀。

sort：按字典顺序排列结果表格。如果值为 False，则连接键的顺序取决于连接类型(how 关键字)。

1．两表横向拼接的连接设置

pd.concat()函数在对左右两表做横向拼接时是用行索引做连接的，但在实际的拼接中，左右两表关联列可能并不在行索引上，或者不方便设置为行索引。别担心，对于这些问题 df.join()函数可以迎刃而解。

1）按索引序号关联

如图 10-18(a)所示为原表格，y19 为左表，y20 为右表，两个表格的行索引都是自然索引序号，现在以左表行索引为连接键拼接右表，示例代码如下：

```
#chapter10\10－2\10－2－10.ipynb
import pandas as pd                                    #导入 Pandas 库,并命名为 pd
y19 = pd.read_excel('10－2－10.xlsx','2019 年')         #读取 Excel 的 2019 年数据
y20 = pd.read_excel('10－2－10.xlsx','2020 年')         #读取 Excel 的 2020 年数据
y19.join(other = y20,lsuffix = '_L',rsuffix = '_R')    #两表按行索引关联
```

运行结果如图 10-18(b)所示。

y19

	业务员	部门	业绩_19
0	张三	销售1部	300000
1	李四	销售2部	570000
2	王麻子	销售3部	480000
3	阿元	销售4部	420000

y20

	业务员	部门	业绩_20
0	张三	销售1部	360000
1	小曾	销售2部	330000
2	李四	销售2部	600000
3	王麻子	销售3部	360000
4	阿新	销售1部	450000

(a)原表格

	业务员_L	部门_L	业绩_19	业务员_R	部门_R	业绩_20
0	张三	销售1部	300000	张三	销售1部	360000
1	李四	销售2部	570000	小曾	销售2部	330000
2	王麻子	销售3部	480000	李四	销售2部	600000
3	阿元	销售4部	420000	王麻子	销售3部	360000

(b) 横向拼接后的表格

图 10-18 按索引序号关联的前后效果对比

分析一下关键代码,y19.join(other=y20,lsuffix='_L',rsuffix='_R'),由于左右两表的行索引是自然序号,所以在拼接时可以视为按位置拼接两表。如果拼接的两个表的字段名称相同,则可以使用 lsuffix='_L'设置左表字段名称后缀,使用 lsuffix='_R'设置右表字段名称后缀。

2) 按索引标签关联

如图 10-19(a)所示为原表格,y19 为左表,y20 为右表,两个表格的行索引标签是姓名,现在以左表索引标签为连接键拼接右表,示例代码如下:

```
#chapter10\10-2\10-2-11.ipynb
import pandas as pd                                          #导入 Pandas 库,并命名为 pd
y19 = pd.read_excel('10-2-11.xlsx','2019年',index_col = 0)   #读取 Excel 的 2019 年数据
y20 = pd.read_excel('10-2-11.xlsx','2020年',index_col = 0)   #读取 Excel 的 2020 年数据
y19.join(other = y20,lsuffix = '_L',rsuffix = '_R')         #两表按行索引关联
```

运行结果如图 10-19(b)所示。

(a)原表格　　　　　　　(b)横向拼接后的表格

图 10-19　按索引标签关联并横向拼接的前后效果对比

观察运行后的结果发现,由于姓名为阿元的行记录存在于左表,而在右表不存在,所以对应的右表出现了缺失值。

3) 按指定列与行索引关联

如图 10-20(a)所示为原表格,y19 为左表,其行索引是自然序号;y20 为右表,其行索引标签是业务员姓名,现在将左表的业务员列与右表的行索引标签做关联,示例代码如下:

```
#chapter10\10-2\10-2-12.ipynb
import pandas as pd                                                  #导入 Pandas 库,并命名为 pd
y19 = pd.read_excel('10-2-12.xlsx','2019年')                        #读取 Excel 的 2019 年数据
y20 = pd.read_excel('10-2-12.xlsx','2020年',index_col = 0)          #读取 Excel 的 2020 年数据
y19.join(other = y20,on = '业务员',lsuffix = '_L',rsuffix = '_R')   #指定左表的列与右表行索引
                                                                    #标签关联
```

运行结果如图 10-20(b)所示。

分析一下关键代码,y19.join(other=y20,on='业务员',lsuffix='_L',rsuffix='_R'),主要设置 on 参数,on='业务员'表示将左表 y19 的业务员列当作行索引标签,与右表 y20 的行索引标签进行关联。

(a) 原表格　　　　　(b) 横向拼接后的表格

图10-20　按指定列与行索引关联并横向拼接的前后效果对比

4）按指定列关联

如图10-21（a）所示为原表格，y19为左表，其行索引是自然序号；y20为右表，其行索引也是自然序号。现在以左右两表的业务员列为关联进行拼接，示例代码如下：

```
#chapter10\10-2\10-2-13.ipynb
import pandas as pd                              #导入Pandas库,并命名为pd
y19 = pd.read_excel('10-2-13.xlsx','2019年')      #读取Excel的2019年数据
y20 = pd.read_excel('10-2-13.xlsx','2020年')      #读取Excel的2020年数据
y19.join(
    other = y20.set_index('业务员'),               #将右表业务员列设置为索引
    on = '业务员',                                 #将左表业务员列设置为索引
    lsuffix = '_L',rsuffix = '_R',
    sort = False
)                                                #将左右两表的列进行关联
```

运行结果如图10-21（b）所示。

(a) 原表格　　　　　(b) 横向拼接后的表格

图10-21　按指定列关联并横向拼接的前后效果对比

分析一下关键代码，y19.join(other=y20.set_index('业务员'), on='业务员', lsuffix='_L',rsuffix='_R')，其中on='业务员'表示将左表业务员列设置为行索引，other=y20.set_index('业务员')表示将右表业务员列设置为行索引。也就是可以间接将左右两表指定的列做关联并进行表格拼接。

2. 两表横向拼接的连接方式

之前学习的pd.concat()函数在做横向拼接时只有outer和inner两种连接方式，而df.join()函数增加了left和right两种连接方式。

1）两表左连接

如图10-22（a）所示为原表格，将左右两个表格按左连接横向拼接，也就是以左表格y19

的行索标签为准,去匹配右表格 y20 存在的行索引标签,由于 how 参数默认为 left,所以此参数也可以不写,示例代码如下:

```
#chapter10\10-2\10-2-14.ipynb
import pandas as pd                                            #导入 Pandas 库,并命名为 pd
y19 = pd.read_excel('10-2-14.xlsx','2019年',index_col=0)       #读取 Excel 的 2019 年数据
y20 = pd.read_excel('10-2-14.xlsx','2020年',index_col=0)       #读取 Excel 的 2020 年数据
y19.join(other=y20,how='left',lsuffix='_L',rsuffix='_R')       #左连接
```

运行结果如图 10-22(b)所示。

图 10-22　两表左连接拼接的前后效果对比

2) 两表右连接

如图 10-23(a)所示为原表格,将左右两个表格按右连接横向拼接起来,也就是以右表格 y20 的行索引标签为准,去匹配左表格 y19 存在的行索引标签,此时将 how 参数设置为 right 即可,示例代码如下:

```
#chapter10\10-2\10-2-15.ipynb
import pandas as pd                                            #导入 Pandas 库,并命名为 pd
y19 = pd.read_excel('10-2-15.xlsx','2019年',index_col=0)       #读取 Excel 的 2019 年数据
y20 = pd.read_excel('10-2-15.xlsx','2020年',index_col=0)       #读取 Excel 的 2020 年数据
y19.join(other=y20,how='right',lsuffix='_L',rsuffix='_R')      #右连接
```

运行结果如图 10-23(b)所示。

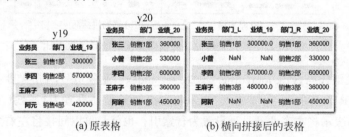

图 10-23　两表右连接拼接的前后效果对比

观察一下拼接后的表格,由于是右连接,所以以右表 y20 的行索引为连接依据,由于业务员小曾和阿新在左表中没有出现,所以这两个业务员的左表记录中显示为缺失值。

3) 两表外连接

如图 10-24(a)所示为原表格,将左右两个表格按外连接横向拼接起来,其实就是左连接

和右连接的合并,将 how 参数设置为 outer 即可,示例代码如下:

```
# chapter10\10 - 2\10 - 2 - 16. ipynb
import pandas as pd                                        # 导入 Pandas 库,并命名为 pd
y19 = pd. read_excel('10 - 2 - 16. xlsx','2019 年', index_col = 0)    # 读取 Excel 的 2019 年数据
y20 = pd. read_excel('10 - 2 - 16. xlsx','2020 年', index_col = 0)    # 读取 Excel 的 2020 年数据
y19. join(other = y20, how = 'outer', lsuffix = '_L', rsuffix = '_R')  # 外连接
```

运行结果如图 10-24(b)所示。

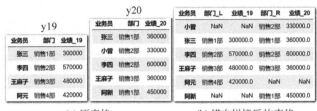

(a) 原表格　　　　　　(b) 横向拼接后的表格

图 10-24　两表外连接拼接的前后效果对比

　　观察一下拼接后的表格,由于是外连接,所以分别以两个表的行索引为连接依据,不管一个表的行索引标签是否在另一个表出现过,全部拼接出来,例如左表阿元在右表没有出现,右表的小曾和阿新在左表没有出现,但拼接时均要拼接出来,相当于列出了两个表所有业务员的业绩信息。

　　4) 两表内连接

　　如图 10-25(a)所示为原表格,将左右两个表格按内连接横向拼接起来,也就是对行索引标签同时在左右两个表格出现过的记录进行拼接,将 how 参数设置为 inner 即可,示例代码如下:

```
# chapter10\10 - 2\10 - 2 - 17. ipynb
import pandas as pd                                        # 导入 Pandas 库,并命名为 pd
y19 = pd. read_excel('10 - 2 - 17. xlsx','2019 年', index_col = 0)    # 读取 Excel 的 2019 年数据
y20 = pd. read_excel('10 - 2 - 17. xlsx','2020 年', index_col = 0)    # 读取 Excel 的 2020 年数据
y19. join(other = y20, how = 'inner', lsuffix = '_L', rsuffix = '_R')  # 内连接
```

运行结果如图 10-25(b)所示。

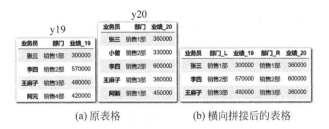

(a) 原表格　　　　　　(b) 横向拼接后的表格

图 10-25　两表内连接拼接的前后效果对比

　　观察一下拼接后的表格,由于是内连接,所以只有索引标签同时在两个表格中出现,才拼接对应的数据。张三、李四、王麻子在左右两个表都出现过,所以只将这 3 个业务员的业

绩信息拼接出来,相当于列出了两个表同时存在的业务员业绩信息。

3. 多表横向拼接设置

之前在使用 df.join()函数时,other 参数提供的是单个 DataFrame 表格,如果提供多个 DataFrame 表格,则可以放置在列表中,如果 other 参数是列表,则要求所有参与拼接的表格的列名不相同,如图 10-26(a)所示为原表格,将 3 个表格横向拼接起来,示例代码如下:

```
#chapter10\10-2\10-2-18.ipynb
import pandas as pd                                          #导入 Pandas 库,并命名为 pd
y19 = pd.read_excel('10-2-18.xlsx','2019年',index_col=0)     #读取 Excel 的 2019 年数据
y20 = pd.read_excel('10-2-18.xlsx','2020年',index_col=0)     #读取 Excel 的 2020 年数据
y21 = pd.read_excel('10-2-18.xlsx','2021年',index_col=0)     #读取 Excel 的 2021 年数据
y19.join(other=[y20,y21],how='outer')                        #多表按行索引关联
```

运行结果如图 10-26(b)所示。

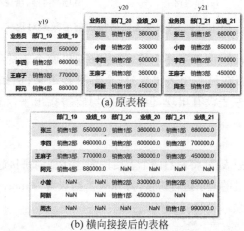

(a) 原表格

(b) 横向接接后的表格

图 10-26 多表横向拼接的前后效果对比

分析一下关键代码,y19.join(other=[y20,y21],how='outer'),由于 how 参数被设置为 outer,所以对所有表格执行了拼接,如果 other 参数是列表,则 how 参数只支持 left、outer、inner 这 3 种连接方式。

10.2.4 表格横向拼接(进阶)

本节将讲解的横向拼接函数 pd.merge()可以说是 df.join()函数的进阶版,设置更为灵活。同样,先学习一下该函数的参数,如下所示。

pd.merge(left,right,how='inner',on=None,left_on=None,right_on=None,left_index=False,right_index=False,sort=False,suffixes=('_x','_y'),copy=True,indicator=False,validate=None)

left:提供要做横向拼接的左表。

right:提供要做横向拼接的右表。

how:左右两表拼接时的连接类型,分为 left(左连接)、right(右连接)、outer(外连接)、

inner(内连接),默认为 inner。

on:要设置为连接键的列或索引级别名称,必须在两个表中都找到它们。如果 on 是 None 并且没有在索引上拼接,则将默认为两个表列的交集。

left_on:要在左表中连接的列或索引级别名称。也可以是左表长度的数组或数组列表,这些数组被视为列。

right_on:要在右表中连接的列或索引级别名称。也可以是右表长度的数组或数组列表,这些数组被视为列。

left_index:使用左表中的索引作为连接键。如果是分层索引,则其他表中的键数(索引或列数)必须与级别数匹配。

right_index:使用右表中的索引作为连接键。注意事项与 left_index 相同。

sort:默认值为 False,将合并的数据进行排序。

suffixes:给拼接后的左右两表相同的列名添加后缀,一种长度为 2 的序列,表示分别添加左表和右表相同的列名的后缀。

copy:默认值为 True,总是将数据复制到数据结构中,设置为 False 可以提高性能。

indicator:显示合并数据中数据来自哪个表。

validate:如果指定,则检查 merge 是否为指定类型。

1. 两表横向拼接关联设置

接下来进行两表横向拼接演示,将使用默认的 inner 连接方式,也就是当两表连接键中数据同时存在时才做拼接。

1) 两表行索引关联

如图 10-27(a)所示为原表格,以左右两个表的行索引为连接键进行横向拼接,示例代码如下:

```
# chapter10\10 − 2\10 − 2 − 19. ipynb
import pandas as pd                                    # 导入 Pandas 库,并命名为 pd
dfl = pd. read_excel('10 − 2 − 19. xlsx','分数表',index_col = 0)   # 读取 Excel 的分数表数据
dfr = pd. read_excel('10 − 2 − 19. xlsx','信息表',index_col = 0)   # 读取 Excel 的信息表数据
pd. merge(
    left = dfl,                                        # 提供要拼接的左表
    right = dfr,                                       # 提供要拼接的右表
    left_index = True,                                 # 左表行索引作为连接键
    right_index = True,                                # 右表行索引作为连接键
    suffixes = ('_L','_R')           # 当左右表有相同列名时的区分后缀
)
```

运行结果如图 10-27(b)所示。

分析一下关键代码,pd. merge(left = dfl, right = dfr, left_index = True, right_index = True, suffixes = ('_L','_R')),其中 left_index = True 和 right_index = True 表示将左表和右表的索引作为拼接表时的连接键,而 suffixes = ('_L','_R')表示如果左右两表的列名相同,则用指定的后缀名进行区分。

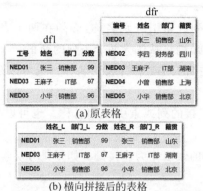

(a) 原表格

	姓名_L	部门_L	分数	姓名_R	部门_R	籍贯
NED01	张三	销售部	99	张三	销售部	山东
NED03	王麻子	IT部	97	王麻子	IT部	湖南
NED05	小华	销售部	96	小华	销售部	北京

(b) 横向拼接后的表格

图 10-27　两表行索引关联的前后效果对比

2) 两表同名单列关联

如图 10-28(a)所示为原表格,以左右两个表的姓名列为连接键做横向拼接,示例代码如下:

```
#chapter10\10-2\10-2-20.ipynb
import pandas as pd                                    #导入 Pandas 库,并命名为 pd
dfl = pd.read_excel('10-2-20.xlsx','分数表')          #读取 Excel 的分数表数据
dfr = pd.read_excel('10-2-20.xlsx','信息表')          #读取 Excel 的信息表数据
pd.merge(
    left = dfl,                                        #提供要拼接的左表
    right = dfr,                                       #提供要拼接的右表
    on = '姓名',                                       #以左右两表的姓名列作为连接键
    suffixes = ('_L','_R')                            #当左右表有相同列名时的区分后缀
)
```

运行结果如图 10-28(b)所示。

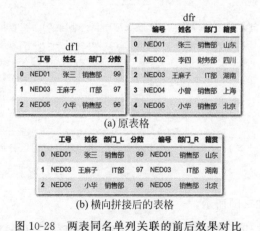

(a) 原表格

	工号	姓名	部门_L	分数	编号	部门_R	籍贯
0	NED01	张三	销售部	99	NED01	销售部	山东
1	NED03	王麻子	IT部	97	NED03	IT部	湖南
2	NED05	小华	销售部	96	NED05	销售部	北京

(b) 横向拼接后的表格

图 10-28　两表同名单列关联的前后效果对比

分析一下关键代码,pd. merge(left=dfl, right=dfr, on='姓名', suffixes=('_L','_R')),关键在于 on='姓名',也就是如果拼接的两个表所指定列的连接键名称相同,则在 on 参数

中写入列名称即可。

3）两表同名多列关联

如图10-29(a)所示为原表格，以左右两个表的姓名和部门两列为连接键进行横向拼接，示例代码如下：

```
#chapter10\10-2\10-2-21.ipynb
import pandas as pd                          #导入Pandas库,并命名为pd
dfl = pd.read_excel('10-2-21.xlsx','分数表')  #读取Excel的分数表数据
dfr = pd.read_excel('10-2-21.xlsx','信息表')  #读取Excel的信息表数据
pd.merge(
    left = dfl,                              #提供要拼接的左表
    right = dfr,                             #提供要拼接的右表
    on = ['姓名','部门'],                      #以左右两表的姓名和部门列作为连接键
    suffixes = ('_L','_R')                   #当左右表有相同列名时的区分后缀
)
```

运行结果如图10-29(b)所示。

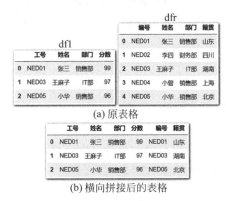

(a) 原表格

(b) 横向拼接后的表格

图 10-29　两表同名多列关联的前后效果对比

分析一下关键代码，pd.merge(left＝dfl，right＝dfr，on＝['姓名','部门']，suffixes＝('_L','_R'))，关键在于 on＝['姓名','部门']，如果左右两表的拼接需要两列或者更多列作为连接键，则以列表形式写在 on 参数中即可。

4）两表单列不同名关联

如图10-30(a)所示为原表格，以左表的工号列和右表的编号列作为连接键进行横向拼接，示例代码如下：

```
#chapter10\10-2\10-2-22.ipynb
import pandas as pd                          #导入Pandas库,并命名为pd
dfl = pd.read_excel('10-2-22.xlsx','分数表')  #读取Excel的分数表数据
dfr = pd.read_excel('10-2-22.xlsx','信息表')  #读取Excel的信息表数据
pd.merge(
    left = dfl,                              #提供要拼接的左表
    right = dfr,                             #提供要拼接的右表
    left_on = '工号',                         #指定左表要关联的连接键
```

```
    right_on = '编号',                        #指定右表要关联的连接键
    suffixes = ('_L','_R')                    #在左右表有相同列名时的区分后缀
)
```

运行结果如图 10-30(b)所示。

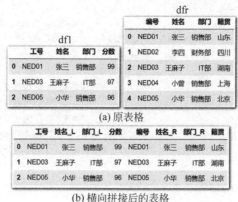

(a) 原表格

	工号	姓名_L	部门_L	分数	编号	姓名_R	部门_R	籍贯
0	NED01	张三	销售部	99	NED01	张三	销售部	山东
1	NED03	王麻子	IT部	97	NED03	王麻子	IT部	湖南
2	NED05	小华	销售部	96	NED05	小华	销售部	北京

(b) 横向拼接后的表格

图 10-30　两表单列不同名关联的前后效果对比

分析一下关键代码,pd. merge(left=dfl, right=dfr, left_on='工号', right_on='编号',
suffixes=('_L','_R')),因为左表和右表的连接键列名不相同,所以需要各自指定,左表为
left_on='工号',右表为 right_on='编号'。

5) 两表多列不同名关联

如图 10-31(a)所示为原表格,以左表的工号、姓名、部门 3 列,以及右表的编号、姓名、部
门 3 列作为连接键进行横向拼接,示例代码如下:

```
#chapter10\10 − 2\10 − 2 − 23. ipynb
import pandas as pd                           #导入 Pandas 库,并命名为 pd
dfl = pd. read_excel('10 − 2 − 23.xlsx','分数表')   #读取 Excel 的分数表数据
dfr = pd. read_excel('10 − 2 − 23.xlsx','信息表')   #读取 Excel 的信息表数据
pd. merge(
    left = dfl,                               #提供要拼接的左表
    right = dfr,                              #提供要拼接的右表
    left_on = ['工号','姓名','部门'],            #指定左表要关联的连接键
    right_on = ['编号','姓名','部门'],            #指定右表要关联的连接键
    suffixes = ('_L','_R')                    #在左右表有相同列名时的区分后缀
)
```

运行结果如图 10-31(b)所示。

分析一下关键代码,pd. merge(left=dfl, right=dfr, left_on=['工号','姓名','部门'],
right_on=['编号','姓名','部门'], suffixes=('_L','_R'))。这里主要讲解一下 left_on 和
right_on 两个参数,如果关联的是两表的多列,并且列名可能不同,则将对应的多列名称写
入列表即可。

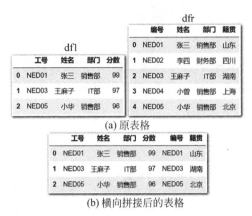

图 10-31 两表多列不同名关联的前后效果对比

6）两表行索引与列关联

如图 10-32(a)所示为原表格,以左表的行索引和右表的编号作为连接键进行横向拼接,示例代码如下:

```
#chapter10\10-2\10-2-24.ipynb
import pandas as pd                                    #导入 Pandas 库,并命名为 pd
dfl = pd.read_excel('10-2-24.xlsx','分数表',index_col=0) #读取 Excel 的分数表数据
dfr = pd.read_excel('10-2-24.xlsx','信息表')            #读取 Excel 的信息表数据
pd.merge(
    left = dfl,                                        #提供要拼接的左表
    right = dfr,                                       #提供要拼接的右表
    left_index = True,                                #左表行索引作为连接键
    right_on = '编号',                                #指定右表的列作为连接键
    suffixes = ('_L','_R')                            #在左右表有相同列名时的区分后缀
)
```

运行结果如图 10-32(b)所示。

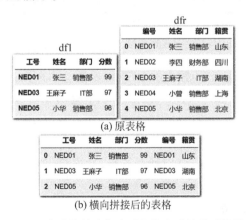

图 10-32 两表连接键为行索引与指定列的前后效果对比

分析一下关键代码,pd.merge(left=dfl,right=dfr,left_index=True,right_on='编号',suffixes=('_L','_R')),其中 left_index=True 和 right_on='编号'说明可以将表的行索引

与表的列作为连接键。

7) 两表的连接键为数组

如图 10-33(a)所示为原表格,左右两表在拼接时,关联的连接键不仅可以是行索引、列名,也可以是对应的数组或者 Series 数据,例如提取左表工号的后两位数与右表编号的后两位数作为连接键,示例代码如下:

```
# chapter10\10-2\10-2-25.ipynb
import pandas as pd                                    # 导入 Pandas 库,并命名为 pd
dfl = pd.read_excel('10-2-25.xlsx','分数表')          # 读取 Excel 的分数表数据
dfr = pd.read_excel('10-2-25.xlsx','信息表')          # 读取 Excel 的信息表数据
pd.merge(
    left = dfl,                                        # 提供要拼接的左表
    right = dfr,                                       # 提供要拼接的右表
    left_on = dfl['工号'].str[-2:],                   # 左表为处理后的列数据
    right_on = dfr['编号'].str[-2:],                  # 右表为处理后的列数据
    suffixes = ('_L','_R')                            # 在左右表有相同列名时的区分后缀
)
```

运行结果如图 10-33(b)所示。

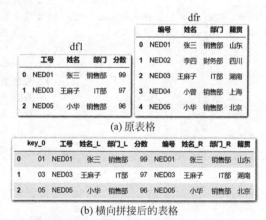

(a) 原表格

(b) 横向拼接后的表格

图 10-33 两表连接键为数组的前后效果对比

主要分析一下 pd.merge()函数中的 left_on 参数为 left_on=dfl['工号'].str[-2:],right_on 参数为 right_on=dfr['编号'].str[-2:],这两个参数可对指定列的数据进行处理,结果是 Series 数据。

2. merge 数据拼接的连接方式

以左右两表姓名列为连接键,分别做左连接、右连接、外连接、内连接 4 种连接方式的演示。

1) 两表左连接横向拼接

如图 10-34(a)所示为原表格,将左右两个表格按左连接横向拼接起来,将 how 参数设置为 left 即可,示例代码如下:

```
#chapter10\10-2\10-2-26.ipynb
import pandas as pd                         #导入Pandas库,并命名为pd
dfl = pd.read_excel('10-2-26.xlsx','分数表')    #读取Excel的分数表数据
dfr = pd.read_excel('10-2-26.xlsx','信息表')    #读取Excel的信息表数据
pd.merge(
    left = dfl,                            #提供要拼接的左表
    right = dfr,                           #提供要拼接的右表
    how = 'left',                          #左连接
    on = '姓名',                           #以姓名为连接键
    suffixes = ('_L','_R')                 #在左右表有相同列名时的区分后缀
)
```

运行结果如图10-34(b)所示。

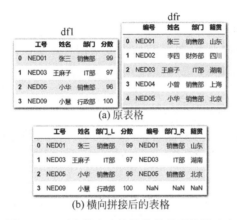

(a) 原表格

(b) 横向拼接后的表格

图10-34　两表做左连接拼接的前后效果对比

2) 两表右连接横向拼接

如图10-35(a)所示为原表格,将左右两个表格按右连接横向拼接起来,将how参数设置为right即可,示例代码如下:

```
#chapter10\10-2\10-2-27.ipynb
import pandas as pd                         #导入Pandas库,并命名为pd
dfl = pd.read_excel('10-2-27.xlsx','分数表')    #读取Excel的分数表数据
dfr = pd.read_excel('10-2-27.xlsx','信息表')    #读取Excel的信息表数据
pd.merge(
    left = dfl,                            #提供要拼接的左表
    right = dfr,                           #提供要拼接的右表
    how = 'right',                         #右连接
    on = '姓名',                           #以姓名为连接键
    suffixes = ('_L','_R')                 #在左右表有相同列名时的区分后缀
)
```

运行结果图10-35(b)所示。

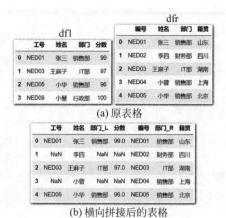

(a) 原表格

(b) 横向拼接后的表格

图 10-35 两表做右连接拼接的前后效果对比

3) 两表外连接横向拼接

如图 10-36(a)所示为原表格,将左右两个表格按外连接横向拼接起来,将 how 参数设置为 outer 即可,示例代码如下:

```
#chapter10\10-2\10-2-28.ipynb
import pandas as pd                                  #导入 Pandas 库,并命名为 pd
dfl = pd.read_excel('10-2-28.xlsx','分数表')          #读取 Excel 的分数表数据
dfr = pd.read_excel('10-10-28.xlsx','信息表')         #读取 Excel 的信息表数据
pd.merge(
    left = dfl,                                       #提供要拼接的左表
    right = dfr,                                      #提供要拼接的右表
    how = 'outer',                                    #外连接
    on = '姓名',                                      #以姓名为连接键
    suffixes = ('_L','_R')                            #在左右表有相同列名时的区分后缀
)
```

运行结果如图 10-36(b)所示。

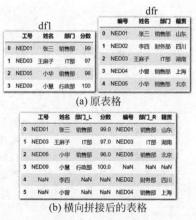

(a) 原表格

(b) 横向拼接后的表格

图 10-36 两表做外连接拼接的前后效果对比

4）两表内连接横向拼接

如图 10-37(a)所示为原表格,将左右两个表格按内连接横向拼接起来,将 how 参数设置为 inner 即可,示例代码如下:

```
#chapter10\10-2\10-2-29.ipynb
import pandas as pd                      #导入Pandas库,并命名为pd
dfl = pd.read_excel('10-2-29.xlsx','分数表')   #读取Excel的分数表数据
dfr = pd.read_excel('10-2-29.xlsx','信息表')   #读取Excel的信息表数据
pd.merge(
    left = dfl,                          #提供要拼接的左表
    right = dfr,                         #提供要拼接的右表
    how = 'inner',                       #内连接
    on = '姓名',                         #以姓名为连接键
    suffixes = ('_L','_R')              #在左右表有相同列名时的区分后缀
)
```

运行结果如图 10-37(b)所示。

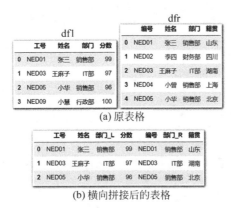

(a) 原表格

(b) 横向拼接后的表格

图 10-37　两表做内连接拼接的前后效果对比

10.3　表格数据存取

在这里所讲的表格数据存取是指读取 Excel 文件中的数据,然后在 Pandas 中处理完成后,再保存为 Excel 文件。本节主要讲解如何批量读取与保存。

10.3.1　批量读取

主要讲解批量读取单个 Excel 下的每个工作表数据,以及批量读取多个 Excel 下的每个工作表数据。

1. 读取 Excel 中多个工作表

Excel 文件是比较主流的一种数据存储方式,如图 10-38 所示,要读取 Excel 下的所有工作表数据,可以使用 Excel 自带的 VBA 功能完成,但代码稍显复杂,使用 Pandas 来读取会方便很多,接下来演示在 Pandas 中批量读取工作表数据的方法。

图 10-38　被读取的多个工作表

如图 10-38 所示,3 个工作表均在同一个 Excel 文件中,如果要批量读取这些工作表数据,则可使用 parse()函数,示例代码如下:

```
#chapter10\10-3\10-3-1.ipynb
import pandas as pd                          # 导入 Pandas 库,并命名为 pd
wb = pd.ExcelFile('10-3-1.xlsx')             # 读取指定 Excel 文件
for ws in wb.sheet_names:
    print(wb.parse(ws))                      # 循环读取每个工作表
    print('--------------------- ')
```

运行结果如下:

```
        工号      姓名      籍贯
0      XS01     小慧      山西
1      XS02     大庆      吉林
---------------------
        工号      姓名      籍贯
0      XZ01    王麻子     湖南
1      XZ02     小曾      上海
2      XZ03     小华      北京
---------------------
        工号      姓名      籍贯
0      CW01     张三      山东
1      CW02     李四      四川
---------------------
```

分析一下关键代码:

首先代码 wb=pd.ExcelFile('10-3-1.xlsx')表示指定要读取的 Excel 文件。此时 wb变量存储的是对象,结果如下:

```
< pandas.io.excel._base.ExcelFile at 0x21855b0d8e0 >
```

其次,代码 wb.sheet_names 表示获取 wb 中的所有工作表名称,其目的是获取要读取的工作表数据,结果如下:

```
['销售部', '行政部', '财务部']
```

最后,for 循环体下的代码 wb.parse(ws)表示使用 wb 对象中的 parse()函数循环读取该 Excel 下指定工作表的数据,循环读取后的结果是 DataFrame 表格。

2. 读取文件夹下多个 Excel 文件

如果将读取的范围扩大,从读取单个 Excel 文件扩展到读取多个 Excel 文件,操作稍有一些变化。如图 10-39 所示,将要读取的多个 Excel 文件组织到指定的文件夹中,不需要读取的文件最好不要放置在其中。这些准备工作做好后就可以开始使用 Pandas 来读取了。

图 10-39 被读取的多个 Excel 文件

如图 10-39 所示,3 个 Excel 文件均在 demo 文件夹中,用循环的方式读取每个 Excel 文件,再循环读取每个 Excel 下的每个工作表,也就是有两层循环,示例代码如下:

```
#chapter10\10-3\10-3-2.ipynb
import pandas as pd,os                                      #导入 Pandas、os 库,并将 Pandas 命名为 pd
for file in os.listdir('demo/'):
    wb = pd.ExcelFile('demo/' + file)                      #循环读取每个 Excel 文件
    for ws in wb.sheet_names:
        df = wb.parse(ws)                                  #循环读取每个工作表
        df['工作簿名'] = file[:4]                            #增加"工作簿名"列
        df['工作表名'] = ws                                 #增加"工作表名"列
        print(df)                                          #打印增加列后的表格
        print('----------------------------------------')
```

运行结果如下:

	年份	总业绩	工作簿名	工作表名
0	2018 年	6325000	销售 1 部	张三
1	2019 年	7451200	销售 1 部	张三

	年份	总业绩	工作簿名	工作表名
0	2020 年	6830000	销售 1 部	李四

	年份	总业绩	工作簿名	工作表名
0	2018 年	7500000	销售 2 部	王麻子
1	2019 年	3541250	销售 2 部	王麻子
2	2020 年	6300400	销售 2 部	王麻子

```
     年份        总业绩      工作簿名     工作表名
0    2019年      8200000     销售3部      江河
1    2020年      999000      销售3部      江河
--------------------------------------------------
     年份        总业绩      工作簿名     工作表名
0    2020年      3654122     销售3部      李大海
1    2021年      1250000     销售3部      李大海
--------------------------------------------------
年份             总业绩      工作簿名     工作表名
0    2020年      7777770     销售3部      洪湖
--------------------------------------------------
```

分析一下关键代码：

首先获取指定文件夹下的所有文件名，代码为 os.listdir('demo/')，结果如下：

```
['销售1部.xlsx', '销售2部.xlsx', '销售3部.xlsx']
```

然后循环读取文件名对应的 Excel 文件 wb＝pd.ExcelFile('demo/'＋file)，并赋值给 wb 变量。之后再使用 wb.sheet_names 获取每个 Excel 文件中的所有工作表名称，然后使用 df＝wb.parse(ws)读取工作表名对应的工作表数据，并赋值给 df 变量，这时的 df 就是 DataFrame 表格。

之后的 df['工作簿名']＝file[:4]与 df['工作表名']＝ws 用于给读取出来的 df 表格添加列，这样可以区分出每个读取出来的 df 表格是属于哪个 Excel 文件，以及属于哪个工作表，同时也方便后续的数据分析。

10.3.2 批量保存

关于保存问题，之前在学习 df.to_excel()函数时，只讲解了如何将一个 DataFrame 表格保存到一个单独工作表，这种方式是最常规的保存方式。在实际工作中，可能会要求将多个 DataFrame 表格保存到同一个工作表，或者保存到同一个 Excel 文件的多个工作表中，甚至保存到多个 Excel 文件的多个工作表中。本节将演示这 3 种保存方式，用于演示批量保存的原始文件如图 10-40 所示。

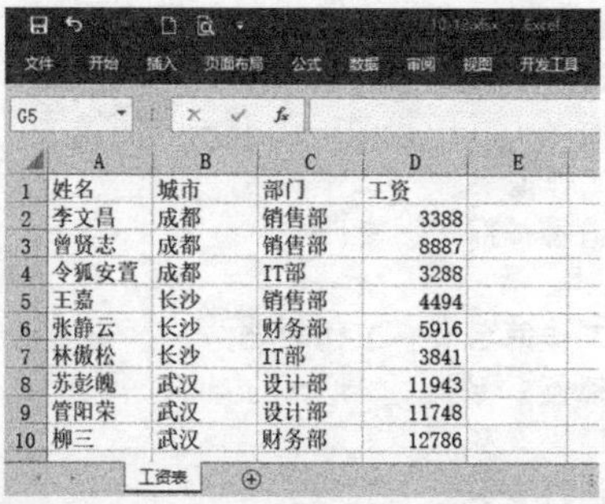

	A	B	C	D	E
1	姓名	城市	部门	工资	
2	李文昌	成都	销售部	3388	
3	曾贤志	成都	销售部	8887	
4	令狐安萱	成都	IT部	3288	
5	王嘉	长沙	销售部	4494	
6	张静云	长沙	财务部	5916	
7	林傲松	长沙	IT部	3841	
8	苏彭魄	武汉	设计部	11943	
9	管阳荣	武汉	设计部	11748	
10	柳三	武汉	财务部	12786	

图 10-40 用于演示批量保存的原始文件

1. 将多表保存到单个工作表

如图 10-41(a)所示为原表格,以城市为分组依据,将每个城市的工资记录保存到同一个工作表中的不同列中,示例代码如下:

```
# chapter10\10 - 3\10 - 3 - 3.ipynb
import pandas as pd                                        # 导入 Pandas 库,并命名为 pd
n = 0                                                      # 初始化变量 n
wb = pd.ExcelWriter('demo1/结果.xlsx')                     # 指定要写入的 Excel 对象
df = pd.read_excel('10 - 3 - 3.xlsx','工资表')              # 读取 Excel 下的工资表数据
for g in df.groupby('城市'):                                # 以城市为分组依据进行分组
    n = n + 5                                              # 生成列坐标数据
    g[1].to_excel(
        excel_writer = wb,                                # 指定要写入的 Excel 文件
        sheet_name = '分组结果',                            # 指定要写入的工作表
        startrow = 0,                                     # 定位写入数据时的行坐标
        startcol = n - 5,                                 # 定位写入数据时的列坐标
        index = False                                     # 不写入行索引
        )
wb.close()                                                 # 关闭 Excel 文件
```

运行结果如图 10-41(b)所示。

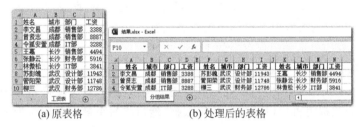

(a)原表格　　　　　　(b) 处理后的表格

图 10-41 将 DataFrame 表保存到同一工作表下的不同位置

分析一下关键代码:

首先分析代码 wb=pd.ExcelWriter('demo1/结果.xlsx'),此代码表示设置要保存的目标 Excel 文件,如果指定的 Excel 文件不存在,则会自动创建。

其次分析循环体中的 excel_writer=wb,此语句表示指定要保存的目标 Excel 文件,而 n=n+5 表示循环生成保存 DataFrame 表格时的列坐标,startrow=0 和 startcol=n−5 便是保存目标位置的行、列坐标。

最后 wb.close()表示关闭保存后的 Excel 文件。

2. 将多表保存到多个工作表

如图 10-42(a)所示为原表格,同样以城市为分组依据,将每个城市的工资记录保存到同一个 Excel 文件下的不同工作表,示例代码如下:

```
# chapter10\10 - 3\10 - 3 - 4.ipynb
import pandas as pd                                        # 导入 Pandas 库,并命名为 pd
wb = pd.ExcelWriter('demo2/结果.xlsx')                     # 要写入的 Excel 对象
df = pd.read_excel('10 - 3 - 4.xlsx','工资表')              # 读取 Excel 下的工资表数据
```

```
for g in df.groupby('城市'):                    # 以城市为分组依据进行分组
    g[1].to_excel(
        excel_writer = wb,                      # 指定要写入的 Excel 文件
        sheet_name = g[0],                      # 指定要写入的工作表
        index = False                           # 不写入行索引
        )
wb.close()                                      # 关闭 Excel 文件
```

运行结果如图 10-42(b)所示。

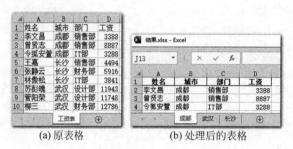

(a) 原表格　　　　　　　　(b) 处理后的表格

图 10-42　将工作表数据拆分后保存到不同工作表

分析一下关键代码,g[1].to_excel(excel_writer = wb, sheet_name = g[0], index = False),其中 g[1]表示按城市分组后每个城市的工资表记录,而 g[0]表示城市名称,所以 sheet_name = g[0]表示将城市名称作为工作表名称。

最后 wb.close()表示关闭保存后的 Excel 文件。

3. 将多表保存到多个 Excel 文件

如图 10-43(a)所示为原表格,首先以城市为分组依据,将每个城市名作为 Excel 文件名称,将每个城市的工资表再次以部门为分组依据,然后将每个部门名称作为工作表名称写入对应的工作表中,示例代码如下:

```
# chapter10\10 - 3\10 - 3 - 5.ipynb
import pandas as pd                             # 导入 Pandas 库,并命名为 pd
df = pd.read_excel('10 - 3 - 5.xlsx','工资表')   # 读取 Excel 下的工资表数据
for g1 in df.groupby('城市'):                    # 以城市为分组依据进行分组
    wb = pd.ExcelWriter(r'demo3/' + g1[0] + '.xlsx')  # 要写入的 Excel 对象
    for g2 in g1[1].groupby('部门'):             # 以部门为分组依据进行分组
        g2[1].to_excel(
            excel_writer = wb,                  # 指定要写入的 Excel 文件
            sheet_name = g2[0],                 # 指定要写入的工作表
            index = False                       # 不写入行索引
            )
    wb.close()                                  # 关闭 Excel 文件
```

运行结果如图 10-43(b)所示。

分析一下关键代码:

第 1 层循环是以城市为分组依据的结果,wb = pd.ExcelWriter(r'demo3/' + g1[0] + '.xlsx')表示将 g1[0]作为 Excel 文件名称进行保存; for g2 in g1[1].groupby('部门')表示

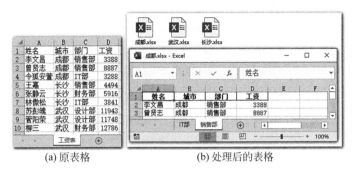

(a) 原表格   (b) 处理后的表格

图 10-43　将工作表数据拆分后保存到多个 Excel 文件

将 g1[1]（城市工资表）中的部门为分组依据进行更细化分组。

第 2 层循环体中的 g2[0]代表部门名称，g2[1]代表城市下的部门工资表。

最后不要忘记代码 wb.close()，该行代码是在第 1 个循环体下，而不是在第 2 个循环体下。

10.4　巩固案例

10.4.1　多个工作表数据合并

如图 10-44 所示，该 Excel 文件提供了 3 个要合并的工作表，接下来需要将工作表中的数据合并在一起，只需将工作表数据读取后转换为 DataFrame 表格，然后存储到列表，最后使用 pd.concat()函数对列表中的 DataFrame 表格合并。

图 10-44　合并前的多个工作表

示例代码如下：

```
# chapter10\10 - 4\10 - 4 - 1. ipynb
import pandas as pd                              # 导入 Pandas 库,并命名为 pd
wb = pd. ExcelFile('10 - 4 - 1. xlsx')            # 要写入的 Excel 对象
l = [wb. parse(ws) for ws in wb. sheet_names]     # 读取所有工作表数据后存储在列表中
pd. concat(l)                                     # 将列表中的多个 DataFrame 表格合并
```

运行结果如图 10-45 所示。

分析一下关键代码：

读取 wb 下工作表数据并写入列表，代码为 l＝[wb. parse(ws) for ws in wb. sheet_names]，这种写法叫作列表推导，可以理解为 for 循环的简化写法，由于 for 循环是在列表中执行的，所以最后返回的结果也是列表，处理结果如下：

图 10-45　多表合并后的 DataFrame 表格

```
[
     工号      姓名        籍贯
0    XS01     小慧        山西
1    XS02     大庆        吉林,
     工号      姓名        籍贯
0    XZ01     王麻子      湖南
1    XZ02     小曾        上海
2    XZ03     小华        北京,
     工号      姓名        籍贯
0    CW01     张三        山东
1    CW02     李四        四川
]
```

最后使用代码 pd.concat(l),将 l 列表中的 DataFrame 表格合并成一个整体。

10.4.2　工资条制作

如图 10-46 所示,将工资表记录制作成工资条结构,首先对工资表按行索引的序号分组,然后逐组写入指定工作表的指定行。

图 10-46　处理前的工资表数据源

示例代码如下:

```
#chapter10\10-4\10-4-2.ipynb
import pandas as pd                              #导入 Pandas 库,并命名为 pd
df = pd.read_excel('10-4-2.xlsx','工资表')       #读取 Excel 下的工资表数据
wb = pd.ExcelWriter('工资条.xlsx')               #指定要写入的 Excel 对象
rownum = 0                                        #初始化行坐标
for g in df.groupby(level = 0):                  #按行索引的第 0 层级分组
```

```
    rownum += 3                                    #生成行坐标序号
    g[1].to_excel(
        excel_writer = wb,                         #指定要写入的 Excel 文件
        sheet_name = '工资条',                      #指定工资条数据存储的工作表
        startrow = rownum - 3,                     #定位保存工资条的行坐标
        startcol = 0,                              #定位保存工资条的列坐标
        index = False                              #不保存行索引
    )
wb.close()                                         #关闭 Excel 文件
```

运行结果如图 10-47 所示。

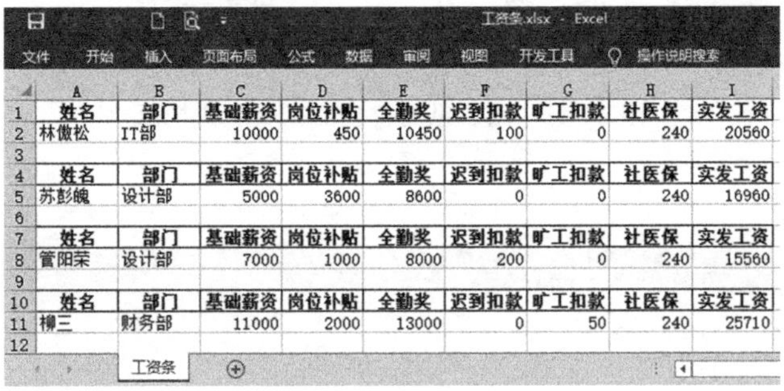

	A	B	C	D	E	F	G	H	I
1	姓名	部门	基础薪资	岗位补贴	全勤奖	迟到扣款	旷工扣款	社医保	实发工资
2	林傲松	IT部	10000	450	10450	100	0	240	20560
3									
4	姓名	部门	基础薪资	岗位补贴	全勤奖	迟到扣款	旷工扣款	社医保	实发工资
5	苏彭魄	设计部	5000	3600	8600	0	0	240	16960
6									
7	姓名	部门	基础薪资	岗位补贴	全勤奖	迟到扣款	旷工扣款	社医保	实发工资
8	管阳荣	设计部	7000	1000	8000	200	0	240	15560
9									
10	姓名	部门	基础薪资	岗位补贴	全勤奖	迟到扣款	旷工扣款	社医保	实发工资
11	柳三	财务部	11000	2000	13000	0	50	240	25710
12									

图 10-47 处理后的工资表

分析一下关键代码：

首先代码 for g in df. groupby(level=0)表示以行索引为分组依据执行分组操作，这样相当于将每条工资记录分为一组，并循环出来，结果如下：

```
   姓名    部门    基础薪资  岗位补贴  全勤奖  迟到扣款  旷工扣款  社医保  实发工资
0  林傲松  IT 部   10000     450       10450   100       0         240     20560

   姓名    部门    基础薪资  岗位补贴  全勤奖  迟到扣款  旷工扣款  社医保  实发工资
1  苏彭魄  设计部  5000      3600      8600    0         0         240     16960

   姓名    部门    基础薪资  岗位补贴  全勤奖  迟到扣款  旷工扣款  社医保  实发工资
2  管阳荣  设计部  7000      1000      8000    200       0         240     15560

   姓名    部门    基础薪资  岗位补贴  全勤奖  迟到扣款  旷工扣款  社医保  实发工资
3  柳三    财务部  11000     2000      13000   0         50        240     25710
```

接下来保存分组后的每组 DataFrame 表格，代码为 g[1]. to_excel(excel_writer＝wb, sheet_name＝'工资条'，startrow＝rownum－3, startcol＝0, index＝False)，实际就是保存每条工资记录。关键是每保存一次，行坐标位置都需要变化，代码为 startrow＝rownum－3。rownum 是每次循环时的等差值。表示在表格的第 0、3、6…行插入分组后的 DataFrame 表格。

最后代码 wb. close()表示关闭保存后的 Excel 文件。

10.4.3　特殊的纵向表格拼接

如图 10-48 所示,工资表中各部门的工资表是横向排列的,这样并不利于后续的数据分析,现在将其按纵向拼接成一个表格。首先对原始工资表按列分组,每 4 列分为一组,然后整理好每个分组的表格,最后纵向拼接。

图 10-48　用于纵向拼接的工资表数据源

示例代码如下:

```
#chapter10\10-4\10-4-3.ipynb
import pandas as pd                                      #导入 Pandas 库,并命名为 pd
df = pd.read_excel('10-4-3.xlsx','工资表',header=None)      #读取 Excel 下的工资表数据
l=[]                                                    #初始化列表变量 l
for g in df.groupby(df.columns//4,axis=1):              #按列索引分组,每 4 列分成一组
    g[1].columns = g[1].loc[0]                          #对分组出来的每个 DataFrame 表格设置列索引
    g[1].drop(0,inplace=True)                           #删除首行记录
    g[1].dropna(inplace=True)                           #删除有缺失值的行记录
    l.append(g[1])                                      #将处理好的 DataFrame 表格添加到 l 列表
pd.concat(l)                                            #合并 l 列表中的 DataFrame 表格
```

运行结果如下:

0	姓名	城市	部门	工资
1	李文昌	成都	销售部	3388
2	曾贤志	成都	销售部	8887
3	令狐安萱	成都	IT 部	3288
1	苏彭魄	武汉	设计部	11943
2	管阳荣	武汉	设计部	11748
1	王嘉	长沙	销售部	4494
2	张静云	长沙	财务部	5916
3	林傲松	长沙	IT 部	3841
4	柳三	长沙	财务部	12786

分析一下关键代码:

因为在读取工资表时,由于设置了 header=None,所示读取出来的 DataFrame 表格的列索引是序号,在进行列分组时代码为 df.groupby(df.columns//4,axis=1),其中 df.columns//4 的结果为 [0,0,0,0,1,1,1,1,2,2,2,2],这样在分组时就可以达到 4 列分成一组的效果,分组结果如下:

	0	1	2	3
0	姓名	城市	部门	工资
1	李文昌	成都	销售部	3388
2	曾贤志	成都	销售部	8887
3	令狐安萱	成都	IT部	3288
4	NaN	NaN	NaN	NaN

	4	5	6	7
0	姓名	城市	部门	工资
1	苏彭魄	武汉	设计部	11943
2	管阳荣	武汉	设计部	11748
3	NaN	NaN	NaN	NaN
4	NaN	NaN	NaN	NaN

	8	9	10	11
0	姓名	城市	部门	工资
1	王嘉	长沙	销售部	4494
2	张静云	长沙	财务部	5916
3	林傲松	长沙	IT部	3841
4	柳三	长沙	财务部	12786

之后需要对分组的子表格进行处理，g[1].columns=g[1].loc[0]表示将第一行数据设置为列索引；g[1].drop(0,inplace=True)表示删除第一行数据；g[1].dropna(inplace=True)表示删除有缺失值的行。将处理之后的每组子表格加入列表,结果如下：

```
[
      姓名   城市   部门   工资
   0
   1  李文昌   成都   销售部   3388
   2  曾贤志   成都   销售部   8887
   3  令狐安萱  成都   IT部   3288,

      姓名   城市   部门   工资
   0
   1  苏彭魄   武汉   设计部   11943
   2  管阳荣   武汉   设计部   11748,

      姓名   城市   部门   工资
   0
   1  王嘉    长沙   销售部   4494
   2  张静云   长沙   财务部   5916
   3  林傲松   长沙   IT部   3841
   4  柳三    长沙   财务部   12786
]
```

最后使用 pd.concat(l)合并即可完成多表格的纵向拼接。

10.4.4 多工作表合并与聚合处理

如图 10-49 所示,将 Excel 中的 3 个工作表数据合并、转换,并且对各科目、各组别做求和、求平均聚合。首先使用 pd.concat()函数将各表格数据合并,然后使用 df.melt()函数将科目转换到行方向显示,最后使用 df. pivot_table()函数做数据透视表。

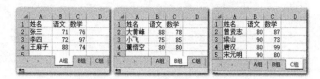

图 10-49　做处理前的多个工作表数据

示例代码如下:

```
#chapter10\10 - 4\10 - 4 - 4.ipynb
import pandas as pd                          #导入 Pandas 库,并命名为 pd
wb = pd.ExcelFile('10 - 4 - 4.xlsx')         #指定要读取的 Excel 对象
l = [wb.parse(n).assign(组别 = n) for n in wb.sheet_names]  #通过列表推导将工作簿中的所
                                             #有工作表数据读取并存储在列表中
df = pd.concat(l).melt(
    id_vars = ['姓名','组别'],
    var_name = '科目',
    value_name = '分数'
)                                            #将列表中的 DataFrame 表格合并,并且转换为一维结构
df.pivot_table(
    index = '科目',
    columns = '组别',
    aggfunc = {'分数':[sum,'mean']}
)                                            #对转换后的一维表格做数据透视表
```

运行结果如下:

	分数					
	mean			sum		
组别	A组	B组	C组	A组	B组	C组
科目						
数学	82.333333	81.0	84.75	247.0	243.0	339.0
语文	77.000000	81.0	85.00	231.0	243.0	340.0

分析一下关键代码:

首先代码 l＝[wb.parse(n).assign(组别＝n) for n in wb.sheet_names]使用列表推导方式,对每个工作表增加组别列,并将各工作表数据存储在列表中,再使用 pd.concat()函数合并列表中的 DataFrame 表格,结果如下:

	姓名	语文	数学	组别
0	张三	71	76	A组
1	李四	72	97	A组
2	王麻子	88	74	A组
0	大黄峰	88	78	B组
1	小飞	75	85	B组
2	薰悟空	80	80	B组,

0	曾贤志	80	87	C组	
1	梁山	90	73	C组	
2	唐汉	80	99	C组	
3	宋元明	90	80	C组	

其次分析代码 df＝pd.concat(l).melt(id_vars＝['姓名','组别'],var_name＝'科目',value_name＝'分数'),此代码表示将除姓名和组别之外的其他列数据转换到行方向,也就是将整个表转换为一维表格,结果如下:

	姓名	级别	科目	分数
0	张三	A组	语文	71
1	李四	A组	语文	72
2	王麻子	A组	语文	88
3	大黄峰	B组	语文	88
4	小飞	B组	语文	75
5	薰悟空	B组	语文	80
6	曾贤志	C组	语文	80
7	梁山	C组	语文	90
8	唐汉	C组	语文	80
9	宋元明	C组	语文	90
10	张三	A组	数学	76
11	李四	A组	数学	97
12	王麻子	A组	数学	74
13	大黄峰	B组	数学	78
14	小飞	B组	数学	85
15	薰悟空	B组	数学	80
16	曾贤志	C组	数学	87
17	梁山	C组	数学	73
18	唐汉	C组	数学	99
19	宋元明	C组	数学	80

最后分析代码 df.pivot_table(index＝'科目',columns＝'组别',aggfunc＝{'分数':[sum,'mean']}),此代码表示对转换后的表格做数据透视表,首先将科目放置在行方向,然后将组别放置在列方向,对分数列分别做求和与平均聚合。

10.4.5 跨表查询后再聚合汇总

如图 10-50 所示,根据左表的蔬菜名查询右表对应的单价,然后根据日期统计出每天的采购总质量和总金额。将左表与右表以蔬菜名列为连接键做左连接横向拼接,将两表合成一个表后,将质量列与单价列相乘得到金额,最后按日期分组后做聚合即可。

示例代码如下:

```
#chapter10\10-4\10-4-5.ipynb
import pandas as pd                          #导入 Pandas 库,并命名为 pd
cg_df = pd.read_excel('10-4-5.xlsx','采购表')  #读取 Excel 的采购表数据
```

```
dj_df = pd.read_excel('10 - 4 - 5.xlsx','单价表')        #读取 Excel 的单价表数据
df = pd.merge(
    left = cg_df,
    right = dj_df,
    on = '蔬菜名',
    how = 'left'
)                                        #将采购表和单价表执行左连接的横向拼接
df['金额'] = df.质量 * df.单价              #根据质量和单价计算出金额,然后写入拼接后的表格
df.groupby('日期').agg(
总质量 = ('质量',sum),
总金额 = ('金额',sum)
)                                        #以日期为分组依据,对质量和金额做求和统计
```

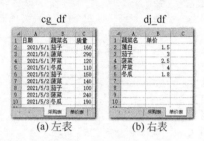

(a) 左表   (b) 右表

图 10-50　用于跨表查询的左表和右表

运行结果如下:

	总质量	总金额
日期		
2021 - 05 - 01	680	1883.0
2021 - 05 - 02	290	800.0
2021 - 05 - 03	530	1242.0

分析一下关键代码:

首先,代码 df＝pd.merge(left＝cg_df,right＝dj_df,on＝'蔬菜名',how＝'left')将左右两表以蔬菜名为连接键做拼接,然后,代码 df['金额']＝df.质量 * df.单价表示对合并后的表添加金额列,结果如下:

	日期	蔬菜名	质量	单价	金额
0	2021 - 05 - 01	茄子	160	3.0	480.0
1	2021 - 05 - 01	菠菜	290	2.5	725.0
2	2021 - 05 - 01	芹菜	120	4.0	480.0
3	2021 - 05 - 01	冬瓜	110	1.8	198.0
4	2021 - 05 - 02	茄子	150	3.0	450.0
5	2021 - 05 - 02	菠菜	140	2.5	350.0
6	2021 - 05 - 03	茄子	100	3.0	300.0
7	2021 - 05 - 03	菠菜	240	2.5	600.0
8	2021 - 05 - 03	冬瓜	190	1.8	342.0

最后,代码 df.groupby('日期').agg(总质量＝('质量',sum),总金额＝('金额',sum))表示以日期列为分组依据,对质量列和金额列做求和统计。

10.4.6 将汇总结果分发到不同工作表

如图 10-51 所示,该销售表有近万条销售记录,现在按产品和年份对数量和金额求和,然后以产品为分组依据,将每年的汇总记录分发到不同工作表中。首先使用数据透视表做聚合汇总,然后使用分组技术拆分每种产品的汇总结果,最后保存到不同工作表。

图 10-51 汇总前的数据源表格

示例代码如下:

```
#chapter10\10-4\10-4-6.ipynb
import pandas as pd                        #导入 Pandas 库,并命名为 pd
df = pd.read_excel('10-4-6.xlsx','销售表')   #读取 Excel 的销售表数据
total_df = df.pivot_table(
    index = ['产品',df.订单日期.dt.strftime('%Y年')],
    aggfunc = {'数量':sum,'金额':sum}
)                                          #以产品和年份为依据对数量和金额求和
wb = pd.ExcelWriter('结果.xlsx')            #指定要写入的 Excel 对象
for g in total_df.groupby(level = 0):      #按行索引的第 0 层级分组
    g[1].to_excel(excel_writer = wb,sheet_name = g[0])  #将分组出来的每组表格写入指定
                                           #Excel 文件中的不同工作表
wb.close()                                 #关闭 Excel 文件
```

运行结果如图 10-52 所示。

图 10-52 将汇总结果分发到 Excel 文件下的不同工作表

分析一下关键代码:

首先分析代码 total_df=df.pivot_table(index=['产品',df.订单日期.dt.strftime('%Y年')],aggfunc={'数量':sum,'金额':sum}),此代码表示以产品和年份为依据对数量和

金额做求和统计,其中年份数据是根据订单日期提取的,数据透视表结果如下:

产品	订单日期	数量	金额
三合一麦片	2017 年	208	6240
	2018 年	247	7410
	2019 年	264	7920
	2020 年	301	9030
啤酒	2017 年	19	570
…	…	…	…
麦片	2020 年	399	1995
麻油	2017 年	79	3160
	2018 年	34	1360
	2019 年	54	2160
	2020 年	71	2840

然后分析代码 for g in total_df. groupby(level=0),此代码表示以行索引的第 0 层级为分组依据,也就是以产品层级为分组依据进行分组。再看循环体中的 g[1]. to_excel(excel_writer=wb,sheet_name=g[0]),excel_writer=wb 表示将每个分组中的 DataFrame 表格保存到指定 Excel 文件下。sheet_name=g[0]表示保存时的工作表名称。

最后代码 wb. close()表示保存后关闭 Excel 文件。

图 书 推 荐

书　名	作　者
鸿蒙应用程序开发	董昱
鸿蒙操作系统开发入门经典	徐礼文
鸿蒙操作系统应用开发实践	陈美汝、郑森文、武延军、吴敬征
华为方舟编译器之美——基于开源代码的架构分析与实现	史宁宁
鲲鹏架构入门与实战	张磊
华为 HCIA 路由与交换技术实战	江礼教
Flutter 组件精讲与实战	赵龙
Flutter 实战指南	李楠
Dart 语言实战——基于 Flutter 框架的程序开发（第 2 版）	亢少军
Dart 语言实战——基于 Angular 框架的 Web 开发	刘仕文
IntelliJ IDEA 软件开发与应用	乔国辉
Vue＋Spring Boot 前后端分离开发实战	贾志杰
Vue.js 企业开发实战	千锋教育高教产品研发部
Python 人工智能——原理、实践及应用	杨博雄　主编 于营、肖衡、潘玉霞、高华玲、梁志勇　副主编
Python 深度学习	王志立
Python 异步编程实战——基于 AIO 的全栈开发技术	陈少佳
Python 数据分析从 0 到 1	邓立文、俞心宇、牛瑶
物联网——嵌入式开发实战	连志安
智慧建造——物联网在建筑设计与管理中的实践	［美］周晨光（Timothy Chou）著；段晨东、柯吉　译
TensorFlow 计算机视觉原理与实战	欧阳鹏程、任浩然
分布式机器学习实战	陈敬雷
计算机视觉——基于 OpenCV 与 TensorFlow 的深度学习方法	余海林、翟中华
深度学习——理论、方法与 PyTorch 实践	翟中华、孟翔宇
深度学习原理与 PyTorch 实战	张伟振
ARKit 原生开发入门精粹——RealityKit＋Swift＋SwiftUI	汪祥春
HoloLens 2 开发入门精要——基于 Unity 和 MRTK	汪祥春
Altium Designer 20 PCB 设计实战（视频微课版）	白军杰
Cadence 高速 PCB 设计——基于手机高阶板的案例分析与实现	李卫国、张彬、林超文
Octave 程序设计	于红博
SolidWorks 2020 快速入门与深入实战	邵为龙
SolidWorks 2021 快速入门与深入实战	邵为龙
UG NX 1926 快速入门与深入实战	邵为龙
西门子 S7-200 SMART PLC 编程及应用（视频微课版）	徐宁、赵丽君
三菱 FX3U PLC 编程及应用（视频微课版）	吴文灵
全栈 UI 自动化测试实战	胡胜强、单镜石、李睿
pytest 框架与自动化测试应用	房荔枝、梁丽丽
软件测试与面试通识	于晶、张丹
深入理解微电子电路设计——电子元器件原理及应用（原书第 5 版）	［美］理查德·C. 耶格（Richard C. Jaeger）， ［美］特拉维斯·N. 布莱洛克（Travis N. Blalock）著； 宋廷强　译
深入理解微电子电路设计——数字电子技术及应用（原书第 5 版）	［美］理查德·C. 耶格（Richard C. Jaeger）， ［美］特拉维斯·N. 布莱洛克（Travis N. Blalock）著； 宋廷强　译
深入理解微电子电路设计——模拟电子技术及应用（原书第 5 版）	［美］理查德·C. 耶格（Richard C. Jaeger）， ［美］特拉维斯·N. 布莱洛克（Travis N. Blalock）著； 宋廷强　译

图 书 资 源 支 持

感谢您一直以来对清华版图书的支持和爱护。为了配合本书的使用，本书提供配套的资源，有需求的读者请扫描下方的"书圈"微信公众号二维码，在图书专区下载，也可以拨打电话或发送电子邮件咨询。

如果您在使用本书的过程中遇到了什么问题，或者有相关图书出版计划，也请您发邮件告诉我们，以便我们更好地为您服务。

我们的联系方式：

地　　址：北京市海淀区双清路学研大厦 A 座 714

邮　　编：100084

电　　话：010-83470236　010-83470237

客服邮箱：2301891038@qq.com

QQ：2301891038（请写明您的单位和姓名）

资源下载：关注公众号"书圈"下载配套资源。

书圈

获取最新书目

观看课程直播